科学出版社"十三五"普通高等教育本科规划教材
普通高等院校工程实践系列教材

机械制造实习教程

主　编　康存锋　蒋晓青

科学出版社
北　京

内 容 简 介

本书在满足各有关专业对机械工程训练课程要求的前提下，注意精选教学内容，加强素质教育，突出创新能力的培养；拓宽知识面，力求重点突出、语言通达。书中各章节均采用新的国家标准，并对现代机械制造新技术、新工艺做了介绍。全书内容共 16 章，包括绪论、工程材料、铸造、锻压、焊接、钢的热处理与表面处理、钳工、金属切削加工的基础知识、特种加工、车削加工、铣削加工、磨削加工、装配、3D 打印、自动生产线和 CAM 自动编程等。

本书采用二维码技术融合数字化资源，为学生提供重点难点知识的教学视频讲解，便于学生预习、复习使用。

本书可作为高等学校本、专科学生学习机械工程训练课程的教材，也可供相关工程技术人员参考使用。

图书在版编目（CIP）数据

机械制造实习教程/康存锋，蒋晓青主编. —北京：科学出版社，2018.6
科学出版社"十三五"普通高等教育本科规划教材·普通高等院校工程实践系列教材

ISBN 978-7-03-057593-7

Ⅰ. ①机… Ⅱ. ①康… ②蒋… Ⅲ. ①机械制造工艺-实习-高等学校-教材 Ⅳ. ①TH16-45

中国版本图书馆 CIP 数据核字（2018）第 113661 号

责任编辑：邓 静 张丽花 / 责任校对：郭瑞芝
责任印制：张 伟 / 封面设计：迷底书装

科 学 出 版 社 出版
北京东黄城根北街 16 号
邮政编码：100717
http://www.sciencep.com
北京凌奇印刷有限责任公司 印刷
科学出版社发行 各地新华书店经销
*
2018 年 6 月第 一 版 开本：787×1092 1/16
2022 年 8 月第五次印刷 印张：16 1/2
字数：400 000
定价：49.80 元
（如有印装质量问题，我社负责调换）

前　言

本书是根据教育部组织实施的"高等教育面向 21 世纪教学内容和课程体系改革计划"中"机械工程训练课程体系改革的研究与实践"和"机械工程训练课程教学基本要求"（1997 年修订版）的精神，结合北京工业大学《机械制造实习教学大纲》的内容，由北京工业大学机械工程与应用电子技术学院具有教学和实践经验的教师，采用新老结合的方式编写。

机械工程训练课程是高等理工科院校各专业配合"机械制造技术基础"课堂理论教学的一门重要的实践性技术基础课程，是培养学生建立机械制造生产过程概念、学习机械制造基本工艺方法、工程意识和提高工程实践能力的必修课程，也是获得机械制造基础知识的重要课程。有助于指导学生深入实际、向实际学习、掌握机械结构和制造的知识、提高解决实际问题的能力，对学生学习后续专业课程以及将来的实际工作具有深远影响。本书在满足相关专业对本课程要求的基础上，注意精选教学内容，加强素质教育，突出创新能力的培养；拓宽知识面，力求重点突出、语言通达；本书采用新近颁布的国家标准；另外，对现代机械制造新技术、新工艺做了介绍。

本书采用二维码技术融合数字化资源，为学生提供重点难点知识的教学视频讲解，便于学生预习、复习。

参加本书编写的有蒋晓青（第 1、2、4、5、6、8、14 章）、赵鹏睿（第 3、16 章）、郎凡（第 4、14 章）、王红雷（第 7、12 章）、康存锋（第 8、9、13、14 章）、李颖超（第 10 章）、昝涛（第 10 章）、任海元（第 10 章）、郑学科（第 11 章）、陈继民（第 14 章）、尚文庚（第 15 章）。本书由康存锋和蒋晓青担任主编。

北京工业大学王大康教授担任主审，承陈树君教授仔细审阅了全书，并提出了许多宝贵意见，对提高本书质量起了很大的作用，在此表示衷心感谢！

由于作者能力所限，书中难免存在一些疏漏欠妥之处，真诚希望广大读者不吝指正。

作　者
2018 年 3 月

目　　录

第1章 绪 论

★本章基本要求★

（1）掌握机械产品的制造过程。
（2）熟悉机械制造实习的内容、目的和意义，以及实习的基本要求。
（3）了解机械制造实习与其他课程的关系。
（4）掌握机械制造实习的安全生产规范。

机械制造实习是理工科大学生必须进行的基本技能训练，是机械类各专业学生学习机械制造的基本工艺方法，以及培养工程素质的重要必修课。机械制造实习的目的和意义如下。

（1）使学生了解机械制造的一般过程。熟悉机械零件的常用加工方法、所用主要设备的工作原理和典型机构、工装量具以及安全操作技能。了解机械制造的基本工艺知识和一些新工艺、新技术在机械制造中的应用。

（2）完成工程基本训练，为学习后续课程及从事机械设计工作奠定一定的实践基础。同时对零件初步具有进行工艺分析和选择加工方法的能力。在主要工种上应具备独立完成简单零件加工制造的实践能力。

（3）培养学生的劳动观点、创新精神和理论联系实际的科学作风。初步建立市场、信息、质量、成本、效益、安全、环保等工程意识。

机械制造实习的总要求是：深入实践，接触实际，强化动手，注重训练。根据这一要求，提出以下具体要求。

（1）使学生掌握现代机械制造的基本知识，了解机械制造过程中所使用的主要设备的工作原理和操作方法，熟悉机械零件的常用加工方法及主要设备和工具。

（2）使学生能够根据工艺图纸和文件，选择相应的加工方法，使用各种工具、夹具和量具，正确加工出简单的机械零件。培养一定的工艺试验和工艺分析能力。

（3）使学生了解机械制造新设备、新技术、新工艺的发展概况，以及机电一体化、CAD/CAM/CAE 等现代制造技术在生产实际的应用。

（4）培养学生坚持理论联系实际、认真细致的科学作风以及遵守纪律、热爱劳动和爱护公物等良好素质和习惯。

1.1 机械产品的制造过程

1.1.1 制造过程

机械制造业是指从事各种动力机械、起重运输机械、化工机械、纺织机械、机床、工具、仪器、仪表及其他机械设备等生产的工业部门。机械制造业为整个国民经济提供技术装备。任何机器或设备，例如，汽车或机床，都是由相应的零件装配组成的。只有制造出符合技术要求的零件，才能装配出合格的机器设备。一般情况下，要将原材料经铸造、锻造、冲压、焊接等方法制成毛坯，然后由毛坯经机械加工制成零件。有些零件还需在毛坯制造和加工过程中穿插不同的热处理工艺。因此，一般的机械生产过程可简要归纳为

毛坯制造——机械加工——装配与调试

1. 毛坯制造

零件是试验毛坯经过加工得到的。毛坯的制造就是零件的生产过程，是由原材料转变为成品过程的第一步，是生产过程的一部分。零件所选用的毛坯，对其工艺过程的优质、高产、低消耗有很大的影响。加工过程中的工序顺序和数目、材料的消耗、零件制造周期以及制造费用等在很大程度上取决于所选择的毛坯制造方法及其种类。

机械加工常用的毛坯主要有铸件、锻件、型材、焊接件等。

（1）铸件。用铸铁、有色金属及其合金等材料铸成的毛坯，其中铸钢件用得较少。常用的铸造方法主要有木模手工铸造、金属模机器造型铸造、离心铸造、压力铸造和熔模铸造。

（2）锻件。有较高的强度和冲击韧性，用这种毛坯制造的零件可承受大载荷、交变载荷和冲击载荷。常用的锻造方法有自由锻造和模锻造。

（3）型材。常用的有圆形、方形、六角形及其他特殊成形断面形状的棒料和条料以及管料与各种不同厚度的板料。

（4）焊接件。对结构形状复杂、尺寸较大、不便用其他方法制造的毛坯件，则可采用焊接件。焊接件可减轻结构重量，并可获得所要求的刚度和强度，生产程序简单，生产效率高。

2. 机械加工

传统的机械加工是利用各种机械设备和工具从工件上切除多余材料的加工方法。合理的切削加工过程，对保证加工质量、提高生产率和加工的经济性有重要意义。任何机器或机械装置都是由许多零件组成的。任何一个零件又是由许多表面围成的。机械零件的切削加工主要是指对其表面的加工。

随着科学技术日新月异的发展，机械加工方式经历了等材制造、减材制造和增材制造三个阶段的发展。等材制造是指通过铸、锻、焊等方式生产制造产品，材料重量基本不变，这已有 3000 多年的历史。减材制造，是指在工业革命后，使用车、铣、刨、磨等设备对材料进行切削加工，以达到设计形状，这已有 300 多年的历史。增材制造也就是 3D 打印，是指通过光固化、选择性激光烧结、熔融堆积等技术，使材料一点一点累加，形成需要的形状。这项技术于 1984 年开始在试验室研究，1986 年制出样机，距今只有 30 多年的时间。3D 打印实现了制造方式从等材、减材到增材的重大转变，改变了传统制造的理念和模式，大幅缩减了产品开发周期与成本，也会推动材料革命，因此具有重大价值。与传统的机械加工技术相比，金属材料增材制造技术有着无法比拟的优点，具体如下。

（1）零件室温综合力学性能优异。

（2）复杂零件制造工艺流程比传统工艺大大缩短。

（3）无模具快速自由成形，制造周期短，小批量零件生产成本低。

（4）零件近净成形，机械加工的余量小，材料利用率高。

（5）可实现多种材料任意复合制造。

（6）激光增材制造中，激光束能量密度高，可实现传统难加工材料（如 TC4、Inconel718、17-4PH、38CrMnSiA 等）的成形。

增材制造技术不需要传统的刀具、夹具及多道加工工序，只需利用三维设计数据在一台设备上即可快速而精确地制造出任意复杂形状的零件，从而实现“自由制造”，解决了许多过去复杂结构零件难以成形的问题，并大大减少了加工工序，缩短了加工周期。根据材料成形原理的不同，可以将增材制造技术分为光固化成形（stereo lithography apparatus，SLA）、选区激光烧结（selective laser sintering，SLS）、分层实体制造（laminated object manufacturing，LOM）、熔融沉积制造（fused deposition modeling，FDM）、选区激光熔化（selective laser melting，SLM）等几种工艺（表 1-1）。

表 1-1 增材制造技术中的成形工艺

分类	SLA	SLS	LOM	FDM	SLM
形成原理	光固化	烧结	黏合	熔融	熔化
材料种类	光敏树脂	热塑性塑料/金属混合粉末	热塑性塑料	热塑性塑料	金属或合金
材料形态	液态	粉末或丝材	纸材	粉末或丝材	粉末
精度	高	一般	低	低	高
支撑	有	无	无	有	有
优点	技术成熟度高	材料种类多	成形速度快	无须激光器	功能件制造
缺点	略有毒性	工件致密度差	材料浪费	成形速度慢	材料成本高，工件易变形

3. 装配与调试

将零件按照一定的技术要求组装起来，再经调整、试验，使之成为合格的产品。

一般较复杂的机器，很少由许多零件直接装配而成，而是先以某一零件作为基准零件，把几个其他零件装在基准零件上而构成组件，然后把几个组件与零件装在另一基准零件上，构成部件。最后将若干部件、组件与零件安装在产品的基准零件上，总装成机器。

装配工作是产品制造的最后阶段。装配的好坏直接影响产品的质量。即使零件的加工精度很高，如果装配不正确，也会使产品达不到规定的技术要求。反之，虽然某些零件精度并不很高，但经过仔细修配，精确地调整后，仍可装配出性能良好的产品。由此可见，装配工作是一项重要而细致的工作，在机器制造过程中占有很重要的地位。

零件连接的种类可分为固定连接和活动连接（图 1-1）。

零件连接的种类
- 固定连接
  - 可拆式：螺纹连接、键连接、销连接等
  - 不可拆式：焊接、铆接、铰接、过盈配合连接等
- 活动连接：轴与轴承、柱塞与套筒等

图 1-1 零件连接的种类

装配工作的一般步骤是：研究和熟悉产品装配图及技术要求，准备所用工具，确定装配方法及顺序，对装配的零件进行清洗，组件装配，部件装配，总装配，调整、试车，油漆、涂油、装箱等过程。

1.1.2 制造方法

机械制造的加工方法主要有车削、钻削、铣削和磨削等。

1. 车削加工

车削加工是利用工件旋转和刀具移动的成形运动。它的基本工作是加工内外圆柱面、内

外圆锥面、平面以及螺旋面等。车床的成形运动特点，决定了车床适合于加工零件的各种回转表面。从理论上讲，外圆柱面是一条直线母线沿一条圆导线运动的轨迹。车削外圆柱面时，刀尖的轴向移动形成直线母线，工件和刀具的相对旋转运动，使直线母线沿圆导线运动，形成外圆柱面。

2. 钻削加工

钻削加工是孔加工的主要方法，其主要工作是使用钻头钻孔。钻床通常以钻头的旋转和轴向移动作为机床的成形运动。钻孔时，钻头上的刀尖做轴向移动，工件和刀具做相对转动，在工件上加工出圆柱面。

钻床不只用于钻孔，还用于镗孔、铰孔等。

3. 铣削加工

铣削是使用铣刀铣削平面、曲面或沟槽。

铣削加工是以铣刀的旋转运动和工件的直线移动的成形运动。使用分度头、回转工作台等铣床附件装夹工件，还可以做转动进给。因此，铣床加工范围非常广泛。

常用的铣床有卧式铣床和立式铣床两种，其主要区别在于安装铣刀的主轴与工作台的相对位置不同。卧式铣床具有水平的主轴，主轴轴线与工作台台面平行；立式铣床具有直立的主轴，主轴轴线与工作台台面垂直。

4. 磨削加工

磨床的种类很多，按工件磨削表面的特征和磨削方式可以分为外圆磨床、内圆磨床、平面磨床、无心磨床、螺纹磨床、齿轮磨床等。磨床的加工范围很广泛，不同类型磨床可以加工工件的各种表面，如回转表面、平面、沟槽、成形面以及刃磨各种刀具等。

1.1.3 生产过程的组织和管理

1. 生产与生产过程

1）生产

生产是人类社会中人们从事的最基本的活动，社会的一切财富都是通过生产活动创造出来的，不进行生产，人类就无法生存，社会的发展也无从谈起。"生产"是通过劳动，把资源转化为能满足人们某些需求的产品的过程。

2）生产过程

生产过程是把资源转化为产品的过程。

狭义的生产过程是指产品生产过程，是对原材料进行加工，使之转化为成品的一系列生产活动的运行过程。广义的生产过程是指企业生产过程和社会生产过程。企业生产过程包含基本生产、辅助生产、生产技术设备和生产服务等企业范围内各种生产活动协调配合的运行过程。社会生产过程是指从原材料开采，到冶炼、加工、运输、储存，在全社会范围内各行各业分工协作制造产品的运行过程。产品生产过程由一系列生产环节组成，一般包含加工制造过程、检验过程、运输过程和停歇过程等。产品生产过程是企业生产过程的核心部分。

2. 生产组织

生产组织是指为了确保生产的顺利进行所进行的各种人力、设备、材料等生产资源的配置。生产组织是生产过程的组织与劳动过程组织的统一。生产过程的组织主要是指生产过程的各个阶段、各个工序在时间上、空间上的衔接与协调。它包括企业总体布局、车间设备布置、工艺流程和工艺参数的确定等。在此基础上，进行劳动过程的组织，不断调整和改善劳动者之间的分工与协作形式，充分发挥其技能与专长，不断提高劳动生产率。

3. 生产过程管理

1）生产管理的目标

（1）为保证实现企业的经营目标，组织生产过程按计划要求高效运行，全面完成产品品种、质量、产量、成本、交货期和环保与安全等各项要求。

（2）有效利用企业的制造资源，不断降低物耗，降低生产成本，缩短生产周期，减少在制品，压缩占用的生产资金，以不断提高企业的经济效益和竞争能力。

（3）为适应市场、环境的迅速变化，要努力提高生产系统的柔性（应变能力），使企业根据市场需求不断推出新产品，并使生产系统适应多品种生产，能够快速地调整生产，进行品种更换。

2）生产管理的职能

生产管理的职能包括计划、组织、指挥、协调、监控与考核等。

（1）生产管理的首要职能是制定生产计划。

（2）合理组织生产过程是生产管理的主要职能。

（3）指挥和协调是组织计划与实施的重要职能。

（4）监控与考核是促使生产过程严格按计划进行，保证计划实现的有力手段。

1.2 机械制造实习的内容、要求和意义

1.2.1 机械制造实习的内容

机械制造实习是对产品的制造过程进行实践性教学的重要环节，机械制造实习的具体内容包括以下两个方面。

1. 基础知识方面

即通过实习了解机械加工的基础知识，如铸造、锻造、焊接、热处理、切削加工、钳工及数控加工等各工种的生产过程及基本原理。

2. 基本技能方面

即对各种加工方法要达到能初步独立动手操作的能力，如铸造加工的湿砂造型及浇注，锻压加工的自由锻造，焊接方法的手工电弧焊和氩弧焊等，操作车床、铣床、平面磨床，钳工的锯、锉、装配，数控机床的基本编程及操作等。

1.2.2 机械制造实习的学习方法和要求

机械制造实习强调以实践教学为主，学生应在教师的指导下通过独立的实践操作，将有关机械制造的基本工艺理论、基本工艺知识和基本工艺实践有机地结合起来，进行工程实践综合能力的训练。除了实践操作之外，机械制造实习的教学方法还包括操作示范、现场教学、专题讲座、电化教学、参观、试验、综合训练、编写实习报告等。具体包括对以下六个方面的学习。

1. 工程图学

了解工程图学在工程设计中的作用；CAD 软件设计方法和程序；使用 CAD 软件设计图纸。

2. 软件应用

分析电子数据表格的能力；了解基于特征的实体建模程序的入门级技能；进行设计简报和报告的计算机技能。

3. 团队建设

建立团队合作意识；认识团队协作所带来的挑战；所有团队成员必须参与产品的加工设计，所有团队成员必须共享责任、尊重差异、承认并解决加工设计中产生的问题。

4. 自主学习

在实习之前，要自觉地、有计划地预习有关的实习内容，做到心中有数；在实习中，要始终保持高昂的学习热情和求知欲望，敢于动手，勤于动手；遇到问题时，要主动向指导老师请教或与同学交流探讨。要充分利用实习时间，争取最大的收获。

5. 贯彻理论联系实际

在实践操作过程中，要勤于动脑，使形象思维和逻辑思维相结合。要善于用学到的工艺理论知识来解决实践中遇到的各种具体问题，而不是仅仅满足于完成了实习零件的加工任务。用理论指导实践，以实践验证和充实理论，就可以使理论知识掌握得更加牢固，也可以使实践能力得到进一步提高。

6. 解决问题

一般来说，一件产品是不会只用一种加工方法制造出来的，因此要学会综合地把握各个实习工种的特点，学会从机械产品生产制造的全过程来看各个工种的作用和相互联系。这样，在分析和解决实际问题时，就能做到触类旁通、举一反三，使所学的知识和技能融会贯通。

1.2.3 机械制造实习的目的和意义

机械制造实习是高等院校各专业教学计划中一个重要的实践性教学环节，是学生获得工程实践知识、建立工程意识、获得工程训练操作技能的主要教育形式，是学生接触实际生产、获得生产技术及管理知识、进行工程师基本素质训练的必要途径。机械制造实习的目的和意义如下。

（1）建立起对机械制造生产过程的基本认识，学习机械制造的基础工艺知识，了解机械制造生产的主要设备。在实习中，学生要学习主要的机械制造加工方法以及主要设备的基本结构、工作原理和操作方法，并正确使用各类工具、夹具、量具，熟悉各种加工方法、工艺技术、图纸文件和安全技术。了解加工工艺过程和工程术语，使学生对工程问题从感性认识上升到理性认识。这些实践知识将为以后学习有关专业技术基础课、专业课及毕业设计等打下良好的基础。

（2）培养实践动手能力，进行工程师的基本训练。培养学生的工程实践能力，强化工程意识。在机械制造实习中，学生通过直接参加生产实践，操作各种设备，使用各类工具、夹具、量具，独立完成简单零件的加工制造全过程，以培养对简单零件具有初步选择加工方法和分析工艺过程的能力，并具有操作主要设备和加工作业的技能，初步奠定工程师应具备的基础知识和基本技能。

（3）全面开展素质教育，树立实践观点、劳动观点和团队协作观点，培养高质量人才。机械制造实习在学校的机械工程训练中心进行。实习现场不同于教室，它是生产、教学、科研三结合的基地，教学内容丰富，实习环境多变，接触面宽广。这样一个特定的教学环境正是对学生进行思想作风教育的好场所、好时机。例如，增强劳动观念，遵守组织纪律，培养团队协作的工作作风；爱惜国家财产，培养理论联系实际和一丝不苟的科学作风；初步培养学生在生产实践中观察问题的能力，以及运用所学知识分析问题、解决工程实际问题的能力。这都是全面开展素质教育不可缺少的重要组成部分，也是机械制造实习为提高人才综合素质，培养高质量人才需要完成的一项重要任务。

1.3　机械制造实习与其他课程的关系

机械制造实习是一门实践基础课，它与工科机械和非机械类专业所开设的许多课程都有密切的联系。

1. 机械制造实习与工程制图课程的关系

工程制图课程是机械制造实习的选修课或平行课。机械制造实习时，学生必须具备一定的识图能力，能够看懂实习所加工零件的零件图。学生从实习中获得的对机器结构和零件的了解，将会对其继续深入学习工程制图课程和巩固已有的工程制图知识提供极大的帮助。

2. 机械制造实习与机械制造基础课程的关系

机械制造实习是机械制造基础课程（机械工程材料、材料成形技术基础、机械加工工艺基础）必不可少的基础实践课。机械制造实习是让学生熟悉机械制造的常用加工方法和常用设备，具有一定的工艺操作和工艺分析技能，能够培养工程意识，从而为进一步学好金工理论课程的内容打下坚实的实践基础。机械制造基础课程是在机械制造实习的基础上，更深入地讲授各种加工方法的工艺原理、工艺特点以及有关的新材料、新工艺、新技术的知识，使学生具有分析零件的结构工艺性，并能够正确选择零件的材料、毛坯种类和加工方法的能力。

3. 机械制造实习与机械设计及制造系列课程的关系

机械制造实习也是机械设计及制造系列课程（机械原理、机械设计、机械制造技术、机械制造设备、机械制造自动化技术、数控技术等）十分重要的选修课。认真完成机械制造实习，必将为这些后续的重要的专业课学习提供坚实的实践基础，从而使学生在学到这些专业课乃至将来进行毕业设计或从事实际工作时，依然能够从中获益。

1.4　机械制造实习的安全生产规范

在机械制造工程实习中，如果实习人员不遵守工艺操作规程或者缺乏一定的安全知识很容易发生机械伤害、触电、烫伤等工伤事故。因此，为保证实习人员的安全和健康，必须进行安全实习知识的教育，使所有参加实习的人员都树立起"安全第一"的观念，懂得并严格执行有关的安全技术规章制度。

我国历来对不断改善劳动条件、做好劳动保护工作、保证生产者的健康和安全十分重视，国家制定并颁布了《工厂安全卫生规程》等文件，这为安全生产指明方向。安全生产是我国在生产建设中一贯坚持的方针。

机械制造实习中的安全技术有冷、热加工安全技术和电气安全技术等。

热加工一般指铸造、锻造、焊接和热处理等工种，其特点是生产过程中伴随着高温、有害气体、粉尘和噪声，这些都严重恶化了劳动条件。在热加工工伤事故中，烫伤、灼伤、喷溅和碰伤约占事故的70%，应引起高度重视。

冷加工主要指车、铣、刨、磨、钻等切削加工，其特点是使用的装夹工具和被切削的工件或刀具间不仅有相对运动，而且速度较高。如果设备防护不好，操作者不注意遵守操作规程，很容易造成各种机器运动部位对人体及衣物由于绞缠、卷入等引起的人身伤害。

电力传动和电器控制在加热、高频热处理和点焊等方面的应用十分广泛，实习时必须严格遵守电气安全守则，避免触电事故。

避免安全事故的基本要点是：绝对服从实习教师的指挥，严格遵守各工种的安全操作规程，树立安全意识和自我保护意识，确保充足的体力和精力。

（1）严格遵守衣着方面的要求，按要求穿戴好规定的工作服及防护用品。

（2）注意"先学停车再学开车"；工作前应先检查设备状况，无故障后再实习。

（3）重物及吊车下不得站人；下班或中途停电，必须关闭所有设备的电气开关。

（4）必须每天清扫实习场地，保持设备整洁、通道畅通。

（5）严禁用手清除切削废物，必须用钩子或刷子。

复习思考题

1-1　什么是冷加工？冷加工包括哪几种加工方法？

1-2　什么是热加工？热加工包括哪几种加工方法？

1-3　车削可以加工哪几种表面？

1-4　零件连接的方法有哪些？

1-5　机械制造实习这门课程的重要性体现在哪些方面？

第2章 工 程 材 料

★ 本章基本要求 ★

（1）掌握工程材料的分类标准。
（2）了解金属材料的性能分类。
（3）掌握 40 号钢和 45 号钢的火花鉴别法。
（4）了解金属材料硬度的测定方法。

2.1 概　述

材料是国民经济的重要物质基础，对社会生产力的发展具有深远的影响。世界上通常把材料的使用作为工业发展的里程碑，如"石器时代""青铜器时代""铁器时代"等。我国是世界上最早发现和使用金属的国家之一。商、周是青铜器的极盛时期，到春秋战国时期已普遍应用铁器。直到 19 世纪中叶，钢铁成为主要的工程材料。生产的发展和科学技术的进步推动了材料工业的发展，使新材料不断涌现。石油化学工业的发展促进了合成材料的应用；20世纪 80 年代特种陶瓷材料取得很大进展。近年来又出现了许多新型材料，如复合材料、纳米材料和其他功能材料。据目前的粗略统计，世界上的材料已达 40 万余种，并且每年以约 5%的速率增加。材料有许多不同的分类方法，机械工程中使用的工程材料是指具有一定性能，在特定条件下能够承担某种功能、被用来制造零件和工具的材料。工程材料种类繁多，有如下常见分类方法。

常用的工程材料有金属材料、非金属材料和复合材料等，常用材料的牌号、性能及热处理知识可查阅相关手册。

金属是工业中应用广泛的材料之一，常用的材料有钢、铸铁、有色金属等，其中钢和铸铁的用量最大。一般来说，金属具有优良的工艺性能和力学性能。

非金属材料主要有塑料、橡胶、陶瓷等。工程上应用于制造机械零件、工程结构件的塑料，称为工程塑料，如聚甲醛、ABS 等，这类材料具有类似金属的力学性能，可用于制造齿轮、蜗轮、轴承、密封件，以及各种耐磨、防腐、绝缘等零件；橡胶是在生胶（天然橡胶或合成橡胶）中加入适量的硫化剂和配合剂组成的高分子弹性体，这类材料具有高弹性、可挠性、化学稳定性、耐蚀性、耐磨性、吸振性、密封性，主要用于制造传动件、减振件、防振件、密封件、耐磨件、耐热件等；陶瓷具有高硬度、耐高温、耐腐蚀、绝缘的特点，主要用于制造化工设备、电器绝缘件、机械加工刀具、发动机耐热元件等。

复合材料由基体材料与增强体材料两部分组成。其基体一般为强度较低、韧性较好的材料；增强体一般是高强度、高弹性模量的材料。基体、增强体可以是金属、陶瓷或树脂等材料，通过"复合"使不同组分的优点得到充分发挥，缺点得以克服，以满足使用性能的要求。常用的复合材料有碳纤维树脂复合材料、玻璃钢、金属陶瓷等。复合材料在机器制造、军工产品、生活用品等各个领域得到广泛应用。

工程材料分类繁多，设计者可根据工作要求选择合适的材料。

按用途分类：结构材料（如机械零件、工程构件）、工具材料（如量具、刃具、模具）、功能材料（如磁性材料、超导材料等）。

按领域分类：机械工程材料、建筑工程材料、能源工程材料、信息工程材料、生物工程材料。

工程材料的分类如图 2-1 所示。例如，钢材具有较高的强度和韧性，常用于制造机械零件和工程构件；而用于制造飞机的结构件，就不合适了，这时选用质轻的铝合金或钛合金、复合材料更合适；在高温环境下最好选用高熔点的陶瓷材料；工程塑料可用于制造需要耐磨、防腐、绝缘等零件，但大多数塑料暴露在阳光下会逐渐老化，所以在室外长期使用时，选用塑料就不太合适。

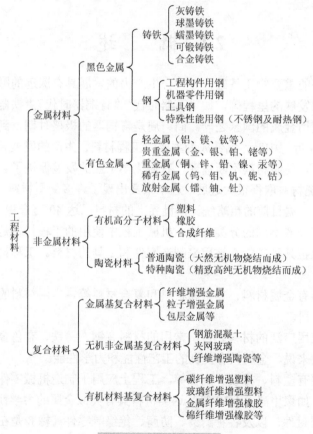

图 2-1　工程材料的分类

2.2　常用金属材料的性能及选用

2.2.1　常用金属材料的性能

金属材料能满足各种机械零件和工程构件所需的力学性能和工艺性能要求，故在现代工业中得到广泛应用。因此，掌握各种金属材料的力学性能及其变化规律，根据工作条件及力学性能选择材料，是保证构件或零件质量的基础。

金属材料的力学性能（表 2-1）是指在承受各种外加载荷（拉伸、压缩、弯曲、扭转、冲击、交变应力等）时，对变形与断裂的抵抗能力及发生变形的能力。强度、硬度、塑性等力学性能指标都是材料在静载荷作用下的表现。例如，钢板被冲压成饭盒、盆等而没有产生裂纹，这表明材料超出弹性变形而发生塑性形变。

表 2-1　金属材料的性能

性能名称			内容
物理性能			包括密度、熔点、导热性能、导电性能、磁性能等
化学性能			金属材料抵抗各种介质的侵蚀能力，如抗腐蚀性能等
工艺性能			材料在加工过程中所表现的性能，包括铸造、锻压、焊接、热处理和切削性能等
使用性能	力学性能	强度	材料在静载荷的作用下抵抗变形和断裂的能力，包括屈服强度 σ_s、抗拉强度 σ_b、抗压强度 σ_{bc}、抗弯强度 σ_{bb}、抗剪强度 σ_τ，单位均为 MPa
		刚度	材料抵抗弹性变形的能力，金属材料刚度的大小一般用弹性模量 E 表示。在拉伸曲线上，弹性模量就是直线（OP）部分的斜率
		塑性	材料在静载荷的作用下产生塑性变形而不破坏的能力。衡量指标为伸长率 δ 和断面收缩率 φ。δ 和 φ 越大，材料塑性越好
		硬度	材料抵抗更硬物体压入的能力。洛氏硬度（HRC）、布氏硬度（HB）、维氏硬度（HV）、显微硬度（HM）
		冲击韧性	材料在冲击载荷（动载荷的一种）作用下抵抗破坏的能力，称为冲击韧性。低温脆性是材料温度降低导致冲击韧性的急剧下降并引起脆性破坏的现象，对压力容器、桥梁、汽车、船舶的影响较大
		疲劳强度	材料在无限多次交变载荷作用而不会产生破坏的最大应力

材料在外力的作用下将发生形状和尺寸变化，称为变形。外力去除后能够恢复的变形称为弹性变形；外力去除后不能恢复的变形称为塑性变形（图 2-2）。材料在不同载荷（图 2-3）下可以造成弹性变形、塑性变形、断裂（脆性断裂、韧性断裂、疲劳断裂等）以及金属抵抗变形和断裂的能力。

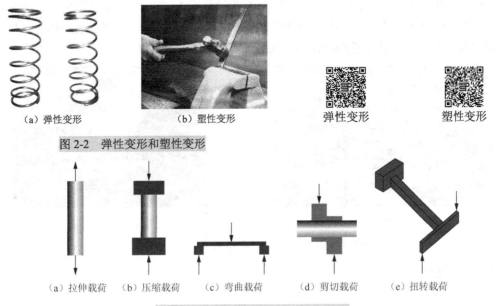

（a）弹性变形　　　　　　（b）塑性变形　　　　　弹性变形　　　　　塑性变形

图 2-2　弹性变形和塑性变形

（a）拉伸载荷　　（b）压缩载荷　　（c）弯曲载荷　　（d）剪切载荷　　（e）扭转载荷

图 2-3　金属材料承受的不同载荷示意

2.2.2 实例分析

1. 泰坦尼克号的沉没

1912 年 4 月，号称永不沉没的泰坦尼克（Titanic）号首航沉没于冰海，成了 20 世纪令人难以忘怀的悲惨海难。20 世纪 80 年代后，材料科学家通过对打捞上来的 Titanic 号船板进行研究，回答了 80 年的未解之谜。Titanic 号的沉没与船体材料的质量直接有关。由于 Titanic 号采用了含硫高的钢板，韧性很差，特别是在**低温呈脆性**。因此，当船在冰水中撞击冰山时，脆性船板使船体产生很长的裂纹，海水大量涌入使船迅速沉没。图 2-4（a）所示的试样取自海底的 Titanic 号，冲击试样是典型的脆性断口，图 2-4（b）所示的是近代船用钢板的冲击试样。

 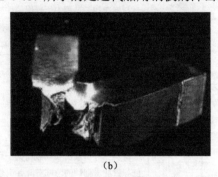

（a）　　　　　　　　　　　　　　　（b）

图 2-4　船用钢板的冲击试样

提高冲击韧性的途径：通过改变材料的成分，如加入钒、钛、铝、氮等元素；通过细化晶粒来提高其韧性，尤其是低温韧性；通过提高材料的冶金质量，减少偏析、夹渣、气泡等缺陷。

2. 英国的 Ladbroke Grove 事故

1999 年 10 月 5 日，在英国伦敦 Paddington 车站附近 Ladbroke Grove 发生重大火车碰撞事故（图 2-5），两列火车迎头相撞，导致 31 人死亡、400 人受伤。事故原因是铝合金挤压成形件沿着焊缝断开，焊缝位置的冲击韧性比较差，缺乏塑性变形能力。

（a）　　　　　　　　　　　　　　　（b）

图 2-5　1999 年英国 Ladbroke Grove 事故现场图

3. 疲劳极限

金属材料受到交变应力或重复循环应力时，往往在工作应力小于屈服强度的情况下突然断裂，这种现象称为疲劳。

1998 年 6 月 3 日，德国发生了第二次世界大战后最惨重的一起铁路交通事故（图 2-6）。

一列高速列车脱轨，造成 100 多人遇难。事故的原因已经查清，是一节车厢的车轮"**内部疲劳断裂**"引起的。首先是一个车轮的轮箍发生断裂，导致车轮脱轨，进而造成车厢横摆，此时列车正好过桥，横摆的车厢以其巨大的力量将桥墩撞断，造成桥梁坍塌，压住了通过的列车车厢，并使已通过桥洞的车头及前 5 节车厢断开，而后面的几节车厢在巨大惯性的推动下接二连三地撞在坍塌的桥体上，从而导致了这场近 50 年来德国最惨重的铁路事故。

图 2-6 1998 年德国铁路交通事故现场图

2.2.3 常用金属材料的选用

机械零件的使用性能、力学性能和经济性与材料的选择有很大关系。因此，合理地选择材料是一项重要的工作。设计师在选择材料时，应充分了解材料的性能和适用条件，并考虑零件的使用、工艺和经济性等要求。

1. 金属材料的选用原则与程序

1）机械零件失效形式分析

机械零件由各种因素造成正常工作能力丧失的现象称为失效。机械零件主要失效形式有断裂、过大的残余变形、表面失效等。

零件在外载荷作用下，某一危险截面上的应力超过零件的强度极限时，会造成断裂失效。在循环变应力作用下长时间工作的零件，容易发生疲劳断裂，如齿轮轮齿根部的折断、螺栓的断裂等。

零件受载后会产生弹性变形，过量的弹性变形会影响机器的精度，对高速机械有时还会造成较大的振动。零件的应力如果超过材料的屈服极限，将产生残余塑性变形，零件的尺寸和形状发生改变，致使破坏各零件的相对位置和配合，使机器不能正常工作。

磨损、腐蚀和接触疲劳等都会导致零件表面失效。它们都是随工作时间的延续而逐渐发生的失效形式。处于潮湿空气中或与水、气及其他腐蚀介质接触的金属零件，均有可能产生腐蚀失效；有相对运动的零件接触表面都会有磨损；在接触变应力作用下工作的零件表面将可能发生疲劳点蚀。

应注意及时收集失效零件的残骸，了解失效的部位、特征、环境、时间等，并查阅有关原始资料和记录，进行综合分析，有些还需要利用各种测试手段或模拟试验进行辅助分析。

2）金属材料选用的一般原则

金属材料的选用应考虑其使用性能、工艺性能、经济性三方面，对这方面进行综合权衡，以金属材料满足使用性能为出发点，才能使金属材料发挥出最佳的社会效益和经济效益。

3）金属材料选择的一般程序

（1）对零件的工作特性和使用条件进行周密分析，找出其失效形式，从而合理地确定金属材料的主要力学性能要求。

（2）根据零件工作条件和使用环境，对零件的设计和制造提出相应的技术要求、加工工艺和加工成本等方面的指标。

（3）根据所提出的技术要求、加工工艺和加工成本等方面的指标，并借助各种金属材料选择手册，对金属材料进行预选。

（4）对预选金属材料进行核算，以确定是否满足使用性能要求。

（5）对金属材料进行二次选择，分析其工艺性能是否良好，经济性是否合理。

（6）通过试验、试生产和检验，最终确定合理的选材方案。

2. 金属材料的合理使用

1）铸铁与钢的合理使用

钢在强度、韧性和塑性等方面均优于铸铁；铸铁在耐磨性方面优于钢，同时具有良好的工艺性。

2）非合金钢、低合金钢和合金钢的合理使用

实践证明非合金钢无法被合金钢取代，在以下场合可优先采用非合金钢：小截面零件，因易淬透，无需选用低合金钢或合金钢；在退火或正火状态下使用的中碳合金钢，因合金元素未发挥作用，故用非合金钢也可满足使用要求；承受纯弯曲或纯扭转的零件，其表面应力最大，心部应力最小。

有色金属具有多种特殊的性能，具体如下。

铝及铝合金具有密度小、耐腐蚀，以及导电性能、导热性能、工艺性能好等优点，因此常用于制造汽车用零件、摩托车发动机、散热器件等。

铜及铜合金具有良好的耐磨性和耐蚀性，以及导电性能、导热性能、装饰性好等优点，常用于制造电子元件、精密仪器的齿轮、弹性元件、滑动轴承、散热器件等，其在使用寿命、安全性、稳定性等方面比其他金属好。

特殊环境和特殊性能要求对金属材料的选择应特殊对待。

3. 典型零件金属材料选择实例

（1）齿轮类零件的选材：调质钢、渗碳钢。

（2）轴类零件的选材：具有优良的综合力学性能，以防变形和断裂；具有较高的抗疲劳能力，以防疲劳断裂；具有良好的耐磨性。

（3）箱体类零件的选材：对受力较大、要求高强度、高韧性甚至在高温高压下工作的箱体类零件，可选用铸钢；对受冲击力不大、主要承受静压力的箱体，可选用灰铸铁；对受力不大、要求质量轻、导热性能良好的箱体，可选用铸造铝合金；对受力较大，但形状简单的箱体，可采用钢材焊接制作。

（4）常用工具的选材：主要是锉刀、手用锯条、刀具等，可选用合金钢。

4. 金属新材料的发展

（1）新型高性能的金属材料：具有高强度、高韧性、耐高、低温、抗腐蚀等性能。

（2）非晶态（亚稳态）材料：非晶态或亚稳态合金材料、金属纳米材料。

（3）特殊条件下应用的金属材料：低温、高压、高温以及辐照条件下，材料的组织和性能的研究。

（4）材料的设计及选用科学化：按照指定的性能对材料的结构、成分进行科学设计。

2.3 常用金属材料的识别

常用的金属材料有钢、铸铁、有色金属等，它们广泛应用于机械制造、交通运输、建筑、航天航空、国防工业等各个领域，因此，金属材料在国民经济中占有极其重要的地位。金属材料是由金属元素或以金属元素为主，其他金属或非金属元素为辅构成的，且具有金属特性的工程材料。

2.3.1 钢

钢的种类很多，按化学成分分为碳素钢和合金钢；按用途分为结构钢、工具钢和特殊性能钢；按质量分为普通钢、优质钢和高级优质钢；按脱氧程度分为镇静钢、半镇静钢和沸腾钢。钢是机械制造中应用最广泛的材料，制造机械零件时可以轧制、锻造、冲压、焊接和铸造，并且可以用热处理方法获得较高的力学性能或改善加工性能。

1. 碳素钢

碳素钢简称碳钢，其碳的质量分数 $w_C < 1.5\%$，并含有少量硅、锰、硫、磷等元素的铁碳合金，其中锰、硅是有益元素，对钢有一定的强化作用；硫、磷是有害元素，可分别增加钢的热脆性和冷脆性，应严格控制。含碳量的高低对碳钢的力学性能影响很大，当碳的质量分数 $w_C < 9\%$ 时，碳钢的硬度和强度随含碳量的增加而提高，塑性和韧性随含碳量的增加而降低；当碳的质量分数 $w_C > 9\%$ 时，碳钢的硬度仍随碳含量的增加而提高，但其强度、塑性和韧性均随含碳量的增加而降低。

按含碳量的多少，碳钢可分为三类：低碳钢（$w_C \leqslant 0.25\%$）、中碳钢（$w_C = 0.25\% \sim 0.6\%$）和高碳钢（$w_C \geqslant 0.6\%$）。低碳钢淬透性较差，一般用于退火状态下强度不高的零件，如螺栓、螺母、销轴，也用于锻件和焊接件，经渗碳处理的低碳钢用于制造表面硬度高和承受冲击载荷的零件。中碳钢淬透性及综合力学性能较好，可进行淬火、调质和正火处理，用于制造受力较大的齿轮、轴等零件。高碳钢淬透性好，经热处理后有较高的硬度和强度，主要用于制造弹簧、钢丝绳等高强度零件。通常当碳钢的碳的质量分数小于 0.4% 时焊接性好，当碳的质量分数大于 0.5% 时，焊接性较差。

优质钢如 35 号钢、45 号钢等能同时保证力学性能和化学成分，一般用来制造需经热处理的较重要的零件；普通钢如 Q235 等一般不适宜做热处理，常用于不太重要的或不需要热处理的零件。

碳钢的价格低廉，工艺性能良好，在机械制造中应用广泛。常用的碳钢分类、牌号及用途见表 2-2。

表 2-2　碳钢的分类、牌号及用途

名称	牌号应用举例
普通碳素结构钢	碳素结构钢按钢材屈服强度分为 5 个牌号：Q195、Q215、Q235、Q255、Q275；每个牌号由于质量不同分为 A、B、C、D 等级，Q195、Q215、Q235 塑性好，可轧制成钢板、钢筋、钢管等；Q255 和 Q275 可轧制成形钢、钢板等
优质碳素结构钢	钢号以碳的平均质量万分数表示，如 20 号钢、45 号钢等。20 号钢表示含 C 0.20%（万分之 20）。用途：主要用于制造各种机器零件
碳素工具钢	钢号以碳的平均质量千分数表示，并在前冠以 T，如 T9、T12 等。T9 表示含 C 0.9%（千分之 9）。用途：主要用于制造各种刀具、量具、模具等
铸钢	铸钢牌号是在数字前冠以 ZG，数字代表钢中平均质量分数（以万分数表示），如 ZG25，表示含 C 0.25%。用途：主要用于制造形状复杂并需要一定强度、塑性和韧性的零件，如齿轮、联轴器等

2. 合金钢

为了改善碳钢的性能，有目的地往碳钢中加入一定量的合金元素所获得的钢，称为合金钢。硅、锰含量超过一般碳钢含量（即 $w_{Si} > 0.5\%$，$w_{Mn} > 1.0\%$）的钢，也属于合金钢。

按合金元素的多少，合金钢可分为三类。低合金钢：合金元素总的质量分数小于 5%；中合金钢：合金元素总的质量分数为 5%～10%；高合金钢：合金元素总的质量分数大于 10%。合金元素不同时，钢的力学性能也不同。例如，铬（Cr）能提高钢的强度、韧性、淬透性、抗氧化性和耐腐蚀性；钼（Mo）能提高钢的淬透性和耐腐蚀性，在较高温度下能保持较高的强度和硬度；锰（Mn）能减轻钢的热脆性，提高钢的强度、硬度、淬透性和耐磨性；钛（Ti）能提高钢的强度、硬度和耐热性。同时含有几种合金元素的合金钢（如铬锰钢、铬钒钢、铬镍钢），其性能的改变更为显著。由于合金钢比碳素钢价格贵，通常在碳素钢难于胜任工作时才考虑采用合金钢。合金钢零件通常需经热处理。

常用合金钢的牌号、性能及用途见表 2-3。

表 2-3　合金钢的牌号、性能及用途

种类		牌号	性能及用途
工程结构用钢（普通低合金结构钢）		9Mn2，10MnSiCu，16Mn，15MnTi	有良好的塑性、韧性、焊接性和较好的耐磨性，强度高，主要用于制造各种工程结构，如桥梁、建筑、船舶、车辆、高压容器等
机械制造用钢	合金渗碳钢	20CrMnTi，20Mn2V，20Mn2TiB	具有高硬度、高耐磨性，心部有足够的韧性，用于制造高速、重载、较强烈的冲击和受磨损条件下工作的零件，如汽车、拖拉机的变速齿轮、十字轴等
	合金调质钢	40Cr，40Mn2，30CrMo，20CrMnSi	主要用于在重载荷、受冲击条件下工作的零件，如机床主轴、汽车后桥半轴、连杆等
	合金弹簧钢	65Mn，60Si2Mn，60Si2Mn	具有高的弹性极限、高疲劳强度、足够的塑性和韧性，以及良好的表面质量。用于制造各种弹簧的专用合金结构钢
合金工具钢	合金刃具钢	9CrSi CrWMn，W18Gr4V，W6Mo5Cr4V2	低合金刃具钢的硬度、耐磨性、强度、淬透性均比碳素工具钢好，用于制造丝锥、板牙、铰刀等；具有高的硬度、红硬性和耐磨性的高速钢主要用于制造车刀、铣刀、拉刀等
	合金模具钢	5CrMnMo，5CiNiMo	热模具钢要在高温下能保持足够的强度、韧性和耐磨性，用于制造冲压、热锻、压铸等成形模具的钢
	合金量具钢	CrWMn GCr15	高硬度、高耐磨性和高的尺寸稳定性，用于制造测量工具的钢。测量尺寸的工具即量具，如千分尺等

种类		牌号	性能及用途
特殊性能钢	不锈耐酸钢	1Cr13，2Cr13 3Cr13，4Cr13	具有高的抗腐蚀能力，用于制造弹簧、轴承、医疗器械及在弱腐蚀条件下工作而要求高强度的耐蚀零件
	耐热钢	4Cr9Si2，15CrMo， 1Cr13SiAl	在高温下具有良好的抗氧化能力并具有较高的高温强度，用于制造各种加热炉底板、渗碳箱等，以及锅炉用钢，如汽轮机叶片、大型发电机排气阀等
	耐磨钢	Mn13	高耐磨性，高锰钢主要用于制造铁路道岔、拖拉机履带、挖土机铲齿等
滚珠轴承钢		GCr 9，GCr15， GCr15SiMn	具有高而均匀的硬度和耐磨性、高的疲劳强度、足够的韧性和淬透性，以及一定的耐蚀性等，用于制造各种滚动轴承的滚动体和内、外套圈的专用钢

2.3.2 铸铁

铸铁是碳的质量分数大于 2.11%的铁碳合金。根据碳在铸铁中存在形式的不同，可将铸铁分为白口铸铁、灰铸铁和麻口铸铁，根据铸铁中石墨形态的不同可将其分为：灰铸铁，其石墨呈片状；可锻铸铁，其石墨呈团絮状；球墨铸铁，其石墨呈球状；蠕墨铸铁，其石墨呈蠕虫状。

铸铁是工程上常用的金属材料，灰铸铁、可锻铸铁、球墨铸铁、蠕墨铸铁在生产中应用广泛。最常用的是灰铸铁，其属脆性材料，不能辗压和锻造，不易焊接，但具有良好的易熔性和流动性，因此，可以铸造出形状复杂的零件。此外，铸铁的抗拉性差，但抗压性、耐磨性和抗振性较好，价格便宜，通常用作机架和壳体。球墨铸铁是使铸铁中的石墨呈球状，球墨铸铁的强度比灰铸铁高，且有一定的塑性，可代替铸钢和锻钢制造零件。

常用铸铁的牌号、性能及用途见表 2-4。

表 2-4　常用铸铁的牌号、性能及用途

名称	牌号	性能及用途	说明
灰铸铁	HT100	抗压强度、硬度、耐磨性好，用于制造只承受轻载的简单铸件，如盖、托盘、油盘、手轮等	"HT"为"灰铁"两字汉语拼音的第一个字母，后面的一组数字表示ψ30 试样的最低抗拉强度。例如，HT200 表示灰口铸铁的抗拉强度为 200MPa
	HT200	用于制造承受中等弯曲应力的铸件，如机床的工作台、底座、汽车的齿轮箱等	
	HT300	适于制造承受高弯曲应力、要求保持高气密性的铸件，如重型机床床身、齿轮、凸轮等	
球墨铸铁	QT800-2 QT1600-3	具有中高等强度、中等韧性和塑性，综合性能较高，耐磨性和减振性良好，能通过各种热处理改变其性能。主要用于各种动力机械曲轴、凸轮轴、连接轴、连杆、齿轮、液压缸体等零部件	"QT"是球墨铸铁的代号，它后面的数值表示最低抗拉强度和最低伸长率。例如，QT1600-3 表示球墨铸铁的抗拉强度为 1600MPa，伸长率为 3%
蠕墨铸铁	RuT300	它的力学性能介于灰铸铁和球墨铸铁之间，其铸造性能、减振性能和导热性能都优于球墨铸铁，与灰铸铁相近。它具有独特的用途，应用于钢锭模、汽车发动机、排气管、制动零件等方面	"RuT"是蠕墨铸铁的代号；后面的数字表示最低抗拉强度。例如，牌号 RuT300 表示最低抗拉强度为 300MPa 的蠕墨铸铁
可锻铸铁	KTH300-06 KTH330-08 KTH350-10	有较高的强度、塑性和冲击韧性，可以部分代替碳钢，用于制造管道配件、低压阀门、汽车拖拉机的后桥外壳、转向机构、机床零件等	"KTH""KTZ"分别是黑心和白心可锻铸铁的代号，后面的数字表示最低抗拉强度

2.3.3 有色金属及其合金

有色金属合金具有某些特殊性能，如良好的减摩性、跑合性、抗腐蚀性、抗磁性和导电性等，在机械制造中常用的有铜合金、铝合金等。由于其产量少、价格较贵，应节约使用。

（1）铜合金具有纯铜的优良性能，且强度、硬度等性能有所提高。工程中常用的铜合金为黄铜和青铜两类。

黄铜是以锌为主要合金元素的铜合金，其外观色泽呈金黄色。黄铜分为普通黄铜与特殊黄铜两类。黄铜强度较高，工艺性能较好，耐大气腐蚀，能辗压和铸造成各种型材和零件，在工程上及日用品制造中应用广泛。

除以锌为主加元素之外的其余铜合金，统称为青铜，其外观色泽呈棕绿色。青铜可分为普通青铜（以锡为主加元素的铜基合金，又称为锡青铜）和特殊青铜（不含锡的青铜合金，又称为无锡青铜）。锡青铜为铜和锡的合金，它具有较高的耐磨性和抗摩性，以及良好的铸造性能和切削性能，常用铸造方法制造耐磨零件。无锡青铜是铜和铝、铁、锰等元素的合金，其强度和耐热性较好，可用来代替价格较贵的锡青铜。

青铜的耐磨性一般比黄铜好，机械制造中应用较多。

（2）铝合金是在纯铝中加入适量的 Cu、Mg、Si、Mn、Zn 等合金元素后，形成同时具有纯铝的优良性能和较高强度、塑性和耐腐蚀性的轻合金，其密度小于 $2.9g/cm^3$。

铝合金按成分和成形方法不同分为形变铝合金和铸造铝合金两类。形变铝合金是合金元素含量低、塑性变形好，适于冷、热压力加工的铝合金。铸造铝合金是合金元素含量较高、熔点较低、铸造性好，适用于铸造成形的铝合金。大部分铝合金可以用热处理方法提高其力学性能，铝合金广泛用于航空、船舶、汽车等制造业中，要求重量轻且强度高的零件。

（3）轴承合金为铜、锡、铅、锑的合金，其减摩性、导热性、抗胶合性好，但强度低、价格贵，通常将其浇注在强度较高的基体金属表面形成减摩层。

常用有色金属及其合金的牌号见表 2-5。

表 2-5　有色金属和合金产品的牌号表示方法举例

	名称	代号	牌号	说明
纯金属	铜	T1，T2	1#、2#铜	铜（T）、铝（L）、镍（N）的纯金属分别用括号内的汉号拼音字母加顺序号表示；其余纯金属加工产品均用化学元素符号加顺序号表示（如 Zn1、Zn2）；钛用 T 加表示金属组织类型的字母及顺序号表示，字母 A、B、C 分别表示α型、β型和α+β型钛合金
	铝	L1，L2	1#、2#工业纯铝	
	镍	N2，N4	2#、4#纯镍	
	锌	Zn1，Zn2	1#、2#锌	
	钛	TA1	1#α型工业纯钛	
		TC4	4#α+β型钛合金	
铸造合金	铸铜合金	ZQSn6-6-3	6-6-3 铸造合金	铸铜合金的表示方法，除按上述规定表示外，并在代号前冠以汉语拼音字母 Z（铸）表示
		ZQA19-4	9-4 铸铝青铜	
		ZHPb59-1	59-1 铸造黄铜	
	铸铝合金	ZL101	101#铸铝	合金代号中 Z、L 为铸、铝二字汉语拼音第一个字母，其后第一位数为合金分组号（1 为铝硅合金，4 为铝锌合金），第二、三位数为顺序号
		ZL202	202#铸铝	
		ZL301	301#铸铝	
	轴承合金	ZChSn1	1#锡基轴承合金	Z 为铸字汉语拼音第一个字母，Ch 为轴承中承字汉语拼音第一个音节；第一个化学元素为基元素，并以此分组
		ZChSn3	3#锡基轴承合金	
		ZChPb4	4#铅基轴承合金	
		DHlAgCu50	50#铜焊料	

2.4 金属材料的现场鉴别

现场鉴别钢铁材料最简易的方法是火花鉴别法、涂色标记法等。

2.4.1 火花鉴别法

钢材在砂轮上磨削时所射出的火花由根花、间花和尾花构成火花束,如图 2-7 所示。磨削时由灼热粉末形成的线条状火花称为流线。流线在飞行途中爆炸而发出稍粗而明亮的点称为节点。火花在爆裂时所射出的线条称为芒线。芒线所组成的火花称为节花。节花分一次花、二次花、三次花不等。芒线附近呈现明亮的小点称为花粉。火花束的构成如图 2-8 所示。

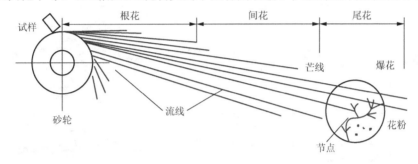

图 2-7 火花束示意

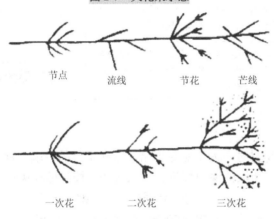

图 2-8 火花束的构成

金属材料火花试验鉴别依据:金属与高速旋转的砂轮接触时,由于摩擦,温度急剧升高,被砂轮切削下来的颗粒以高速度抛射出去,同空气摩擦,温度继续升高,发生激烈氧化甚至熔化,因而在运行中呈现出一条条光亮流线。这种被氧化颗粒的表面生成一层氧化铁薄膜;而颗粒内所含的碳元素,在高温下极易与氧结合成一氧化碳,又把氧化铁还原成铁,铁再与空气氧化,又被碳还原;如此多次重复,以致颗粒内聚积越来越多的一氧化碳,在压力足够时便冲破表面氧化膜,发生爆裂,形成爆花。流线和爆花的色泽、数量、形状、大小同试样的化学成分和物理特性有关,这就是鉴别的依据。

碳是钢铁材料火花的基本元素,也是火花鉴别法测定的主要成分。由于碳含量的不同,其火花形状不同,常用钢铁材料的火花特征见表 2-6。合金钢的火花特征与其含有的合金元素有关。一般情况下,镍、硅、钼、钨等元素

钢的火花鉴别法

抑制火花爆裂，而锰、钒、铬等元素可助长火花爆裂，所以对合金钢的鉴别难以掌握。

表 2-6 常用钢铁材料的火花特征

名称		火花特征	图示
碳素钢	低碳钢	火花束较长，流线挺直且少，芒线稍粗，发光一般，带暗红色，无花粉，一次花为主、枪尖尾花	
	中碳钢	火花束稍短、光亮，流线较细长而多，爆花分叉较多，三次花为主，花粉较多，发光较强，颜色为橙色	
	高碳钢	火花束较短而粗，流线多而细，碎花、花粉多，又分叉多且多为三次花，发光较亮	
合金钢	铬钢	火花束白亮，流线稍粗而长，爆裂多为一次花、花型较大，呈大星形，分叉多而细，附有碎花粉，爆裂的火花心较明亮	
	高速钢	火花束细长，流线数量少，无火花爆裂，色泽呈暗红色，根部和中部为断续流线，尾花呈弧状	
	铸铁	火花束很粗，流线较多，一般为二次花，花粉多，爆花多，尾部渐粗下垂呈弧形，颜色多为橙红。火花试验时，手感较软	

2.4.2 涂色标记法

在管理钢材和使用钢材时，为了避免出错，常在钢材的两端面涂上不同颜色的油漆作为标记，以便钢材的分类。所涂油漆的颜色和要求应严格按照标准执行。

例如，碳素结构钢 Q235 钢——红色；优质碳素结构钢 45 号钢——白色+棕色；优质碳素结构钢 60Mn 钢——绿色三条；合金结构钢 20CrMnTi 钢——黄色+黑色；合金结构钢 42CrMo——绿色+紫色；铬轴承钢 GCr15 钢——蓝色一条；高速钢 W18Cr4V 钢——棕色一条+蓝色一条；不锈钢 0Cr19Ni9 钢——铝色+绿色，其中铬钛（OCr19Ni9）钢的涂色标记如图 2-9 所示。

（a）红色的 Q235 低碳钢

（b）铝色+黄色的铬钛钢

图 2-9 端面标记

2.5 金属材料硬度的测定方法

硬度指金属材料抵抗外物压入其表面的能力,是衡量金属材料软硬程度的异种性能指标。硬度测试能敏感地反映出金属材料的化学成分和组织结构的差异,可检查热处理的工艺效果,可以用来区分碳钢的类型或牌号,因而用于表征金属材料的性能。硬度的测试方法包括布氏硬度、洛氏硬度、维氏硬度、肖氏硬度等。常用硬度表示方法见表 2-7。

表 2-7 常用硬度表示方法

测试方法	原理	符号	测量范围	优点	缺点
布氏硬度	用一定直径的球体(淬火钢球或硬质合金球)以相应的试验力压入待测材料表面,保持规定时间并达到稳定状态后卸除试验力,测量材料表面压痕直径,以计算硬度的一种压痕硬度试验方法	当压头为淬火球时,硬度符号为 HBS,适用于布氏硬度值低于 450 的金属。当压头为硬质合金球时,硬度符号为 HBW,适用于布氏硬度值为 450～600 的金属材料	灰口铸铁、结构钢、非铁金属及非金属材料等	测量值较准确,重复性好,可测组织不均匀材料(如铸铁)	可测的硬度值不高;不测试成品与薄件;测量费时,效率低
洛氏硬度	用金刚石圆锥或淬火钢球,在试验力的作用下压入试样表面,用测量的残余压痕深度增量来计算硬度的一种压痕硬度试验	测定淬火钢等较硬的金属材料(硬度符号为 HRC)。压头为淬硬钢球时,测正火、退火等较软的金属材料(硬度符号为 HRA、HRB)	淬火钢,硬质合金等	用测量的残余压痕深度表示。可从表盘上直接读出。操作简便、迅速,效率高,可直接测量成品件及高硬度的材料	压痕小,测量不准确,需多次测量
维氏硬度	用夹角为 136° 的金刚石四棱锥体压头,试验力 F 压入试样表面,维氏硬度值用压痕对角线长度表示	HV	薄件、镀层、化学热处理后的表层等	测量准确,应用范围广(硬度从极软到极硬);可测成品与薄件	试样表面要求高,费工
肖氏硬度	将具有一定质量的带有金刚石或合金钢球的重锤从一定高度落向试样表面,根据重锤回跳的高度来表征测量硬度大小	HS	黑色金属和有色金属;中大型工件	动载试验法,便于现场测试,其结构简单,便于操作,测试效率高	测量不准确;不适于较薄和较小试样

2.5.1 洛氏硬度测试试验

1. 测试步骤

(1)将试件放置于工作台(图 2-10)上,旋转手轮使工作台缓慢升起,并顶起压头 0.6mm,指示器表盘的小指针指在"3"处,大指针指在标记 C 及 B 处(稍差一点可转动表盘对准为止)。

(2)指针位置对准后,即可向前拉动加荷手柄,以使主载荷加于压头上。

(3)当指示器指针转动明显停顿下来后,即可将卸荷手柄推回,卸除主载荷。

(4)从指示器上读出相应的刻度数值。采用金刚石压头时,按读数表盘外圈的黑字读数。当采用钢球压头时,按读数表盘内圈的红字读取数值。

(5)松开手轮,降下工作台之后,即可稍稍挪动试件,选择新的位置

图 2-10 洛氏硬度计

继续进行试验。

需要注意的是，两个压痕中心距离不应小于 3mm；对同一试件，最好在不同的部位进行不少于 3 次的试验，以便能可靠地查明其实际情况。

2. 注意事项

加力要平稳；使用经检定合格的硬度计；试件的厚度大于 10 倍压痕的深度；根据试件形状选择合适的工作台；选择合适的压头及总载荷数值。

2.5.2 维氏硬度测试试验

1. 测试步骤

1）技术参数

HVS-1000Z 自动转塔数显显微硬度计（图 2-11）采用大示屏 LCD 显示，菜单式结构，选择硬度标尺 HV 或 HK，硬度值相互转换，物镜/压头自动切换。

图 2-11 维氏硬度计

试验力：10g（0.098N）、25g（0.245N）、50g（0.49N）、100g（0.98N）、200g（1.96N）、300g（2.94N）、500g（4.9N）、1000g（9.8N）。

转换标尺：洛氏、表面洛氏、布氏最小测量单位 0.031μm。

总放大倍数：100×（观察）、400×（测量）。

数据输出：内置打印机和 RS-232 接口。

加荷控制：自动（加荷、保荷、卸荷）。

X-Y 测试台：尺寸 100mm×100mm；最大移动 25mm×25mm。

仪器重量：25kg。

试件最大高度：85mm。

电源：AC220V±5%，50～60Hz。

标准配件附件：物镜 40×、10×、显微压头，数显测量目镜 10×，标准硬度块等。

2）操作说明

（1）接通电源，打开电源开关，电源指示灯亮。

（2）接通计算机电源，打开软件。根据所选择的试验力，在软件的设置里设好相关数值。

（3）试样表面先用酒精擦洗，应无油垢、污物。试样表面应进行抛光，其表面粗糙度 Ra 不低于 0.4μm，保证试验面与支撑面平行，试样厚度不小于压痕深度的 10 倍。压痕中心与试样边缘的距离，以及两相邻压痕中心的距离不小于压痕对角线长度的 5 倍。对特小的试件应将其镶嵌在塑料或其他软材料上，镶嵌材料应有足够的强度。选择合适的试台和卡具，将工件固定好。

（4）按下加荷键（Start），转动头自动转到加荷位置，同时加荷电机转动，开始加荷；到达位置后，电机停转，开始保荷；保荷时间完成后，电机转动，开始卸荷；到达位置后，电机停转，自动转到 40×物镜位置（这个过程一般需要 15s），此时，在软件的实时窗口里可以看到压痕，选择软件界面上的四方形工具，对准棱形压痕的四个对角线，即可得知硬度值。

（5）在同一个试验力下，打下一个硬度时，需按下前方的一个按钮两次。

（6）试验完毕后看，请关掉硬度仪和计算机的电源。硬度仪盖上防尘布。

2. 注意事项

（1）试验时注意一定要保持压头与试样或试块表面垂直。

（2）在放置物件时注意物镜或压头与物件的距离，不要太近，否则在点动转动头时会发生碰撞。

（3）严禁在没有试件时进行加载。

（4）用本机携带的标准硬度块检查硬度计精度。

（5）检验的周期视维护水准和硬度计被使用的次数而定，但在任何情况下该周期不应超过一年，硬度试样必须平整。

（6）试样的长度或者宽度必须是高度的两倍以上，而且宽度不能小于高度，未达到以上要求的试样必须镶嵌。

2.5.3 硬度值的换算

肖氏硬度(HS)=洛氏硬度(HRC)+15，各种硬度值的换算表见表 2-8。

表 2-8 各种硬度值的换算表

| 硬金属 | | | | | | | | | | 软金属 | | | | | |
| 洛氏硬度 | | | | 表面洛氏硬度（表面金刚石圆锥压头） | | | 维氏 | 布氏 | 肖氏 | 洛氏硬度 | | 表面洛氏硬度 | | | 维氏 |
HRA	HRB	HRC	HRD	15N	30N	45N	HV	HB	HS	HRB	HRF	15T	30T	45T	HV
85.6		68	76.9	93.2	84.4	75.4	940		97.6	93.5	110	90	77.5	66	196
85.3		67.5	76.5	93	84	74.3	920		96.4		109.5			65.5	194
85		67	76.1	92.9	83.6	74.2	900		95.2	93			77	65	192
84.7		66.5	75.7	92.7	83.1	73.6	880		94	92.5	109		76.5	64.5	190
84.4		65.9	75.3	92.5	82.7	73.1	860		92.8	92		89.5		64	188
84.1		65.3	74.8	92.3	82.2	72.2	840		91.5	91.5	108.5		76	63.5	186
83.8		64.7	74.3	92.1	81.7	71.8	820		90.2	91		75.5	63	184
83.4		64	73.8	91.8	81.1	71	800		88.9	90.5	108	89		62.5	182
83		63.3	73.3	91.5	80.4	70.2	780		87.5	90	107.5		75	62	180
82.6		62.5	72.6	91.2	79.7	69.4	760		86.2	89		74.5	61.5	178
82.2		61.8	72.1	91	79.1	68.6	740		84.8	88.5	107		61	176
81.8		61	71.5	90.7	78.4	67.7	720		83.3	88		88.5	74	60.5	174
81.3		60.1	70.8	90.3	77.6	66.7	700		81.8	87.5	106.5		73.5	60	172
81.1		59.7	70.5	90.1	77.1	66.2	690		81.1	87			59.5	170
80.8		59.2	70.1	89.8	76.8	65.7	680		80.3	86	106	88	73	59	168
80.6		58.8	69.8	89.7	76.4	65.3	670		79.6	85.5		72.5	58.5	166
80.3		58.3	69.4	89.5	75.9	64.7	660		78.8	85	105.5		72	58	164
80		57.8	69	89.2	75.5	64.1	650		78	84	105	87.5		57.5	162
79.8		57.3	68.7	89	75.1	63.5	640		77.2	83.5		71.5	56.7	160
79.5		56.8	68.3	88.8	74.6	63	630		76.4	83	104.5		71	56	158
79.2		56.3	67.9	88.5	74.2	62.4	620		75.6	82	104	87	70.5	55.5	156
78.9		55.7	67.5	88.2	73.6	61.7	610		74.7	81.5	103.5		70	54.5	154
78.6		55.2	67	88	73.2	61.2	600		73.9	80.5	103		54	152
78.4		54.7	66.7	87.8	72.7	60.5	590		73.1	80		86.5	69.5	53.5	150
78		54.1	66.2	87.5	72.1	59.9	580		72.2	79	102.5		69	53	148
77.8		53.6	65.8	87.2	71.7	59.3	570		71.3	78	102		68.5	52.5	146
77.4		53	65.4	86.9	71.2	58.6	560		70.4	77.5	101.5	86	68	51.5	144

硬金属										软金属					
洛氏硬度				表面洛氏硬度（表面金刚石圆锥压头）			维氏	布氏	肖氏	洛氏硬度		表面洛氏硬度			维氏
HRA	HRB	HRC	HRD	15N	30N	45N	HV	HB	HS	HRB	HRF	15T	30T	45T	HV
77		52.3	64.8	86.6	70.5	57.8	550	505	69.6	77	101		67.5	51	142
76.7		51.7	64.4	86.3	70	57	540	496	68.7	76	100.5	85.5	67	50	140
76.4		51.1	63.9	86	69.5	56.2	530	488	67.7	75	100		66.5	49	138
76.1		50.5	63.5	85.7	69	55.6	520	480	66.8	74.5	99.5	85	66	48	136
75.7		49.8	62.9	85.4	68.3	54.7	510	473	65.9	73.5	99		65.5	47.5	134
75.3		49.1	62.2	85	67.7	53.9	500	465	64.9	73	98.5	84.5	65	46.5	132
74.9		48.4	61.6	84.7	67.1	53.1	490	456	64	72	98	84	64.5	45.5	130
74.5		47.7	61.3	84.3	66.4	52.2	480	448	63	71	97.5		63.5	45	128
74.1		46.9	60.7	83.9	65.7	51.3	470	441	62	70	97	83.5	63	44	126
73.6		46.1	60.1	83.6	64.9	50.4	460	433	61	69	96.5		62.5	43	124
73.3		45.3	59.4	83.2	64.3	49.4	450	425	60	68	96	83	62	42	122
72.8		44.5	58.8	82.8	63.5	48.4	440	415	59	67	95.5		61	41	120
72.3		43.6	58.2	82.3	62.7	47.4	430	405	58	66	95	82.5	60.5	40	118
71.8		42.7	57.5	81.8	61.9	46.4	420	397	56.9	65	94.5	82	60	39	116
71.4		41.8	56.8	81.4	61.1	45.3	410	388	55.9	64	94	81.5	59.5	38	114
70.8		40.8	65	81	60.2	44.1	400	379	54.8	63	93	81	58.5	37	112
70.3		39.8	55.2	80.3	59.3	42.9	390	369	53.7	62	92.6	80.5	58	35.5	110
69.8	110	38.8	54.4	79.8	58.4	41.7	380	360	52.6	61	92		57	34.5	108
69.2		37.7	53.6	79.2	57.4	40.4	370	350	51.5	59.5	91.2	80	56	33	106
68.7	109	36.6	52.8	78.6	56.4	39.1	360	341	50.4	58	90.5	79.5	55	32	104
68.1		35.5	51.9	78	55.4	37.8	350	331	49.3	57	89.8	79	54.5	30.5	102
67.6	108	34.4	51.1	77.4	54.4	36.5	340	322	48.1	56	89	78.5	53.5	29.5	100
67		33.3	50.2	76.8	53.6	35.2	330	313	47	54	88	78	52.5	28	98
66.4	107	32.2	49.4	76.2	52.3	33.9	320	303	45.8	53	87.2	77.5	51.5	26.5	96
65.8		31.6	48.4	75.8	51.1	32.8	310	294	44.6	61.6	86.6	77	50.5	24.5	94
65.2	105.5	29.8	47.5	74.9	50.2	31.1	300	284	43.4	49.5	85.4	76.5	49	23	92
64.8		29.2	47.1	74.6	49.7	30.4	295	280	42.8	47.5	84.4	75.5	48	21	90
64.5	104.5	28.5	46.5	74.2	49	29.5	290	275	42.2	46	83.5	75	47	19	88
64.2		27.8	46	73.8	48.4	28.7	285	270	41.6	44	82.3	74.5	45.5	17	86
63.8	103.5	27.1	45.3	73.4	47.8	27.9	280	265	40.9	42	81.2	73.5	44	14.5	84
63.5		26.4	44.9	73	47.2	27.1	275	261	40.3	40	80	73	43	12.5	82
63.1	102	25.6	44.3	72.6	46.4	26.2	270	256	39.7	37.5	78.6	72	41	10	80
62.7		24.8	43.7	72.1	45.7	25.2	265	252	39	35	77.4	71.5	39.5	7.5	78
62.4	101	24·	43.1	71.6	45	24.3	260	247	38.4	32.5	76	70.5	38	4.5	76
62		23.1	42.2	71.1	44.2	23.2	255	243	37.8	30	74.8	70	36	1	74
61.6	99.5	22.2	41.7	70.6	43.4	22.2	250	238	37.2	27.5	73.2	69	34		72
61.2		21.3	41.1	70.1	42.5	21.1	245	233	36.5	24.5	71.6	68	32		70
60.7	98.1	20.3	40.3	69.6	41.7	19.9	240	228	35.9	21.5	70	67	30		68
	96.7	18					230	219	34.1	18.5	68.5	66	28		66
	95	15.7					220	209	33.2	15.5	66.8	65	25.5		64

续表

硬金属											软金属						
洛氏硬度				表面洛氏硬度（表面金刚石圆锥压头）			维氏	布氏	肖氏	洛氏硬度		表面洛氏硬度			维氏
HRA	HRB	HRC	HRD	15N	30N	45N	HV	HB	HS	HRB	HRF	15T	30T	45T	HV
	93.4	13.3					210	200	31.8	12.5	65	63.5	23		62
	91.5	11					200	190	30.4	10	63	62.5	20.5		60
	89.5	8.5					190	181	29		61	61	18		58
	87.1	6					180	171	27.7		58.8	60	15		56
	85	3					170	162	26.5		56.5	58.5	12		54
	81.7	0					160	152	25		53.5	57			52
	78.7						150	143	23.7		50.5	55.5			50
	78						140	133	22.1		49	54.5			49
	71.2						130	124	20.6		47	53.5			48
	66.7						120	114	19.1		45				47
	62.3						110	105	17.6		43				46

复习思考题

2-1 什么是钢？什么是铁？钢按用途怎样分类？

2-2 列表综合 Q235、45 号钢、40Cr、T8A、20CrMnTi、GCr15 等钢材的类别、成分特点、性能、用途。

2-3 布氏硬度计与洛氏硬度计的优缺点？

2-4 解释下列名词：
强度；硬度；塑性；冲击韧性；疲劳强度。

2-5 请指出下列牌号表示何种工程材料：
Q235；45 号钢；T10；20Cr；W18Cr4V；1Cr18Ni9Ti；ZG310-570；HT200；KT450-06；ZL202；H90。

2-6 运用火花鉴别法区别出中、低、高碳钢及铸铁材料。

第3章 铸 造

★本章基本要求★

（1）了解砂型铸造生产工艺过程、特点和应用。
（2）了解型（芯）砂应具备的性能及组成。
（3）熟悉铸件浇铸位置和分型面的选择原则。
（4）熟悉手工两箱造型（整模、分模、挖沙、活块）的特点及应用。
（5）了解浇铸系统的作用和组成；了解熔炼设备及浇铸工艺。
（6）了解常见铸造缺陷及产生原因。
（7）了解特种铸造的特点及应用。

3.1 概 述

3.1.1 铸造定义

铸造是将液体金属浇铸到与零件形状相适应的铸模中，待其冷却凝固后，获得零件或毛坯的方法。铸造是一个复杂的多工序组合的工艺过程，包括工艺准备、生产准备、造型与制芯、熔化与浇铸、落砂与清理、铸件检验等。

铸造适用范围广，可以获得机械切削加工难以实现的复杂内腔的零件。工业中常用的金属材料大多可用于铸造，尤其是对于锻造和切削加工的合金材料，可以用铸造方法来制造零件的毛坯。铸件质量可由几克至数百吨，壁厚可由几毫米到1m，在大型零件的生产中，铸造的优点更为显著。

我国的铸造技术历史悠久，早在3000多年前，青铜器已有应用，2500年前铸铁工具已相当普遍。泥型铸造、金属型铸造和石蜡型铸造是我国古代三大铸造技术，如图3-1所示。

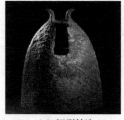  

（a）泥型铸造　　　　　　　　（b）金属型铸造　　　　　　　　（c）石蜡型铸造

图3-1 古代三大铸造技术

3.1.2 铸造分类

1. 铸造种类

铸造种类很多，按造型方法习惯上分为普通砂型铸造和特种铸造。

1）普通砂型铸造

普通砂型铸造又称砂铸、翻砂，包括湿砂型、干砂型和化学硬化砂型 3 类。砂型铸造应用广泛，适用于批量生产的中、小铸件，具有灵活、易行的优点，砂型铸造产品占铸件总量的 80%以上。图 3-2 为砂型铸造。

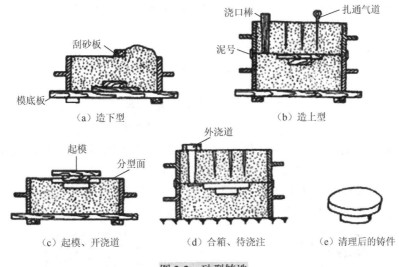

图 3-2　砂型铸造

2）特种铸造

按造型材料又可分为以天然矿产砂石为主要造型材料的特种铸造（如熔模铸造、泥型铸造、壳型铸造、负压铸造、实型铸造、陶瓷型铸造、消失模铸造等）和以金属为主要铸型材料的特种铸造（如金属型铸造、压力铸造、连续铸造、低压铸造、离心铸造等）两类。主要的特种铸造类型的特点与应用如表 3-1 所示。

表 3-1　铸造分类、特点与应用

铸造方式	铸造工艺特点	应用范围
熔模铸造	尺寸精度高、表面光洁，但工序繁多，劳动强度大	各种批量的铸钢及高熔点合金的小型复杂精密铸件，特别适合铸造艺术品、精密机械零件
消失模铸造	铸件尺寸精度较高，铸件设计自由度大，工艺简单，但模样燃烧影响环境	不同批量的较复杂的各种合金铸件
陶瓷型铸造	尺寸精度高、表面光洁，但生产率低	模具和精密铸件
低压铸造	铸件组织致密，工艺出品率高，设备较简单，可采用各种铸型，但生产效率低	小批量，最好是大批量的大、中型有色合金铸件，可生产薄壁铸件
压力铸造	铸件尺寸精度高、表面光洁，组织致密，生产率高，成本低。但压铸机和铸型成本高	大量生产的各种有色合金中小型铸件、薄壁铸件、耐压铸件
离心铸造	铸件尺寸精度高、表面光洁，组织致密，生产率高	小批量到大批量的旋转体形铸件、各种直径的管件
连续铸造	组织致密，力学性能好，生产率高	固定截面的长形铸件，如钢锭、钢管等
金属型铸造	铸件精度、表面质量高，组织致密，力学性能好，生产率高	小批量或大批量生产的非铁合金铸件，也用于生产钢铁铸件

2. 成形工艺分类

（1）重力浇铸：砂铸，硬模铸造。依靠重力将熔融金属液浇入型腔。

（2）压力铸造：低压浇铸，高压铸造。依靠额外增加的压力将熔融金属液瞬间压入铸造型腔。

3.1.3 铸造的优缺点

优点：相对于其他成形方式，铸造设备需要的投资较少，铸造材料来源广泛，生产成本低廉，生产周期短，采用精密铸造的铸件可以替代切削加工。

缺点：生产工序繁多，工艺过程较难控制，铸件易产生缺陷，铸件的尺寸均一性差，尺寸精度低，工作环境差，温度高，粉尘多，劳动强度大。

3.2 砂型铸造

砂型铸造是在砂型中生产铸件的方法。由于其造型材料来源广泛，成本低廉，是最常用的铸造方法，目前我国砂型铸件约占铸件产量的80%。

砂型铸造工艺过程如图 3-3 所示，主要包括以下几个工序：模样与芯盒准备、型砂与芯砂配制—造型、造芯—熔炼、浇注—落砂、清理—检验。

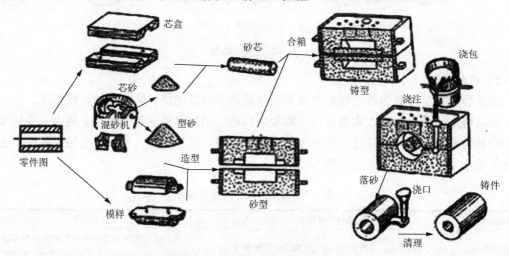

图 3-3　砂型铸造工艺过程

砂型制造是砂型铸造过程中的主要工序，也是铸造实习中的主要任务。

3.2.1 造型材料

制造铸型用的材料称为造型材料，包括型砂、芯砂、模样、芯盒和砂箱。

1. 型砂和芯砂

用于制造砂型的材料称为型砂，用于制造型芯的造型材料称为芯砂。造型材料性能的优劣对铸件质量和造型工艺有很大的影响。

型砂和芯砂由原砂、黏结剂及附加物等加入一定的水组成，有时还需加入少量的煤粉、植物油、木屑等附加物。原砂是骨干材料，其主要作用是：一方面为型砂和芯砂提供必要的耐高温性能和热物理性能，有助于高温金属顺利充型，并使金属液在铸型中冷却、凝固，铸件达到所要求的形状和性能；另一方面原砂砂粒为型砂和芯砂提供众多空隙，保证型砂和芯砂有一定的透气性。

黏结剂起黏结砂粒的作用，使型砂具有必要的强度和韧性，附加物是为了改善型砂和芯砂的性能，抑制型砂不必要的性能而加入的物质。

型砂和芯砂除应具有足够的强度、透气性、退让性和耐火性外，还应具有良好的可塑性、流动性和耐用性。

2. 模样、芯盒和砂箱

模样、芯盒和砂箱是砂型制造时用到的主要工艺装备。其结构应便于制作，尺寸应精确，有足够的强度和刚度。

模样用来形成铸件的外部轮廓；芯盒用来造砂芯，形成铸件的内部轮廓。造型时分别用模样和芯盒制作铸型和型芯。

砂箱在制造砂型时用于容纳和支撑砂型，在浇注时起固定作用。

图 3-4 所示为零件图、模样、芯盒与铸件。

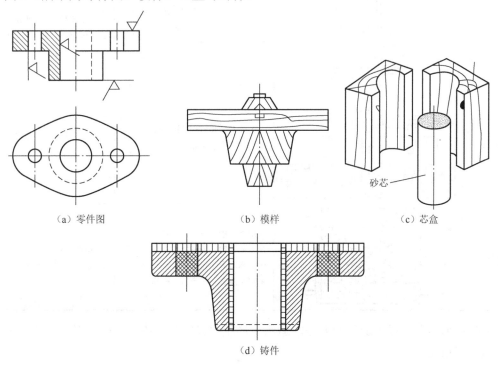

（a）零件图　　　　　　　（b）模样　　　　　　　（c）芯盒

（d）铸件

图 3-4　零件图、模样、芯盒与铸件

制造模样与芯盒的材料有木料、金属和塑料等，单件小批量生产时广泛使用木料，大批量生产、机器生产时常用金属或工程塑料。

3.2.2　造型与造芯

1. 造型

用型砂及模样等材料和工艺装备制造铸型的过程称为造型。造型通常分为手工造型和机器造型两大类。用手工借助手动器具完成的造型称为手工造型。手工造型因其操作灵活、适应性强、工艺装备简单、无需造型设备等特点，广泛应用于单件小批量生产。

手工造型的方法主要有整模造型、分模造型、活块造型、三箱造型、挖砂造型、刮板造型等，这里主要介绍分模造型，其他造型见表 3-2。

表 3-2 其他造型特点与适用

造型方法	简图	主要特点	应用范围
整模造型		模样为整体，分型面为平面，型腔在同一砂箱中，不会产生错型缺陷，操作简单	最大截面在端部且为一平面的铸件，应用较广泛
挖砂造型		整体模样，分型面为曲面，需挖去阻碍起模的型砂才能去除模样，操作要求高，生产率低	适宜中小型、分型面不平的铸件单件小批量生产
活块造型		将妨碍起模的部分做成活动的，取出模样主体部分后，再小心将活块取出，造型费工时	用于单件小批量生产，带有凸起部分的、难以起模的铸件
刮板造型		刮板形状和铸件截面相适应，代替实体模样，可省去制模的工序，操作要求高	单件小批量生产，大、中型轮类、管类铸件
三箱造型		用上、中、下三个砂箱，有两个分型面，铸件的中间截面小，用两个砂箱时取不出模样，必须分模，中箱高度有一定要求，操作复杂	单件小批量生产，适合于中间截面小、两端截面大的铸件

分模造型是分块模样造型的方法，适用于形状比较复杂的铸件，根据形状复杂程度有两箱造型和三箱造型等。

两箱造型是将模样从最大截面处分成两个半模，并将两个半模分别放在上、下型箱内进行造型。

型腔为模样取出后留下的空间，金属液在此凝固成形，上、下砂型的接触表面称为分型面，上、下芯座用于型芯定位和支撑，浇注时，高温金属液经外浇口进入并充满型腔，型腔和砂型的气体经过通气孔排出。

图 3-5 是套筒的两箱造型操作过程。造型时应注意以下事项。

（1）模样的位置：模样与砂箱内壁间的距离称为吃砂量。吃砂量过大，需要填入的型砂多，砂型的质量加大。吃砂量过小，砂型的强度不够。通常吃砂量为 30～100mm。

（2）舂砂力度：舂砂力度过大，砂型过紧，型腔内气体排除困难。用力过小，沙砾之间黏结不紧，砂型太松，易出现塌箱等问题。砂箱各处紧实程度要求不同，靠近砂箱内壁处的型砂应用力舂紧，靠近型腔部分的型砂应较紧，以保证足够的强度，其余部分的型砂不宜过紧，以利透气。

（3）撒分型砂：撒分型砂是为了便于将两个砂型在分型面处分开。

（4）扎通气孔：通气孔在上砂型上方均匀分布，深度不能穿透整个砂型。

（5）起模：起模前可在两半模样周围的型砂上用毛笔刷上水，以增强该处的强度，以免起模时损坏型砂。起模时，应轻轻敲击模样，使其与周围的型砂分离，起模要胆大心细，手不要抖动，尽可能保持方向与分型面垂直，保证上、下两半模样松动的方向和大小一致。起模后，如型腔有损坏，必须及时修补。

（6）合型：上、下两个半模的定位销钉和定位孔既要准确配合，又要易于分开。合型时应对准合箱线，防止错型。

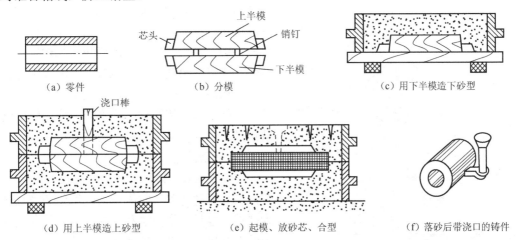

（a）零件　　　　　　（b）分模　　　　　　（c）用下半模造下砂型

（d）用上半模造上砂型　　　　（e）起模、放砂芯、合型　　　　（f）落砂后带浇口的铸件

图 3-5　套筒的两箱造型操作过程图

2. 造芯

型芯主要用来形成铸件的内腔或局部外形。用型芯砂造的型芯也称砂芯，根据砂芯的尺寸、形状、生产批量以及技术要求不同，造芯方法也不同。通常有手工造芯和机器造芯两大类。根据芯盒材料的不同，手工造芯有塑料芯盒、金属芯盒和木芯盒。机器造芯有壳芯、热芯盒射砂、射芯、挤压、震实及压实芯盒等。根据芯盒结构的不同，芯盒又可分为整体式芯盒、对开式芯盒和可拆式芯盒三种。

为了保证砂芯的尺寸精度、几何精度、强度、透气性和装配稳定性，造芯时，应根据砂芯尺寸大小、复杂程度及装配方案采取以下措施。

（1）放置芯骨：目的是提高砂芯的强度，防止砂芯在制造、搬运、使用中被损坏。

（2）开出气孔：以便浇注时顺利而迅速地排出砂芯中的气体。砂芯中的排气槽一定要和砂型的排气道连通。

（3）在砂芯表面刷涂料：以降低铸件内腔的表面粗糙度，并防止黏砂。

（4）烘干砂芯：以提高砂芯的强度和透气性，减少砂芯在浇注时的发气量。

3.3　铸件的熔炼与浇铸

熔炼与浇铸是生产合格铸件的重要环节之一，熔炼时，要保证金属溶液具有合格的化学成分和一定的温度，尽量减少能源和原材料的消耗，减轻操作者的劳动强度，降低生产污染。

3.3.1 金属的熔炼

铸件中铸铁铸件占 70%以上，其余是铸钢件和有色金属铸件。

1. 铸铁的熔炼

铸铁熔炼的主要设备是冲天炉，其结构如图 3-6 所示，其他还有感应电炉、电弧炉、反射炉，以及某些方法的联合，如冲天炉-电弧炉、冲天炉-感应炉双联法等。

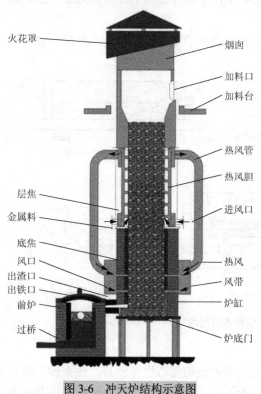

冲天炉熔炼时，炉身的下部装满焦炭，称为底焦，底焦上面交替装有一批批的铁料、焦炭及石灰、萤石等熔剂。通过鼓风，使底焦剧烈燃烧，产生高温气沿炉身高度方向上升，使其上面一层铁料熔化。冲天炉熔炼时操作的基本过程是：备料—补炉—点火、烘干—加底焦—加炉料—鼓风熔化—排渣、出铁液—停风打炉。冲天炉的优点是：结构简单，操作方便，热效率和生产效率比较高，能连续熔炼铸铁，成本低，应用较广泛。缺点是：铁水质量不稳定，工作环境差。

火花罩

烟囱
加料口
加料台

热风管
热风胆

层焦
金属料

进风口

底焦

风口
出渣口
出铁口
前炉

过桥

热风
风带
炉缸
炉底门

图 3-6   冲天炉结构示意图

2. 铸钢的熔炼

与铸铁相比，铸钢的铸造性能较差，表现在：熔点高，流动性差，收缩量大，氧化和吸气性较为严重，容易产生灰渣和气孔，需要采取较为复杂的工艺措施，以保证铸件的质量。

铸钢常用电弧炉或感应电弧炉熔炼，熔炼过程包括熔化、氧化、还原等几个阶段。电弧炉容量为 1～15t，它利用电极与金属炉料间发生电弧放电所产生的热量来熔化金属，电炉熔炼的钢质较高，适于浇注各种类型的铸钢件。感应电炉是根据电磁感应和电流热效应原理，利用炉料内感应电流的热能熔化金属，常用的感应电炉是工频炉（50Hz）和中频炉（500～2500Hz），工频炉可以直接使用工业电流，不需要变频设备，所以投资较少。

3. 有色金属的熔炼

有色金属包括铝合金、铜合金、锌合金等，其中铝合金的应用最为广泛。

铝合金熔炼的主要设备是电阻坩埚炉，其结构如图 3-7 所示。

铝合金熔炼的金属材料有铝锭、废铝、回炉铝和其他合金等。辅助材料有熔剂、覆盖剂、精炼剂和变质剂等。

铝合金的化学性质活泼，熔炼时极易发生化学变化生成 Al_2O_3，并且很难除去，铝合金在高温时易吸收氢气，当温度超过 800℃时更为严重，易使铝合金的铸件产生气孔、夹渣等缺陷。因此，熔炼铝合金时需要进行以下操作。

图 3-7   电阻坩埚炉

（1）仔细清理炉料，防止杂质进入铝液，并将炉料烘干。

（2）对坩埚及熔炼用具的表面涂料预热，以免与铝合金液接触产生不良反应，影响铝合金的化学成分。

（3）铝合金液面用覆盖剂严密覆盖，尽量少搅动，控制熔炼温度，并加快熔炼过程。

（4）用精炼剂分别清除铝合金中的杂质。

（5）变质处理以提高铸件的力学性能，方法是用钠盐与铝发生置换反应，利用反应生成的钠原子使合金液变质细化。

3.3.2 金属浇注

金属浇注是将熔融金属从浇包注入铸型的操作过程。浇注是铸造生产中的一个重要环节，它直接影响铸件的质量和操作人员的安全。

1. 浇注工具

浇包是浇铸的主要工具，它是容纳、输送和浇注熔融金属用的容器。浇包的外壳用钢板制成，内衬耐火材料。

浇包主要有端包、抬包和吊包三种类型。端包的容量在 20kg 左右，适用于浇注小型铸件。抬包的容量在 50～100kg，适用于浇注中、小型铸件。吊包的容量在 200kg 以上，由吊车装运操作，适用于浇注大型铸件。

2. 浇注操作

1）浇注前的准备

浇注前的准备包括：熟悉金属液及浇注质量和数量，对金属液的质量进行检验，检查浇包的质量，熟悉砂型的排放位置并确定浇注顺序，检查砂型的紧固情况，准备浇注工具及附件。

2）浇注温度

金属液浇入铸型时所测到的温度称为浇注温度，可用光学高温计和可调式温度指示仪来测定。浇注温度是影响铸件质量的重要因素，浇注温度过高，铸件收缩大，黏砂严重，晶粒粗大；温度太低，会使铸件产生冷隔和浇不到等缺陷。要根据铸造合金的种类、铸件的结构和尺寸等合理确定浇注温度。薄壁复杂铸件取上限，厚大铸件取下限。常用合金的浇注温度如表 3-3 所示。

表 3-3 常用合金的浇注温度

合金	铸铁	铸钢	铝合金
浇注温度/℃	1250～1350	1500～1550	680～780

3）浇注速度

单位时间内浇入铸型中的金属液质量称为浇注速度，单位为 kg/s。浇注速度过快，合金铸型中的气体来不及排除从而产生气孔，同时因金属液的动压力增大而易造成冲砂、抬箱、跑火等缺陷；浇注速度过慢，金属液降温过多，易产生浇不足、冷隔、夹渣等缺陷。浇注速度应根据铸件的形状、大小确定，通过操纵浇包和布置浇注系统进行控制。

4）浇注方法

浇注前，为便于扒渣，可在金属液表面撒些稻草灰或干砂使熔渣变稠。扒渣要迅速，从浇包的边或侧边扒，切勿经过浇包嘴。浇注时，应将浇包嘴靠近浇口杯外，及时点燃从砂型排气孔、冒口处溢出的气体,加快气体排出并使有害气体氧化。浇注过程中不能断流,保持金属液充满浇口杯,以便于熔渣上浮。若型腔内金属液沸腾,应立即停止浇注,用干砂盖住浇口。型腔充满金属液后,应稍等片刻,再补浇一些金属液,及时在上面盖上干砂、稻草灰等保温材料。

铸件凝固后,应及时卸除压箱铁和箱卡,以减少收缩阻力,防止产生裂纹。

3.3.3　铸件的落砂与清理

铸件浇注完毕并冷却凝固后,必须及时进行落砂和清理。铸件的落砂和清理包括落砂、去除浇冒口、除芯和铸件表面清理等工作。

1. 落砂

落砂是指将铸件从砂箱中取出,与型砂分离的操作过程。铸件要在砂箱中冷却到一定温度才能落砂。落砂过早,因铸件尚未完全凝固会产生裂纹、变形等缺陷,易产生难以切削加工的硬皮,且可能发生烫伤。落砂过晚,铸件因收缩受阻增大收缩应力,晶粒粗大。一般在铸件冷却到 $250\sim450℃$ 时再进行落砂。

2. 清理

清理是在落砂后,清除铸件表面的黏砂、型砂和多余金属等的操作过程。

1）去除浇冒口

浇注系统的浇冒口与铸件连接在一起,落砂后成为多余部分,需要去除。中小型铸铁件的浇冒口,一般可用手锤敲掉;对于大型铸铁件的浇冒口,先在其根部锯槽,后用重锤敲掉;合金铸铁件的浇冒口,一般用锯子锯掉;铸钢件的浇冒口一般用氧气切割;不锈钢及合金钢铸件的浇冒口可用等离子弧切割。注意:在去除浇冒口时,不能伤及铸件。

2）除芯

除芯是指从铸件上去除芯砂和芯骨的操作过程。单件小批量生产时,采用手工操作;大批量生产时,常用振动除芯、水力清砂和水爆清砂等。

3）表面清理

去除浇冒口和除芯完成后,铸件表面还有黏砂、飞边、毛刺和浇冒口残根等需要处理。铸件表面的黏砂采用抛丸、清理滚筒进行清理,飞边、毛刺和浇冒口残根采用砂轮机、手凿和风铲等清理。

3.4　铸件的缺陷与质量控制

3.4.1　铸件缺陷与产生的原因

铸造工艺过程复杂,由于原材料控制不严、工艺方案不合理、生产操作不当、管理制度不完善等原因,铸件产生各种铸造缺陷,从而降低了铸件的质量。常见的缺陷有:气孔、缩孔、缩松、砂眼、渣孔、夹砂、黏砂、冷隔、浇不足、裂纹、错型、偏芯,以及化学成分不合格、力学性能不合格、尺寸和形状不合格等。这些缺陷大多是在浇注和冷却凝固过程中产生的,主要与铸型、温度、冷却、工艺以及金属液本身特性等因素有关。有些缺陷是通过观察就可以发现的,也有的需要通过检验才能查出。为了防止和减少铸件的缺陷,首先应确定缺陷的种类,分析其产生的原因,然后找出解决问题的最佳方案。常见的铸件缺陷及产生原因见表 3-4。

表 3-4 常见的铸件缺陷及产生原因

缺陷名称	图例	特征	产生的主要原因	预防措施
气孔		在铸件内部或表面有大小不等的光滑孔洞	①炉料不干或含氧化物、杂质多；②浇注工具或炉前添加剂未烘干；③型砂含水过多或起模时和修型时刷水过多；④型芯烘干不充分或型芯通气孔被堵塞；⑤春砂过紧，型砂透气性差；⑥浇注温度过低或浇注速度太快等	降低熔炼时金属的吸气量，减少砂型在浇注过程中的发气量，改进铸件结构，提高砂型和型芯的透气性，使形内气体能顺利排出
砂眼		在铸件内部或表面有型砂充塞的孔眼	①型砂强度太低或砂型和型芯的紧实度不够，故型砂被金属液冲入型腔；②合箱时砂型局部损坏；③浇注系统不合理，内浇口方向不对，金属液冲坏了砂型；④合箱时型腔或浇口内散砂未清理干净	严格控制型砂性能和造型操作，合型前注意打扫型腔
渣孔		一般位于铸件表面，孔形不规则，孔内充塞熔渣	①浇注时排渣不良；②浇注温度过低，熔渣不易上浮	提高铁液温度，降低熔渣黏性，提高浇注系统的挡渣能力，增大铸件内圆角
缩孔		缩孔多分布在铸件厚断面处，形状不规则，孔内粗糙	①件结构设计不合理，如壁厚相差过大，厚壁处未放冒口或冷铁；②浇注系统和冒口的位置不对；③浇注温度太高；④合金化学成分不合格，收缩率过大，冒口太小或太少	壁厚小且均匀的铸件要采用同时凝固，壁厚大且不均匀的铸件采用由薄向厚的顺序凝固，合理放置冒口的冷铁
缩松		在铸件内部微小而不连贯，晶粒粗大，各晶粒间存在很小的孔眼，水压试验时渗水	合金结晶温度范围较宽；冒口补缩作用差	壁间连接处尽量减小热节，尽量降低浇注温度和浇注速度
裂纹		铸件开裂，开裂处金属表面有氧化膜	①铸件结构设计不合理，壁厚相差太大，冷却不均匀；②砂型和型芯的退让性差或春砂过紧；③落砂过早；④浇口位置不当，致使铸件各部分收缩不均匀	严格控制铁液中的S、P含量，铸件壁厚尽量均匀，浇冒口不应阻碍铸件收缩，避免壁厚的突然改变，开型不能过早，不能激冷铸件
黏砂		铸件表面粗糙，黏有一层砂粒	①原砂耐火度低或颗粒度太大；②型砂含泥量过高，耐火度下降；③浇注温度太高；④湿型铸造时型砂中煤粉含量太少；⑤干性铸造时铸型未刷涂料或涂料太薄	减少砂粒间隙；适当降低金属的浇注温度；提高型砂、芯砂的耐火度
夹砂		铸件表面产生的金属片状突起物，在金属片状突起物与铸件之间夹有一层型砂	①型砂热湿拉强度低，型腔表面受热烘烤而膨胀开裂；②砂型局部紧实度过高，水分过多，水分烘干后型腔表面开裂；③浇注位置不当，型腔表面长时间受高温铁水烘烤而膨胀开裂；④浇注温度过高，速度太慢	严格控制型砂、芯砂性能；改善浇注系统，使金属液流动平稳；大平面铸件要倾斜浇注

续表

缺陷名称	图例	特征	产生的主要原因	预防措施
错型		铸件沿分型面有相对位置错移	①模样的上下半模未对准；②合箱时，上下砂箱错位；③上下砂箱未夹紧或上下箱未加足够压铁，浇注时产生错箱	提高操作技能；加强模板的检查和修理；经常检查砂箱、模板的定位销及销孔并合理地安装
冷隔		铸件上有未完全融合的缝隙或洼坑，其交接处是圆滑的	①浇注温度太低，合金流动性差；②浇注速度太慢或浇注中有断流；③浇注系统位置开设不当或内浇道横截面积太小；④铸件壁太薄；⑤直浇道（含浇口杯）高度不够；⑥浇注时金属量不够，型腔未充满	提高浇注温度和速度；改善浇注系统；浇注时不断流
浇不足		铸件未被浇满		提高浇注温度和速度；浇注时不要断流和防止漏钢水（炮火）

3.4.2　铸件的质量检测与控制

1. 铸件的质量检测方法

所有铸件都要经过检验，以分清哪些是合格品，哪些是废品，哪些能经过修复变成合格品。检验主要包括外观质量、内在质量和使用质量。外观质量指铸件表面粗糙度、表面缺陷、尺寸偏差、形状偏差、重量偏差；内在质量主要指铸件的化学成分、物理性能、力学性能、金相组织以及存在于铸件内部的孔洞、裂纹、夹杂、偏析等情况；使用质量指铸件在不同条件下的工作耐久能力，包括耐磨、耐腐蚀、耐激冷激热、疲劳、吸振等性能以及被切削性、可焊性等工艺性能。

检验的方法取决于对铸件的质量要求，常用的铸件检验方法有以下几种。

（1）外观检验法：铸件的许多缺陷在其外表面，可以直接发现或用简单的工具和量具就可发现，例如，冷隔、浇不足、错型、黏砂、夹砂等缺陷就可直接看出；对于怀疑表皮有缺陷的铸件，可用小锤敲击来检查，听其声音是否清脆来判定铸件是否有裂纹；用量具可检查铸件尺寸是否符合图样要求。外观检验法简单、灵活、快速、不需要很高的技术水平。

（2）无损探伤法：无损探伤法是利用声、光、电、磁等各种物理方法和相关仪器检测铸件内部及表面缺陷，用这类方法不会损坏铸件，也不影响铸件的使用性能。这种方法设备投入大，检验费用较高，一般用于重要铸件的检验，常用的无损探伤方法有磁力探伤、超声波探伤、射线探伤等。

（3）理化性能检验。

① 化学成分检验：用来检验铸件材质是否符合要求，常用的有化学分析法和光谱分析法，有时也可用火花鉴别法。

② 力学性能检验：根据技术要求，制取铸件试样，在专用设备上测定材料的力学性能，如强度、硬度、延伸率等。

③ 金相检验：铸件的结构是影响其力学性能的重要因素，测定铸件的金相组织能预知铸件大概的力学性能指标。常用金相组织检验方法为制取试样，用金相显微镜观察，分析研究。

2. 铸件缺陷的修补

对于某些有缺陷的铸件，在不影响使用性能的前提下，可通过缺陷的修补，使其成为合格品，以尽量减少损失。常用的修补方法有以下几种。

（1）焊接修补：对于铸件中常见缺陷，如冷隔、浇不足、气孔、砂眼、裂纹等，可进行焊接修补。

（2）金属液修补：用高温金属液填补铸件缺损部位，使其恢复正常。

（3）金属堵塞：有些零件表面空洞缺陷不宜进行焊补可以在缺陷处钻孔，采用过盈配合，压入经过加工的圆柱形小棒，小棒的材质与铸件的材质相同或相近，然后进行加工修整。

（4）填腻修补：铸件的重要部位及有装饰意义的部位，表面若有孔眼缺陷，可用腻子进行修补，比较常用的腻子由铁粉、水玻璃、水泥组成。修补时，清理干净要修补的部位，把腻子压入修平即可。

（5）浸渗修补：将胶装的浸渗剂渗入铸件的空隙，使其硬化，与铸件空隙内壁连成一体，将其填塞起来，达到堵漏的目的。

3. 铸件的质量控制

影响铸件质量的因素很多，既有生产前期的，也有生产过程中的，既有原材料、设备、工艺装备等方面的，也有工艺设计、结构设计方面的，以及操作过程方面的。铸造生产中，要对铸件的质量进行控制。

（1）制定从原材料、辅助材料到每种具体产品的控制和检验的工艺守则与技术条件。对每道工序都严格按工艺守则和技术条件进行控制和检验。从源头、过程等方面避免缺陷的产生，详见表3-4。

（2）铸件的设计工艺性。进行设计时，除了要根据工作条件和金属材料性能来确定铸件几何形状、尺寸大小外，还必须从铸造合金和铸造工艺特性的角度来考虑设计的合理性，即明显的尺寸效应和凝固、收缩、应力等问题，以避免或减少铸件的成分偏析、变形、开裂等缺陷的产生。

（3）制定合理的铸造工艺，即根据铸件结构、重量和尺寸大小，铸造合金特性和生产条件，选择合适的分型面和造型、造芯方法，合理设置铸造肋、冷铁、冒口和浇注系统等，以获得优质铸件。铸件结构设计要尽量兼顾：提高铸件承载能力、提高铸件质量和防止铸造缺陷、简化铸造工艺及工艺装备、方便加工、满足铸造工艺性要求。

（4）采用先进的设备和工艺装备，严格控制铸造用原材料、辅助材料的质量。如金属炉料、耐火材料、燃料、熔剂、变质剂、型砂、黏结剂、涂料等质量不合标准，会使铸件产生气孔、针孔、夹渣、黏砂等缺陷，影响铸件外观质量和内部质量，严重时会使铸件报废。

（5）工艺操作。要制定合理的工艺操作规程，提高工人的技术水平，使工艺规程得到正确实施。

（6）对成品铸件进行质量检验。要配备合理的检测方法和合适的检测人员。一般对铸件的外观质量，可用比较样块来判断铸件表面粗糙度；表面的细微裂纹可用着色法、磁粉法检查。对铸件的内部质量，可用音频、超声、涡流、X射线和γ射线等方法来检查和判断。

3.5　特种铸造简介

特种铸造是指不同于砂型铸造的其他铸造方法。本节主要介绍几种常用的特种铸造方法，如熔模铸造、金属型铸造、压力铸造、低压铸造、离心铸造和消失模铸造等。

3.5.1　熔模铸造

熔模铸造是在易熔模样表面覆盖若干层耐火材料，待其硬化后，将模样熔去制成中空型壳，经浇注而获得铸件的成形方法，又称石蜡铸造或精密铸造。熔模铸造工艺过程主要分为7步（图3-8）：

（1）压型制造。它是用来制造蜡模的专用模具，是根据铸件的形状和尺寸制作的母模来制造的。压型必须有很高的精度和低的表面粗糙度值，而且型腔尺寸必须包括蜡料和铸造合金的双重收缩率。当铸件精度高或大批量生产时，压型一般用钢、铜合金或铝合金经切削加工制成；当小批量生产或铸件精度要求不高时，可采用易熔合金（锡、铅等组成的合金）、塑料或石膏直接向母模上浇注而成。

（2）制造蜡模。蜡模材料常用50%石蜡和50%硬脂酸配制而成。将蜡料加热至糊状，在一定的压力下压入型腔内，待冷却后，从压型中取出得到一个蜡模。为提高生产率，常把数个蜡模熔焊在蜡棒上，成为蜡模组。

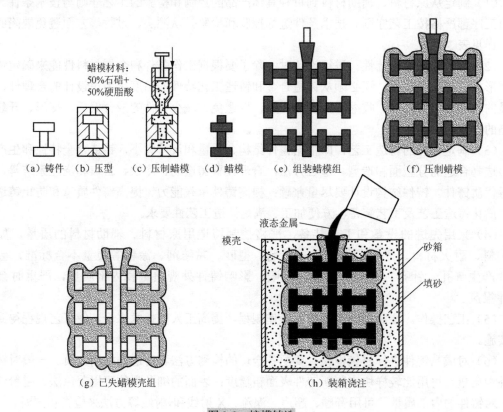

（a）铸件　（b）压型　（c）压制蜡模　（d）蜡模　（e）组装蜡模组　（f）压制蜡模

（g）已失蜡模壳组　　　　　　　　（h）装箱浇注

图3-8　熔模铸造

（3）制造型壳。在蜡模组表面浸挂一层以水玻璃和石英粉配制的涂料，然后在上面撒一层较细的硅砂，并放入固化剂（如氯化铵水溶液等）中硬化，使蜡模组外面形成由多层耐火材料组成的坚硬型壳（一般为 4～10 层），型壳的总厚度为 5～7mm。

（4）熔化蜡模（脱蜡）。通常将带有蜡模组的型壳放在 80～90℃的热水中，使蜡料熔化后从浇注系统中流出。

（5）型壳的焙烧。把脱蜡后的型壳放入加热炉中，加热到 800～950℃，保温 0.5～2h，烧去型壳内的残蜡和水分，净洁型腔。为使型壳强度进一步提高，可将其置于砂箱中，周围用粗砂充填，即"造型"，然后进行焙烧。

（6）浇注。将型壳从焙烧炉中取出后，周围堆放干砂，加固型壳，然后趁热（600～700℃）浇入合金液，并凝固冷却。

（7）脱壳和清理。用人工或机械方法去掉型壳、切除浇冒口，清理后即得铸件。

整个工艺过程如图 3-8（a）～（h）所示。

3.5.2 金属型铸造

金属型铸造是在重力作用下将液态金属浇入金属铸型而获得铸件的方法（图 3-9）。金属铸型可反复使用，又称为永久型铸造或硬模铸造。金属型一般用耐热铸铁或耐热钢制成。

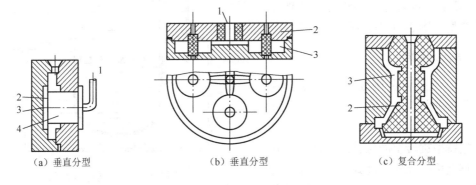

（a）垂直分型　　　　　　　（b）垂直分型　　　　　　　（c）复合分型

图 3-9　金属型的结构和类型

1-浇口；2-砂芯；3-型腔；4-金属型芯

3.5.3 压力铸造

压力铸造（简称压铸）是将液态金属在高压作用下快速压入金属铸型中，并在压力下结晶，以获得铸件的方法。压力铸造是在压铸机上进行的。压力铸造的充型压力一般在几兆帕到几十兆帕。铸型材料一般使用耐热合金钢。压力铸造通常在压铸机上完成。压铸机分为立式和卧式两种。图 3-10 为立式压铸机工作过程示意图。合型后，先将金属液用定量勺注入压室中，然后柱塞向左推进，将金属液压入型腔。金属凝固后，柱塞退回，移出余料，动型移开，取出铸件。

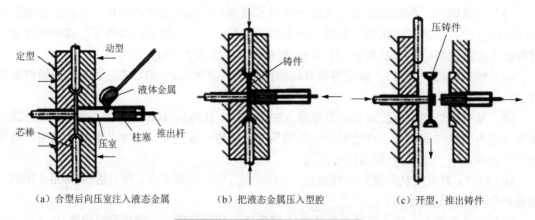

（a）合型后向压室注入液态金属　　　（b）把液态金属压入型腔　　　（c）开型，推出铸件

图 3-10　立式压铸机工作过程示意图

3.5.4　低压铸造

　　金属液在一定压力下充填铸模型腔，并在该压力下凝固成形的方法称为低压铸造。低压铸造的充型压力一般为 20～60kPa。铸型一般采用金属型或金属型与砂芯组合型。图 3-11 为低压铸造示意图。

3.5.5　离心铸造

　　离心铸造是将金属液浇入旋转的铸型中，使其在离心力作用下成形并凝固的铸造方法。

　　根据铸型旋转空间位置的不同，常用的离心铸造机有立式和卧式两类。铸型绕垂直轴旋转的称为立式离心铸造，铸型绕水平轴旋转的称为卧式离心铸造。图 3-12 为离心铸造的铸件成形过程。

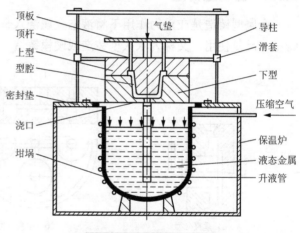

图 3-11　低压铸造示意图

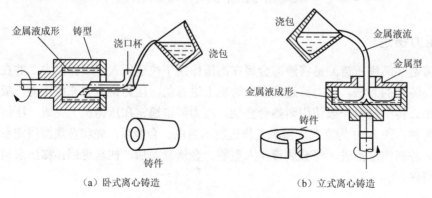

（a）卧式离心铸造　　　　　（b）立式离心铸造

图 3-12　离心铸造及铸件成形过程

3.5.6　消失模铸造

　　消失模铸造又称实型铸造或气化模铸造等，是采用聚苯乙烯泡沫模样代替普通模样，造

型后不取出模样就浇入金属液，在灼热液体金属的热作用下，烧掉泡沫塑料模而占据的空间位置，即型腔。冷却凝固后即可获得所需铸件。消失模铸造工艺过程如图 3-13 所示。

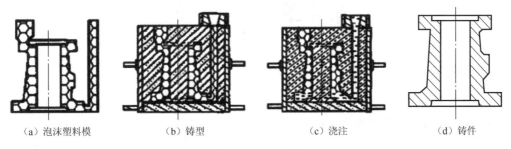

（a）泡沫塑料模　　　　（b）铸型　　　　（c）浇注　　　　（d）铸件

图 3-13　消失模铸造工艺过程示意图

消失模铸造增大了设计铸件的自由度，提高了铸件的精度，减少了材料消耗，简化了铸件生产工序，缩短了生产周期，提高了生产效率。消失模铸造在汽车、造船、机床等行业广泛应用于生产模具、曲轴、箱体、阀门、缸座、缸盖、制动盘、排气歧管等复杂的铸件，被国内外铸造界誉为"21 世纪的铸造新技术"。

复习思考题

3-1　何谓合金的充型能力？影响充型能力的主要因素有哪些？

3-2　合金流动性不好时容易产生哪些铸造缺陷？影响合金流动性的因素有哪些？设计铸件时，如何考虑保证合金的流动性？

3-3　什么是铸造合金的收缩性？有哪些因素影响铸件的收缩性？

3-4　什么是铸件的冷裂纹和热裂纹？防止裂纹的主要措施有哪些？

3-5　什么是特种铸造？常用的特种铸造方法有哪些？

第4章 锻 压

┌─ ★本章基本要求★ ─

（1）掌握手钳的使用及空气锤的操作。
（2）掌握镦粗与拔长的基本工序。
（3）熟悉冲床结构及工作原理、基本工序。
（4）了解冲孔、弯曲、切割、扭转、错移的基本工序以及辅助工序和精整工序。
（5）了解模锻及胎模锻成形工艺以及板料冲压的基本工艺。

4.1 概 述

锻压是锻造和冲压的合称，是利用锻压机械的锤头、砧块、冲头或通过模具对坯料施加压力，使之产生塑性变形，从而获得所需形状和尺寸的制件的成形加工方法。

4.2 锻造成形工艺

锻造温度及分类：钢的开始再结晶温度约为727℃，但通常采用800℃作为划分线，高于800℃的是热锻；在300～800℃进行的锻造称为温锻或半热锻，在室温下进行的锻造称为冷锻。

4.2.1 自由锻

自由锻是利用冲击力或压力使金属在上下砧面间各个方向自由变形，不受任何限制而获得所需形状及尺寸和力学性能的锻件的一种加工方法。自由锻的基本工序包括镦粗、拔长、冲孔、弯曲、扭转、错移、切割和锻接等。

1. 镦粗

镦粗是使坯料的截面增大、高度减小的锻造工序。镦粗分为完全镦粗和局部镦粗（端部、中间），镦粗广泛应用于圆盘类零件。

镦粗的一般规则如下（图4-1）。

（1）被镦粗坯料的高度与直径（或边长）之比应小于2.5～3，否则会镦弯。工件镦弯后应将其放平，轻轻锤击矫正。局部镦粗时，镦粗部分坯料的高度与直径之比也应小于2.5～3。

（2）镦粗的始锻温度采用坯料允许的最高始锻温度，并应烧透。坯料的加热要均匀，否则镦粗时工件变形、不均匀，对某些材料还可能锻裂。

（3）镦粗的两端面要平整且与轴线垂直，否则会产生镦歪现象。矫正镦歪的方法是将坯料斜立，轻打镦歪的斜角，然后放正，继续锻打。如果锤头或砧铁的工作面因磨损而变得不平直，锻打时要不断将坯料旋转，以便获得均匀的变形而不致镦歪。

（4）锤击力量应足够，否则可能产生细腰形，若不及时纠正，继续锻打，则可能产生夹层，使工件报废，如图 4-1 （d）、（e）所示。

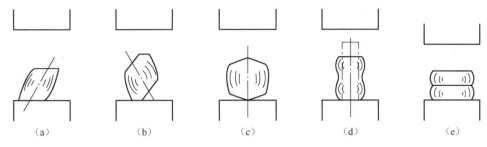

图 4-1 镦粗工序示意图

2. 拔长

拔长是使坯料长度增加、横截面减少的锻造工序，又称延伸或引伸。拔长分为轴向拔长、增宽（平砧、赶铁）、芯棒拔长和芯棒扩孔。拔长广泛应用于轴类、套筒类零件。

拔长的一般规则如下。

（1）被拔长坯料的高度与直径（或边长）之比应大于 1。

（2）90°翻转，螺旋翻转，送进量不能太大。

（3）增宽时，平砧沿长度方向。

（4）芯棒拔长时，芯棒要有斜度或中间通水冷却。

拔长工序示意图如图 4-2 所示。

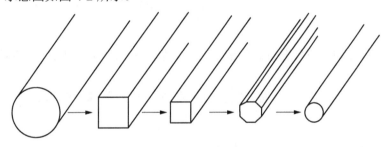

图 4-2 拔长工序示意图

3. 冲孔

冲孔是用冲子在坯料冲出透孔或不透孔的锻造工序。冲孔分为实心冲子单面、双面冲孔；空心冲子单面、双面冲孔。冲孔可应用于齿轮类零件。

冲孔的一般规则如下。

（1）被冲孔坯料的孔径小于 450mm 用实心冲子，孔径大于 450mm 用空心冲子，孔径小于 30mm 时一般不冲出。

（2）对厚件用双面冲。

（3）实心冲子应用 T7 钢制作成锥形。

冲孔工序示意图如图 4-3 所示。

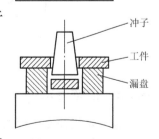

图 4-3 冲孔工序示意图

4. 弯曲

弯曲是将坯料弯成所需形状的锻造工序。弯曲分为锤弯、吊车拉弯、胎模弯曲。弯曲广泛应用于连杆轴类、吊钩等零件。

弯曲的工艺要求：

（1）弯曲时锻件的加热部分最好只限于被弯曲的一段，加热必须均匀。

（2）变形剧烈，应力复杂，应加热至塑性最好的高温，并热透。

5. 扭转

扭转是将坯料的一部分相对于另一部分绕其轴线旋转一定角度的锻造工序。扭转应用于曲轴类零件。

6. 错移

错移是将坯料的一部分相对于另一部分平行错开的锻造工序。错移应用于曲拐类零件。

错移的工艺要求为在错移处可采用锤击或水压机压痕或切肩。错移工序示意图如图 4-4 所示。

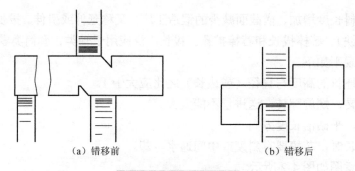

（a）错移前　　　　　　　　（b）错移后

图 4-4　错移工序示意图

7. 切割

切割是将坯料分割开或部分割裂的锻造工序。切割应用于去料头、下料和切割成一定形状的零件。

切割可分为：单面切割和双面切割；方铁剪性切割、劈缝切割和旋转切割，如图 4-5 所示。

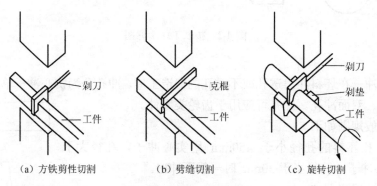

（a）方铁剪性切割　　　　（b）劈缝切割　　　　（c）旋转切割

图 4-5　切割工序示意图

4.2.2　模锻与锻模

模锻是指在专用模锻设备上利用模具使毛坯成形而获得锻件的锻造方法。此方法生产的锻件尺寸精确，加工余量较小，结构也比较复杂，生产率高。图 4-6 是模锻工作示意图，模锻用的锻模由上下两个模块组成，模膛 7 和 8 是锻模的工作部分，上下模各一半。用燕尾和楔 6、9 固定在锤砧和工作台上；并以锁扣或导柱导向，防止上下模块错位。金属坯料按模膛的形状变形。

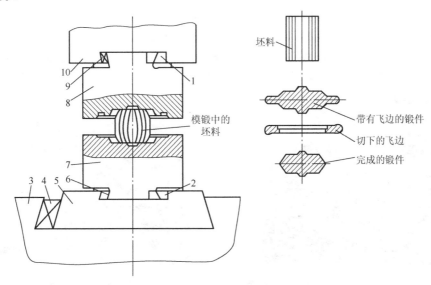

图 4-6　模锻工作示意图

1-上模用键；2-下模用键；3-砧座；4-模座用楔；5-模座；6-下模用楔；
7-下楔；8-上模；9-上模用楔；10-锤头

4.2.3　特种锻造

特种锻造可分为精密锻造、等温锻造、粉末锻造、液态金属模锻、闭塞式锻造、局部加载成形。

精密锻造（图 4-7）指室温或完全再结晶温度以下，通过挤压、镦粗、精整等基本工艺或工艺组合得到净成形或准净成形锻件，即成形的工件就是最终所需的产品形状或接近产品形状。前者可直接获得成品零件，后者可取代粗切削加工，得到精化的毛坯。

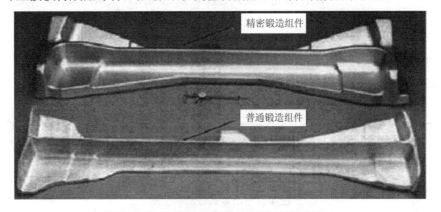

图 4-7　精密锻造组件和普通锻造组件的对比

等温锻造（图 4-8）指在坯料温度和锻模温度基本一致的情况下进行材料成形，通常是利用一定条件下材料超塑性状态来完成锻造。变形条件：在较高温度条件下，锻件以较低的应变速率变形，变形材料能够充分再结晶，从而可以大部分或全部克服加工硬化的影响。

粉末锻造（图 4-9）指将粉末冶金和精密模锻结合在一起的工艺，兼有两者的优点。它是将预成形坯装在闭合模具中锻造成最终形状，而预成形坯是用传统粉末冶金工艺制作的。粉末冶金：制造金属粉末和以金属粉末（包括混入有非金属粉末）为原料，经过成形和烧结来制造粉末冶金材料或粉末冶金制品的技术科学。粉末锻造的目的是把粉末预成形坯锻造成致密的零件。目前，常用的粉末锻造方法有粉末冷锻、锻造烧结、烧结锻造和粉末锻造四种基本工艺过程。粉末锻造在许多领域中得到了应用，特别是在汽车制造业中的应用更为突出。

图 4-8　等温锻造产品：直升机镁合金上机匣

图 4-9　粉末锻造产品

图 4-10　液态金属模锻的模具

液态金属模锻（简称液锻）是一种介于铸、锻之间的无切削工艺。其主要过程是：将一定量的合金液浇入模具（图 4-10）内，在凸模（压头）的压力作用下使合金液充填型腔——结晶凝固——压力补缩——塑性变形，从而获得轮廓清晰、表面光洁、尺寸精确、性能优良的产品。

闭塞式锻造（图 4-11）是一种无飞边模锻，其特点是凹模可分。成形过程为毛坯先定位，在一定的压力下凹模闭合，然后凸模（单向或多向）加压成形。在整个锻造过程中，可控制上下模动作的先后及其速度，以达到闭式模锻的最佳效果。

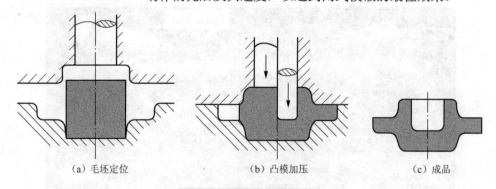

（a）毛坯定位　　　　　　（b）凸模加压　　　　　　（c）成品

图 4-11　闭塞式锻造示意图

局部加载成形（图 4-12）是锻造超过设备能力的锻件的一种成形方法，它能有效地降低成形载荷。在局部加载中，需要转移加载位置，更换装夹，考虑加载后的锻件的成形质量与整体式加载的区别，如果有多个模具按顺序加载，还需要考虑不同模具之间的相互作用。因此，局部加载必须制定周密的工艺流程。

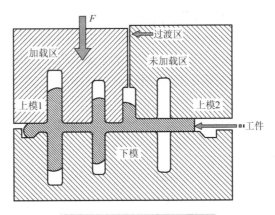

图 4-12 局部加载成形示意图

4.3 冲压成形工艺

冲压是一种冷加工方式，系借助常规或专用冲压设备的动力冲击材料（金属或非金属），将其裁切、折弯或塑造成模具所规定的成品形状与尺寸。

冲压所用的机床称为冲床，而所用的模具称为冲压模具。

按板料在加工中是否分离，冲压工艺一般可分为分离工序和变形工序两大类。分离工序是在冲压过程中使冲压件与坯料沿一定的轮廓线互相分离，完成工件的剪切、冲裁、切口、切边及修整等。变形工序是使冲压坯料在不破坏的条件下发生塑性变形，并转化成所要求的成品形状，完成工件的弯曲、拉伸、翻边、胀形等。

冲压成形模具的精度和结构直接影响冲压件的成形和精度。模具制造成本和寿命则是影响冲压件成本和质量的重要因素。模具设计和制造时间较长，造成冲压件的生产准备时间也较长。因此，实现模具的模座、模架、导向件的标准化和发展简易模具（供小批量生产）、复合模、多工位级进模（供大量生产），以及研制快速换模装置，可减小冲压生产准备工作量和缩短准备时间，以便将大批量生产的先进冲压技术合理地应用于小批量多品种生产。

4.3.1 典型零件的冲压工艺过程

下面以板料剪切工艺（图 4-13）为例，介绍冲压的工艺过程（江苏中威重工机械有限公司整理）。

（1）首先用钢板尺量出刀口与挡料板两端之间的距离（按工艺卡片的规定），反复测量数次，然后先试剪一块小料核对尺寸正确与否，如尺寸公差在规定范围内，即可进行入料剪切，如不符合公差要求，应重新调整定位距离，直到符合规定要求，然后进行纵挡板调正，使纵板与横板或刀口成 90°并紧牢。

（2）开车试剪进料时应注意板料各边互相垂直。

（3）辅助人员应该配合好，在加工过程中要随时检查尺寸、毛刺、角度，并及时与操作人员联系。

（4）剪裁好的半成品或成品用记号笔（白板笔）做好标识（标识要求见标识规定），按不同规格整齐堆放，不可随意乱放，以防止规格混料及受压变形等。

（5）为减少刀片磨损，钢板板面及台面要保持清洁，剪板机床床面上严禁放置工具及其他材料。

（6）剪切板条的宽度不得大于 20mm，切割板条需有板条校形工序和校形工具（橡胶、木质或铝质锤），使用铁锤时需对零件表面进行防护。

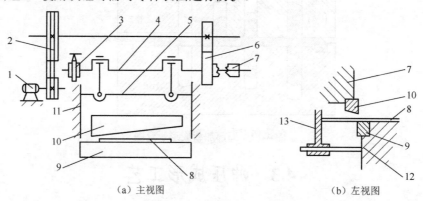

（a）主视图　　　　　　　　　　　　　（b）左视图

图 4-13　板料剪切示意图

1-电动机；2-带轮；3-制动器；4-曲柄；5-滑块；6-齿轮；7-离合器；
8-板料；9-下刀片；10-上刀片；11-导轨；12-工作台；13-挡铁

4.3.2　特种冲压

随着数字化技术、信息技术、自动化技术、测控技术等的发展，在新材料、新结构、高技术含量的钣金冲压件研发需求拉动下，冲压成形技术取得了前所未有的发展。以航空发动机为例，其冲压件数量占到 30%以上，从发动机最前端的整流罩到最末端的尾喷口，都采用了冲压件。近年来，随着特种冲压成形技术的发展，在航空发动机上的应用也更加广泛。

目前，航空发动机的钣金冲压件的发展呈现出以下趋势：形状更复杂、尺寸精度和几何精度要求更高、材料更薄、新材料使用更多、要求表面完整性、抗疲劳性能更高。这些都对板材冲压成形技术提出新的挑战。

1．特种冲压成形技术

特种冲压成形技术是相对于传统冲压成形技术而言的非传统冲压成形技术的统称，是金属板材冲压件重要的制造技术。特种冲压成形技术除了具有一般冲压成形技术生产率高、加工的零件壁薄、形状复杂、可以得到强度大刚性高而质量轻的零件、加工出来的零件质量稳定、一致性好、互换性好、材料利用率高、操作简单、易于掌握等优点外，还大大提高了钣金零件的成形能力和成形质量。

航空发动机上的钣金冲压件形状复杂、尺寸悬殊、品种繁多、材料各异、加工难度大、技术要求高。零件不仅要求满足零件的尺寸及几何精度，而且要求很高的可靠性和疲劳寿命，因此，特种成形技术在航空发动机制造领域有广泛的应用前景。

2．差温拉深成形技术

差温拉深成形技术就是在拉深过程中使毛坯的变形区和传力区处于不同的温度，提高传力区材料的变形抗力，同时减小变形区的变形抗力，使强区更强，弱区更弱，有利于提高零件拉深成形的极限变形程度的一种成形技术。

温差拉深成形可以分为局部加热拉深和局部冷却拉深两种方法。温差拉深成形比一般拉深成形能够降低极限拉深系数 0.3~0.35，即用一道工序可以代替普通拉深方法的 2~3 道工序，特别适合于深盒形或筒形零件的拉深成形。由于加热温度受模具耐热能力的限制，所以目前温差拉深主要用于铝、镁、钛等轻合金零件的冲压成形，对钢板则应用不多。

3. 径向压力拉深成形技术

径向压力拉深成形技术是在拉深凸模对毛坯作用的同时，高压液体在毛坯变形区的四周施加径向压力，使变形区的应力状态发生变化，并使径向拉应力的数值减小，使毛坯变形区产生变形所需的径向拉应力下降，减轻了毛坯传力区的负担，同时溢流的液体在零件与毛坯间形成良好的润滑，从而提高材料的极限变形程度。由于所用模具和设备复杂，该成形技术应用受到限制。

4. 高速成形技术

普通冲压成形工艺中，毛坯产生塑性变形所需要的能量是通过冲压设备得到的。高速成形技术则利用爆炸、水电、电磁等产生的能量，在短时间内转化为周围介质（空气或水）中的高压冲击波，并以脉冲波的形式作用于毛坯，使它产生塑性变形，从而成形出零件。高速成形分为爆炸成形、水电成形和电磁成形三种方法。高速成形属于半模成形范畴，因此，所用模具结构相对简单，加工零件的尺寸不受设备限制，适于小批量或单件研制。

5. 激光热应力成形技术

激光热应力成形是日本在 1985 年提出的一种新的板材成形技术，通过激光束对零件进行局部加热，用水或气体急剧冷却，利用控制应力变化，实现零件的成形。采用激光热应力成形技术可以弯曲板材，成形锥体和球体形状的零件。德国 Trumpf 公司于 1997 年发明了激光弯曲成形多用机床。

6. 单/多点成形技术

单点渐进成形技术是基于"分层制造"思想而开发的一种新型成形技术。该技术将复杂的三维实体模型沿高度方向离散成等间距的断层面，生成一系列加工轨迹环，成形工具头在数控系统的控制下，沿生成的加工轨迹逐层进行塑性加工，通过多层累积得到最终的零件形状。该技术适于新品研制或小批量生产。

多点成形技术起源于 20 世纪 60 年代的日本，通过对传统成形模具进行离散化处理，以高度可以调节控制的阵列顶端构成的空间包络曲线代替传统的模具实体表面。该技术具有无模、快速、低成本等优点。零件可以冷成形，也可以对金属压头加热实现热成形。

7. 温热成形技术

温热成形技术是利用材料在加热后塑性和延伸率显著提高，屈服强度迅速下降，破裂倾向减小的特性进行板材成形的技术。温热成形不但能够实现冷塑性差的材料的成形，同时在高温下能够消除零件变形的残余应力，减小回弹量，提高零件成形精度。

温热成形分为耦合温热成形和热介质成形。耦合温热成形技术已广泛应用于航空发动机领域，成功制造出钛合金复杂罩子、调节片和密封片，以及室温低塑性材料的各种拉深成形板材零件。热介质成形技术是采用高温传力介质，如高温橡胶等黏性介质、液态等离子水和高温高压油、固态特种粉末等作为软凸模或凹模而进行的一种热成形技术。该技术具有温热成形和充液成形双重优点，能够实现更加复杂零件的成形。

8. 超塑成形技术

材料超塑性是指特定条件下材料出现异常高的延伸率的特性，一般延伸率超过 100%即超塑性。超塑成形（SPF）技术是利用一些材料在特定条件下具有超塑性的特性，进行零件成形的技术。超塑成形分为板材超塑成形和锻压超塑成形。

板材超塑成形技术已广泛应用于航空发动机制造领域，利用该技术成功制造出航空发动机钛合金整流罩等零件。超塑成形/扩散连接技术已制造出多层叶片、调节片和壁板等零件。超塑成形/扩散连接技术在航空发动机领域具有非常广阔的发展应用空间。

9. 充液成形技术

充液成形技术是利用液体压力使工件成形的一种塑性加工工艺。按使用坯料形式的不同，充液成形分为三种类型：板材充液成形、壳体充液成形和管材充液成形。板材充液成形和壳体充液成形使用的成形压力一般较低，而管材充液成形使用的压力较高，故也称内高压成形。

充液成形技术具有以下优点：大大提高成形极限，减少拉深次数，抑制内皱产生，提高零件的尺寸精度和几何精度，零件表面精度高，厚度分布均匀，简化模具结构，降低模具成本，缩短模具制造周期，成形零件可以很复杂。该技术能够满足航空发动机零件复杂、高精度、高性能等要求，因此，在航空发动机制造领域具有非常广阔的发展前景。目前应用该技术已成功制造出航空发动机用薄壁微截面精密钣金件。

10. 橡皮成形技术

橡皮成形技术属于金属板材塑性成形范畴，是指用橡皮垫或液压橡皮囊作为凸模或凹模，将金属板材按照刚性凸模或凹模加工成形的方法。橡皮囊成形以其高柔性及高精度，已经广泛应用于飞机制造领域。橡皮复合成形采用聚氨酯橡胶制造凸模或凹模，通过灵活增加或撤销橡皮垫实现零件的成形。该技术在航空发动机制造领域应用较广，主要应用于薄壁回转体零件的精密校形。

4.4　锻件的缺陷分析和质量控制

4.4.1　锻件缺陷分析

锻件缺陷是指锻件在锻造过程中产生的外在的和内在的质量不符合要求的各种毛病。锻件缺陷主要有：残留铸造组织、折叠、流线不顺、涡流、穿流、穿肋、裂纹、钛合金 α 脆化层和锻件的过烧等。

1. 残留铸造组织

钢锻件有残留铸造组织时，横向低倍组织的心部呈暗灰色，无金属光泽，有网状结构，纵向无明显流线；高倍组织中的树枝晶完整，主干与支干互成90°。高温合金有残留铸造组织时，在低倍组织中为柱状晶，枝干未破碎；高倍组织中的晶粒粗大，局部有破碎的细小晶粒。钛合金有残留铸造组织时，低倍组织为粗大晶粒块状分布；高倍组织为粗大的魏氏组织。铝合金有残留铸造组织时，横向低倍组织中的残留铸造组织为粗大的等轴晶，流线不明显，有时伴有疏松针孔；高倍组织中有网状组织、骨骼状组织和显微疏松。

残留铸造组织产生的原因是铸锭加工成棒材或锻件的变形量小。由于两端面附近的区域的变形量小，而导致反复锻造过程中，铝合金和高温合金的变形量不足，所以锻造铝合金和高温合金时，多采用多向锻造。防止残留铸造组织要增大锻造比和反复镦拔，加强对原材料的检验，发现有铸造组织就要在成形工艺中增加补充变形量。

2．折叠

折叠的表面形状与裂纹相似，多发生在锻件的内圆角和尖角处。在横截面上高倍观察，折叠处两面有氧化、脱碳等特征；在低倍组织上观察围绕折叠处纤维有一定的歪扭。锻件上折叠的出现是由于自由锻拔长时，送进量过小和压下量过大或砧块圆角半径太小；模锻时折叠的出现是由于模槽凸圆角半径过小，制坯模槽、预锻模槽和终锻模槽配合不当，金属分配不合适，终锻时变形不均匀等造成金属回流。根据上述产生的原因而采取相应的措施可以防止产生折叠。

3．流线不顺、涡流、穿流和穿肋

这类缺陷多在锻件的 H 形、U 形和 L 形部位的组织上出现。坯料尺寸、形状不合适，锻造操作不当，模具设计时圆角半径选择不合理都会出现上述缺陷。锻造变形时金属回流，当工字形截面锻件、凸模圆角半径小金属不能沿肋壁连续填充模槽时都会产生涡流。当肋已充满还有多余金属由圆角处直接流向毛边槽时，即形成穿流。若锻造过程中打击过重、金属流动激烈、穿流处金属的变形程度和应力超过材料的许可强度，便会产生穿流裂纹。锻件腹板宽厚比大、肋底部的内圆角半径小、坯料余量过大、操作时润滑剂涂得过多和加压太快，都易造成上述缺陷。对于此类模锻件，采用预成形或顶锻，加大顶部、根部及毛边槽桥部与模槽连接处的圆角半径，加大内外模锻斜度等措施，能有效避免金属流动过程中急剧转弯而造成上述缺陷。

4．裂纹

裂纹是因锻造时变形温度不当而引起的高温锻裂和低温锻裂，裂纹分为表面裂纹、内部裂纹和毛边裂纹等，如图 4-14 所示。

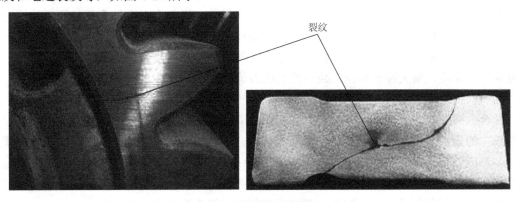

图 4-14 锻造裂纹举例

表面裂纹是因锻造温度过高或锤击速度过快，使坯料发生过烧或过热而引起的，裂口较宽，断口凹凸不平，组织粗大呈暗灰色。低倍组织中裂纹端为锯齿形，与流线无关。高倍观察裂纹沿晶界伸展，再结晶完全，无夹杂及其他冶金缺陷。锻造温度过低、锤击过重时，在坯料侧表面与锤击方向呈 45°、90°或三角形裂纹，断口平齐有金属光泽。高倍观察穿晶裂纹有加工硬化现象，图 4-15 显示了沿晶界伸展的表面裂纹。

内部裂纹分为两种，一种是在自由锻时，当圆截面坯料拔长、滚圆时，由于送进量太大，压下量太小，金属横向流动激烈而产生横向拉应力，越接近心部拉应力越大，引起内部纵向裂纹。另一种是由合金内部过分粗大的金属间化合物或夹杂物在锻造时阻碍金属的规则流动，在其周围引起的微裂纹。通常此种裂纹是在锻件加工后才能表露出来。前一种纵向裂纹的防止方法是在圆坯料拔长时，先打四方后打八方最后滚圆，每次压下量要大于 20%。后一种裂纹的防止方法是要对锻造毛坯严格检查，控制组织不合格的坯料进入车间。

图 4-15　显微镜下沿晶界伸展的表面裂纹

毛边裂纹在锤上模锻铝合金时经常出现，通常在毛边切除时沿分模线（分模面）裂开。由于锻造温度过高或者锻造过程中快速连续打击时，已充满模槽的多余金属在毛边处被迫挤出来，模具表面与锻件表面金属之间存在摩擦，与模具表面紧挨着的金属流动困难处于静止状态，发生流动的金属距模具表面有一定的深度。因此，在流动与静止的金属之间，由于激烈的相对运动而产生大量的热，使该范围内的金属过热，再加上多余的金属挤压毛边槽时，在很大的剪应力作用下，毛边处过热部位产生裂纹。此外，还有模具设计不当、肋的根部圆角半径过小、淬火加热时过烧等也能造成毛边裂纹。为防止这类裂纹的出现要适当降低锻造温度和锤击速度，增大圆角半径，减小剪切应力等。

5. 钛合金α脆化层

钛合金锻件表面去掉氧化皮后还存有 0.3mm 以下的污染层，其硬度约为基体的两倍。高倍组织中的 α 相较明显增多，甚至全为 α 相。钛合金在加热时吸收炉气中 α 相的形成元素氧和氮，形成钛与氧、氮的间隙固溶体，表现为脆化层，其深度与锻造或热处理时加热所用炉子类型、炉气性质、加热温度及保温时间有关。控制加热时炉气性质、加热温度及保温时间，可减小 α 脆化层的厚度。可用酸洗、喷砂或切削加工等方法去掉 α 脆化层。

6. 锻件的过烧

锻件的过烧是由坯料在锻造或热处理时因炉温控制失灵，炉内温度分布不均，局部炉温过高而引起的。过烧对锻件静的拉伸性能的影响不太明显，对疲劳性能则影响明显。铝合金过烧后，表面呈暗黑色，有时表面起泡，高倍观察晶粒粗大，出现复熔球，晶界变直发毛，严重时产生三角晶界，沿晶界出现共晶体。这些现象不一定同时出现，只要出现一个现象就说明材料已经过烧。

4.4.2　锻件性能测试试验

测定材料在锻造过程中塑性变形的难易程度的工艺性能试验，称为可锻性试验。材料的可锻性与材料的塑性、变形抗力和摩擦特性等因素有关，这些因素又与试验的速度、试验的温度等有关。常用的试验方法有拉伸试验、扭转试验、顶锻试验和楔棒轧制试验。

1. 拉伸试验

测定圆柱试样在不同温度下的伸长率 δ（%）、断面收缩率 Ψ（%）和抗拉强度 σ_b（见拉伸试验）。

2. 扭转试验

测定圆柱试样在不同温度下扭断时的转数 n 和最大转矩 M_K（见扭转试验）。

3. 顶锻试验

测定原始高度为 H_0 的圆柱试样在不同温度下压缩变形到出现第一道裂纹时的高度 H，算出不出现裂纹的最大变形度 $(H_0 - H)/H_0$，并测出变形功 W 或变形力 P。

4. 楔棒轧制试验

楔棒轧制试验是将变截面的楔形试棒在平辊上轧制后，测定其不出现裂纹的最大原始高度 H_0 和轧制变形后的高度 H，算出不出现裂纹的最大变形度 $(H_0 - H)/H_0$。

将试验所得的塑性指标或强度指标绘成随温度变化的曲线图。图 4-16 是两种典型钢材按拉伸试验断面收缩率数据绘制的塑性图。根据曲线图可以比较材料的锻造性能优劣，制定出合适的锻造温度范围和变形量，并估算出所需的锻造设备容量。一般按变形工艺和材料特性的需要，采用一种或几种试验方法来最后确定其锻造性能。

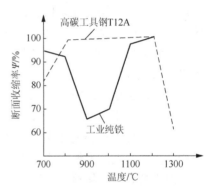

图 4-16 塑性随温度变化曲线图

4.4.3 锻件的质量检测与控制

锻件质量的检验分为外观质量检验和内部质量检验。外观质量检验属于非破坏性的检验，通过肉眼或低倍放大镜就可以进行检查，必要时也采用无损探伤的方法。而内部质量的检验，由于其检查内容的要求，有些必须采用破坏性检验，也就是通常所说的解剖试验，如低倍检验、断口检验、高倍组织检验、化学成分分析和力学性能测试等，有些也可以采用无损检测的方法，但为了更准确地评价锻件质量，应将破坏性试验方法与无损检测方法互相结合进行。为了深入分析锻件质量问题，进行机理性的研究工作还要借助透射或扫描电子显微镜、电子探针等。

通常锻件内部质量的检验方法分为宏观组织检验法、微观组织检验法、力学性能检验法、化学成分分析法和无损检测法。

（1）宏观组织检验法是采用目视或低倍放大镜（一般倍数在 30×以下）观察分析锻件的低倍组织特征的一种检验方法。锻件的宏观组织检验常用方法有低倍腐蚀法（包括热蚀法、冷蚀法和电解腐蚀法）、断口试验法和硫印法。

① 低倍腐蚀法用来检查结构钢、不锈钢、高温合金、铝及铝合金、镁及镁合金、铜合金、钛合金等材料锻件的裂纹、折叠、缩孔、气孔、偏析、白点、疏松、非金属夹杂、偏析集聚、流线的分布形式、晶粒大小及分布等。对于不同材料显现低倍组织时采用的浸蚀剂和侵蚀的规范不同。

② 断口试验法用来检查结构钢、不锈钢（奥氏体除外）的白点、层状、内裂等缺陷，以

及检查弹簧钢锻件的石墨碳及上述各钢种的过热、过烧等，对于铝、镁、铜等合金用来检查其晶粒是否细致均匀、是否有氧化膜、氧化物夹杂等缺陷。

③ 硫印法用来检查结构钢的大型锻件，检查其硫的分布是否均匀及硫含量的多少。除结构钢、不锈钢锻件用低倍检查的试片不进行最终热处理外，其余材料的锻件一般都经过最终热处理后才进行低倍检验。断口试样一般都进行规定的热处理。

（2）微观组织检验法是利用光学显微镜检查各种材料牌号锻件的显微组织。检查的项目有本质晶粒度或在规定温度下的晶粒度即实际晶粒度、非金属夹杂物、显微组织（如脱碳层）、共晶碳化物不均匀度、过热、过烧组织及其他要求的显微组织等。

（3）力学性能和工艺性能的检验是对已经过热处理的锻件和试片加工成规定试样后，利用拉力试验机、冲击试验机、持久试验机、疲劳试验机、硬度计等仪器来进行力学性能及工艺性能的测定。

（4）化学成分分析法是采用化学分析法或光谱分析法对锻件的成分进行分析测试，随着科学技术的发展，无论是化学分析法还是光谱分析法其分析的手段都有了进步。对光谱分析法而言，现在已不单纯采用看谱法和摄谱法来进行成分分析，新出现的光电光谱仪不仅分析速度快，而且准确性也得到大大提高，而等离子光电光谱仪的出现更显著地提高了分析精度，其分析精度可达 10～6 级，这对于分析高温合金锻件中的微量有害杂质如 Pb、As、Sn、Sb、Bi 等是非常有效的方法。

（5）以上所说的方法，无论是宏观组织检验法，还是微观组织检验法或力学性能检验法及化学成分分析法，均属于破坏性的试验方法，对于某些重要的、大型的锻件破坏性的方法已不能满足质量检验的要求，一方面是太不经济，另一方面是避免破坏性检查的片面性。无损检测技术的发展为锻件质量检验提供了更先进更完善的手段。

对于锻件的质量检验所采用的无损检测法一般有磁粉检验法、渗透检验法、涡流检验法、超声波检验法等。

① 磁粉检验法广泛用于检查铁磁性金属或合金锻件的表面或近表面的缺陷，如裂纹、发纹、白点、非金属夹杂、分层、折叠、碳化物或铁素体带等。该方法仅适用于铁磁性材料锻件的检验，对于奥氏体钢制成的锻件则不适用该方法。

② 渗透检验法除能检查磁性材料锻件外，还能检查非铁磁性材料锻件的表面缺陷，如裂纹、疏松、折叠等，一般用于检查非铁磁性材料锻件的表面缺陷，不能发现隐藏在表面以下的缺陷。

③ 涡流检验法用以检查导电材料的表面或近表面的缺陷。

④ 超声波检验法用以检查锻件内部缺陷，如缩孔、白点、心部裂纹、夹渣等，该方法虽操作方便、快捷、经济，但对缺陷的性质难以准确地进行判定。

随着无损检测技术的发展，出现了诸如声振法、声发射法、激光全息照相法、CT 法等新的无损检测方法，这些新方法在锻件检验中的应用，必将使锻件质量检验的水平得到提高。

锻件质量检验结果的准确性，虽然有赖于正确的试验方法和测试技术，也有赖于准确的分析和判断。只有正确的试验方法，而没有准确的分析判断，也不会得出正确的结论。因此，锻件质量的分析实际上是各种测试方法的综合应用和测试结果的综合分析，对于大型复杂的锻件所出现的问题需要各种试验方法的有机配合，并对各自试验结果进行综合分析，才能得出正确的结论。对于锻件质量的分析，除正确的检验外，还应进行必要的工艺试验，从而找出产生质量问题的原因并提出改进措施及防止对策。

在实际工作中选用哪些检测方法，运用何种检测手段应根据锻件的类别和规定的检测项目确定。在选择试验方法和测试手段时，既要考虑先进性，又要考虑实用性、经济性，测试手段的选择应以准确地判定缺陷的性质和确切找出缺陷产生的原因为出发点，有时测试手段选择得过于先进反而会导致不必要的后果以致造成不应有的损失。

需要注意的是，对检验而言，无论哪种检验或试验都有相应规定的标准试验方法，必须依据规定的标准试验方法进行试验或检验。

4.5　锻　造　实　习

自由锻造基本工序有拔长、镦粗、冲孔、扩孔、弯曲、切割、扭转和错移。自由锻造工艺规程主要有：锻件图的设计，计算锻件重量，确定坯料规格或钢锭规格；设计锻造工步，计算变形程度；确定锻造温度以及加热火次、确定锻件复杂程度；确定锻造设备、工装及工具；确定坯料加热规范、锻件冷却及热处理规范、锻件表面清理规范；确定锻件理化检验规范等。

编制工艺过程时应注意下述两个原则。

（1）根据车间现有的条件，所编制的工艺技术先进，能满足产品的全部技术要求。

（2）在保证优质的基础上，提高生产率，节约金属材料消耗，经济合理。

4.5.1　设计锻件图

锻件图是编制锻造工艺、设计工具、指导生产和验收锻件的主要依据，也是联系其他后续加工工艺的重要技术资料，它是根据零件图考虑了加工余量、锻件公差、锻造余块、检验试样及工艺卡头等绘制而成的。

一般锻件的尺寸和表面粗糙度达不到零件图的要求，锻件表面应留有一定的机械加工余量（以下简称余量）。余量的大小主要取决于零件的形状尺寸和加工精度、表面粗糙度要求、锻件加热质量、设备工具精度和操作技术水平等。零件的公称尺寸加上余量即锻件公称尺寸，对于非加工表面，则无需加放余量。

在锻造生产实际中，由于各种因素的影响，如终锻温度的差异、锻压设备工具的精度和工人操作技术上的差异，锻件实际尺寸不可能达到公称尺寸，允许有一定的误差，称为锻造公差。锻件上不论是否需经机械加工，都应注明锻造公差。通常公差为余量的1/4～1/3。

锻件的余量和公差的具体数值可查阅有关手册、标准或工厂标准确定。

为简化锻件外形或根据锻造工艺需要，在零件上较小的孔、狭窄的凹挡、直径差较小而长度不大的台阶等难于锻造的地方，通常都需填满金属（这部分金属称为锻造余块），但这样做增加了机械加工工时和金属损耗。因此，是否加放余块，应根据零件形状、锻造技术水平、加工成本等综合考虑确定。

除锻造工艺要求加放余块外，对于有特殊要求的锻件，尚需在锻件的适当位置添加试样余块（供检验锻件内部组织和力学性能试验用等）、热处理或机械加工用夹头等。

当余量、公差和余块等确定之后，便可绘制锻件图。锻件图上锻件形状用粗实线描绘。为了便于了解零件的形状和检查锻后的实际余量，在锻件图内用假想线画出零件简单形状。锻件的尺寸和公差标注在尺寸线上面。零件的尺寸加括号标注在尺寸线下面。如果锻件带有检验试样、热处理夹头，锻件图上应注明其尺寸和位置。在图上无法表示的某些条件，可以技术条件方式加以说明。

4.5.2　计算锻件重量、确定锻造坯料规格

自由锻用原材料有两种：一种是钢材、钢坯，多用于中小型锻件；另一种是钢锭，主要用于大中型锻件。

1. 毛坯重量的计算

锻制锻件所需用的毛坯重量为锻件重量与锻造时金属损耗的重量之和，计算重量的公式如下：

$$G_{毛坯}=G_{锻件}+G_{切头}+G_{烧损}$$

式中，$G_{毛坯}$为所需的原毛坯重量；$G_{锻件}$为锻件的重量；$G_{切头}$为锻造过程中切掉的料头等重量；$G_{烧损}$为烧损的重量。

当用钢锭作为原毛坯时，上式中还应加上冒口重量$G_{冒口}$和底部重量$G_{底部}$。

锻件重量$G_{锻件}$根据锻件图确定。对于复杂形状的锻件，一般先将锻件分成形状简单的几个单元体，然后按公称尺寸计算每个单元体的体积，$G_{锻件}$可按下式求得

$$G_{锻件}=\gamma(V_1+V_2+\cdots+V_n)$$

式中，γ为金属的密度；$V_1+V_2+\cdots+V_n$为各单元体体积。

2. 毛坯尺寸的确定

采用镦粗法锻制锻件时，毛坯尺寸的确定：对于钢坯，为避免镦粗时产生弯曲，应使毛坯高度H不超过其直径D（或方形边长A）的 2.5 倍，但为了在截料时便于操作，毛坯高度H不应小于 1.25D（或A），即

$$1.25D(A) \leqslant H \leqslant 2.5D(A)$$

对于圆毛坯：

$$D=0.8\sim1$$

对于毛坯：

$$A=0.75\sim0.8$$

初步确定D（或A）之后，应根据国家标准选用标准直径或边长。

最后根据毛坯体积$V_{坯}$和毛坯的截面积$F_{坯}$，即可求得毛坯的高度（或长度）为

$$H=V_{坯}/F_{坯}$$

3. 设计锻造工步、计算变形程度

设计锻造工步是编制工艺中最重要的部分，也是难度较大的部分，因为影响的因素很多，如工人的经验、技术水平、车间设备条件、坯料情况、生产批量、工具辅具情况、锻件的技术要求等。确定变形工艺时，在结合车间具体生产条件的情况下应尽量采用先进技术，以保证获得好的锻件质量、高的生产率和较少的材料消耗。

各类锻件变形工步的选择可根据各变形工步的变形特点及锻件的形状、尺寸，以及技术要求和参考有关典型工艺具体确定。

对具体工件确定锻造方法时应根据各厂的经验和工具情况具体确定。因为甚至对同一锻件，在同一车间各人的锻造方法也不完全一样，尤其对位于分界线上或其附近的空心锻件可能有几种锻造方法。例如，对于批量较大、尺寸较小的空心锻件，也可以采用胎模锻造；对

于环形件，还可以在冲口后用扩孔机扩孔。具体可参见前面相关章节。

工步尺寸设计和工步选择是同时进行的，具体确定工步尺寸时应注意下列几点。

（1）工步尺寸必须符合各工步的规则，例如，镦粗时毛坯高度与直径比值应小于2.5～3。

（2）必须估计到各工步中毛坯尺寸的变化，例如，冲孔时毛坯高度有些减小，扩孔时高度有些增加，等等。

（3）必须保证各部分有足够的体积，这在使用分锻工步（压痕、压肩）时必须估计到。

（4）多火次锻打时必须注意中间各火次加热的可能性。

（5）必须保证在最后修光时有足够的修整留量，因为在压肩、错移、冲孔等工步中毛坯上有拉缩现象，这就必须在中间工步中留有一定的修整留量。

（6）有些长轴类零件长度方向尺寸要求很准确，但沿长度方向又不允许进行镦粗（如曲轴等），设计工步尺寸时，必须估计到长度方向的尺寸在修整时会略有延伸。

锻造比是表示变形程度的一种方法，是衡量锻件质量的一个重要指标。锻件比的计算方法，各国家、各行业均不一致。对于锻造过程的锻造比，我国的一般计算方法是按拔长或镦粗前后锻件的截面比或高度比计算，如果采用两次镦粗、拔长，或者两次镦粗间有拔长，按总锻造比等于两次分锻造比之和计算，即 $K_{L总}=K_{L1}+K_{L2}$。如果是连续拔长或镦粗，按总锻造比等于两次分锻造比之积计算，即 $K_{L总}=K_{L1}×K_{L2}$。锻造比大小反映了锻造对锻件组织和力学性能的影响，一般规律是：锻造过程随着锻造比增大，由于内部孔隙焊合，铸态树枝晶被打碎，锻件的纵向和横向的力学性能均得到明显提高。当锻造比超过一定数值后，由于形成纤维组织，横向力学性能（塑性、韧性）急剧下降，导致锻件出现各向异性。因此，制定锻造工艺规程时，应合理地选择锻造比的大小。

4. 确定坯料加热规范

钢锭与钢坯锻造前的加热是锻造生产中十分重要的环节。合理的锻前加热，不仅能改善锻压成形过程，防止裂纹、过烧、温度不均匀等缺陷，而且对提高锻件组织性能有重要的影响。

表 4-1 列出了常用钢料的锻造温度范围，包括最高加热温度和终锻温度。确定钢料的锻造温度范围，一般按钢的化学成分选定。但合理的锻造温度还应该考虑工厂具体的生产条件（如钢锭的冶金质量、加热设备性能、锻后热处理技术等）、锻件技术要求和大型锻造特点等因素进行适当的调整。重要的特殊钢锻件往往要求制定专门的加热制度。

表 4-1　常用钢号的始锻、终锻（精锻）加热温度

组别	钢号	始锻加热温度/℃	终锻加热温度/℃	
		钢坯	终锻	精整
I	Q185～Q255，10～30	1280	750	700
	35～45，15Mn～35Mn，15Cr～35Cr	1260	750	700
II	50，55，40Mn～50Mn，35Mn2～50Mn2，40Cr～55Cr，20SiMn～35SiMn，12CrMo～50CrMo，30CrMnSi，20CrMnTi，20MnMo，12CrMoV～35CrMoV，34CrMo1A，20MnMoNb，14MnMoV～42MnMoV	1250	800	750
III	34CrNiMo～34CrNi3Mo，30Cr1Mo1V，25Cr2Ni4MoV，PCrNi1Mo～PcrNi3Mo，22Cr2Ni4MoV，5CrNiMo			
	30Cr2MoV，40CrNiMo，18CrNiW，50Si2～60Si2，65Mn，50CrNiW，50CrMnMo，60CrMnMo，60CrMnV	1240	850	800

（1）冷钢锭加热。冷钢锭塑性低，当加热速度超过允许值时，热应力大，容易产生加热

裂纹。对于大型钢锭，应限速升温、分段加热。对于组织结构复杂、残余应力较大的合金钢钢锭，应采用低温装炉，以允许的加热速度升温，并在 400～600℃和 700～850℃阶段保温，以防加热时钢锭脆性开裂。在进入塑性状态后，方可按加热炉最大升温速度加热至锻造温度。

（2）热钢锭加热。表面温度高于 550～600℃的钢锭称为热钢锭。热钢锭处于高温、高塑性状态，可以高温装炉，快速加热。

（3）严禁冷、热钢锭同炉进行加热。

（4）为了配炉，不同钢号、不同规格的钢锭同炉加热时，应按最低的温度、最长的加热时间制定加热规范。其中始锻温度低、保温时间较短者，可出炉锻造，其余可适当延长保温时间。

（5）高温保温时间。无论冷锭还是热锭加热至锻造温度后，都应保温一定的时间，以达到均匀、热透和高温扩散的目的。

（6）加热温度。加热炉的炉温应比料温高 30～50℃。钢料最高加热温度，应考虑不同钢种的过热敏感的钢料或组织结构，最高的加热温度可以适当降低。

（7）坯料重复加热的规定。锻件锻造中需要重复加热时，其加热温度应按剩余锻造比（K）确定。当 $K \geqslant 1.5$ 时，可加热至最高温度，并正常保温。当 $K < 1.5$ 时，则应降低加热温度（1050℃）或装入高温炉保温。但保温时间比正常减少 1/3，以防工步变形小，锻件晶粒粗化。如果锻后热处理可矫正锻件粗晶组织，也可不考虑工步锻造比对加热粗晶的影响。

具体的锻件加热规范的制定可参考 JB/T 6052—2005《钢质自由锻件加热　通用技术条件》。

随着钢锭冶金质量的提高和锻压、热处理技术的进步，大锻件加热工艺的发展趋势是提高加热温度，扩大锻压温度范围，缩短加热时间，节省燃料消耗，提高生产效率。因此，现有的加热制度，将会不断进行调整和修订。

4.5.3　齿轮坯自由锻造工艺流程

以齿轮为例，图 4-17 为齿轮零件图，材料为 45 号钢，生产数量 20 件。锻件水平方向的双边余量和公差为 $a=(12\pm5)$mm，锻件高度方向双边余量和公差为 $b=(10\pm4)$mm，内孔双边余量和公差为 (14 ± 6)mm，于是便可绘出齿轮的锻件图（图 4-18）。

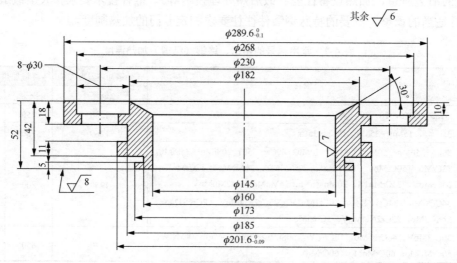

图 4-17　齿轮零件图

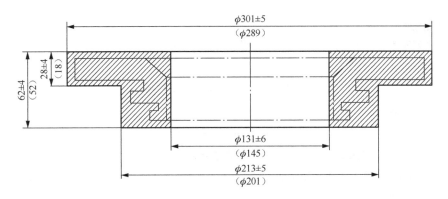

图 4-18　齿轮锻件图

制定工艺流程：下料—垫环局部镦粗—冲孔—扩孔—修整（图 4-19）。

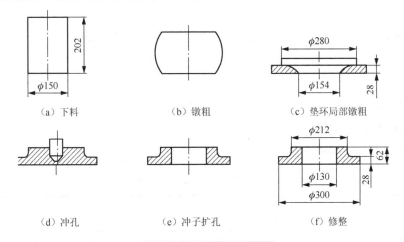

（a）下料　　　　　（b）镦粗　　　　　（c）垫环局部镦粗

（d）冲孔　　　　　（e）冲子扩孔　　　　　（f）修整

图 4-19　齿轮锻造工艺过程

1. 镦粗

由于锻件带有单面凸肩，需采用垫环镦粗。

垫环孔腔体积 $V_{垫}$ 应比锻件凸肩 $V_{肩}$ 大 10%～15%（厚壁取小值，薄壁取大值），本例取 12%，经计算 $V_{肩}=753253\text{mm}^3$ 体积镦粗：

$$V_{垫}=1.12V_{肩}=843643\text{mm}^3$$

考虑到冲孔时会产生拉缩，$H_{垫}$ 应比 $H_{肩}$ 大 15%～35%（厚壁取小值，薄壁取大值），本例取 20%，经计算 $H_{垫}=1.2H_{肩}=40.8\text{mm}$，取 40mm。

根据体积不变求得，$d_{垫}=164\text{mm}$。

垫环内壁应有斜度（7°），上端孔径定为 $\phi163\text{mm}$，下端孔径定为 $\phi154\text{mm}$。

2. 冲孔

应考虑两个问题，冲孔芯料损失要小，扩孔次数不能太多，冲孔直径要小于 $D/3$，即 $d_{冲}\leqslant D/3=213/3=71$（mm），实际选用 $d_{冲}=60\text{mm}$。

3. 扩孔

总扩孔量为锻件孔径减去冲孔直径，即 130-60=70（mm）。查表，按每次扩孔增量为 5～10mm 分配各次扩孔量。现分三次扩孔，各次扩孔量为 60mm、65mm、70mm。

4. 修整锻件

精整齿轮锻件尺寸和形状使其完全达到锻件图要求。

坯料体积 V_0：

$$V_0 = (V_{锻} + V_{芯}) \times (1 + \delta)$$

锻件体积 $V_{锻}$：

$$V_{锻} = 2368283 \text{mm}^3$$

冲孔芯料体积：冲孔芯料厚度与毛坯高度有关。

因为冲孔毛坯高度 $H_{孔坯} = 1.05H_{锻} = 1.05 \times 62 = 65$（mm），$H_{芯} = (0.15 \sim 0.2)H_{孔坯}$，此例系数取 0.2，取 $H_{芯} = 0.2 \times 65 = 13$（mm）。

$$V_{芯} = \frac{\pi}{4}d_{冲}^2 H_{芯} = \frac{\pi}{4} \times 60^2 \times 13 = 36757 (\text{mm}^3)$$

因此，$V_0 = 2489216 \text{mm}^3$。

由于第一道工步是镦粗，取 $D_0 = 120$mm，$H_0 = \dfrac{V_0}{\dfrac{\pi}{4}D_0^2} = 220$mm。

选择设备吨位。

确定锻造温度范围：始锻温度 1200℃，终锻温度 800℃。

5. 填写锻造工艺卡片

齿轮锻造工艺卡片如表 4-2 所示。

表 4-2　齿轮锻造工艺卡片填写

锻件名称		齿轮坯	工艺类别	自由锻
材料		45 号钢	设备	0.5t 空气锤
加热火次		1	锻造温度：1200～800℃	
锻件图			坯料图	
序号	工序名称	工序简图	使用工具	操作要点
1	自由镦粗		火钳	镦粗后的高度为 90mm
2	局部镦粗		火钳和镦粗漏盘	控制镦粗后的高度为 62mm
3	冲孔		火钳、镦粗漏盘、冲子和冲孔漏盘	① 注意冲子对中；② 采用双面冲孔，左图为工件翻转后将孔冲透的情况

续表

序号	工序名称	工序简图	使用工具	操作要点
4	一次扩孔		火钳、镦粗漏盘、冲子和冲孔漏盘	注意冲子对中
5	二次扩孔		火钳、镦粗漏盘、冲子和冲孔漏盘	注意冲子对中
6	三次扩孔		火钳、镦粗漏盘、冲子和冲孔漏盘	注意冲子对中
7	修整外圆		火钳和冲子	边轻打边旋转锻件，使外圆消除弧形并达到直径为（302±5）mm
8	修整平面		火钳和镦粗漏盘	轻打（如砧面不平还要打边转到锻件），使锻件厚度达到（624±2）mm

复习思考题

4-1　塑性成形特点有哪些？举出 5 个常见塑性成形工艺。

4-2　锻件与铸件相比，最显著的优点是什么？

4-3　选择金属材料生产锻件毛坯时，首先应满足（　　）。

　　A. 塑性好　　　B. 硬度高　　　C. 强度高　　　D. 无特别要求

4-4　何为锻造温度范围？锻造温度范围制定有哪些基本原则？始锻温度和终锻温度应如何确定？

4-5　目前汽车发动机曲轴的制造工艺方法有哪几种？哪种方法性能最好？有何优点？

第5章 焊 接

★本章基本要求★

（1）了解焊接的基本理论知识。
（2）了解各种焊接工艺方法的原理和设备。
（3）掌握焊条电弧焊和搅拌摩擦焊的基本操作技术。
（4）了解焊接生产的安全要求及焊接操作过程中的安全防护措施。

5.1 概 述

焊接是将两个分离的金属体，通过加热或加压，或两者兼用，并且用或不用填充材料，使焊件金属达到原子结合而连接成为一个不可拆卸的整体的加工方法。

5.1.1 焊接的特点

1. 焊接的优点

1）连接性能好

焊接可以较方便地将不同形状、不同种类、不同厚度的材料连接起来，也可以将铸、锻件连接起来。焊接连接刚度大、整体性好，容易保证气密性与水密性。

2）工艺简单

焊接工艺一般不需要大型、贵重的设备，设备投资少、投产快，容易适应不同批量的结构生产，更换产品方便。焊接参数的电信号易于控制，容易实现自动化。焊接机械手和机器人已用于工业部门。在国外已有无人焊接自动化车间。

3）节省材料和工时

焊接适用于制造尺寸较大的产品和形状复杂及单件或小批量生产的结构，并可在一个结构中选用不同种类和价格的材料，以提高技术及经济效益。

2. 焊接的缺点

对某些材料的焊接有一定的困难，焊缝及热影响区有时因工艺不当产生某些缺陷等。但是，只要合理选用材料，精心设计，选用合理的焊接工艺，设计严格的科学管理制度，就可以大大延长焊件的使用寿命。

5.1.2 焊接方法的分类

一般都根据热源的性质、形成接头的状态及是否采用加压来划分。以焊接时的物理冶金特征进行分类，即以两种材料发生结合时的物理状态为焊接过程最主要的特征，如图 5-1 所示。

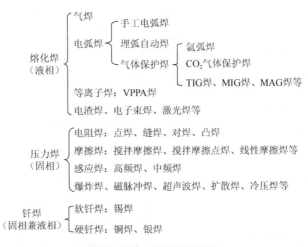

图 5-1 焊接方法的分类

1. 熔化焊

熔化焊是将焊件接头加热至熔化状态，不加压力完成焊接的方法。它包括气焊、电弧焊、电渣焊、激光焊、电子束焊、等离子弧焊、堆焊和铝热焊等。

2. 压力焊

压力焊是通过对焊件施加压力（加热或不加热）来完成焊接的方法。它包括爆炸焊、冷压焊、摩擦焊、扩散焊、超声波焊、高频焊和电阻焊等。

3. 钎焊

钎焊是采用比母材熔点低的金属材料作钎料，在加热温度高于钎料低于母材熔点的情况下，利用液态钎料润湿母材，填充接头间隙，并与母材相互扩散实现连接焊件的方法。它包括硬钎焊、软钎焊等。

5.2 电 弧 焊

以电弧作为热源的焊接方法称为电弧焊，也称焊条电弧焊，如图 5-2 所示。焊接过程中在电弧高热作用下，焊条和被焊金属局部熔化。由于电弧的吹力作用，在被焊金属上形成一个充满液体金属的椭圆形熔池，同时焊条芯棒在电弧热作用下不断熔化，进入熔池，构成焊缝的填充金属。随着电弧的前移，熔池后方的液体金属温度逐渐下降，渐次冷凝形成焊缝。在熔化过程中焊条药皮产生保护气体和液态熔渣，产生的气体充满在电弧和熔池周围，起隔绝大气的作用。液态熔渣浮起盖在液体金属上面，起着保护液体金属的作用。手工电弧焊具有操作灵活、设备简单、焊接材料广泛等优点，在生产中应用广泛。

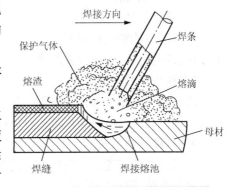

图 5-2 手工电弧焊焊接过程示意图

5.2.1 焊接电弧

电弧是一种强烈而持久的放电现象，在外加能量的作用下，电极表面因电子发射导致电

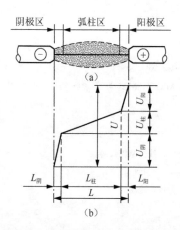

图 5-3　电弧的组成区域和电压分布

$L_{阴}$-阴极区长度；$L_{阳}$-阳极区长度；$L_{柱}$-弧柱区长度；
L-弧长，$U_{阴}$-阴极电压；$U_{阳}$-阳极电压；$U_{柱}$-弧柱压降

子溢出，使某些绝缘介质（如空气）被电击穿（电离），形成等离子体，而原本绝缘的介质可以承载电流通过电弧，电弧释放大量热量迅速将被焊工件局部加热到熔化状态，电弧移开被焊工件的熔化位置后液态金属迅速凝固形成焊缝。电离的种类有热电离、场致电离、光电离等。电离的程度用电离度来表示。单位体积内电离的粒子与电离前粒子总数的比值称为电离度。电弧由三部分组成：阴极区、弧柱区和阳极区，如图 5-3 所示。

1. 阴极区

阴极区的作用是接收由弧柱传来的正离子流，并向弧柱区提供电弧导电所需的电子流。阴极中的自由电子受到外加能量时从阴极表面逸出的过程称为电子发射。其发射能力的大小用逸出功表示。阴极电子发射的类型有热发射、场致发射、光发射和碰撞发射。阴极表面光亮区域称为阴极斑点。阴极斑点具有"阴极清理"（"阴极破碎"）作用，原因是氧化物的逸出功比纯金属低，阴极斑点会移向有氧化物的地方，将该氧化物清除。

2. 弧柱区

包含大量电子、正离子等带电粒子和中性粒子等聚合在一起的气体状态，这种对外呈电中性的状态称为电弧等离子体。在弧柱区带电粒子从密度高的中心部位向密度低的周边迁移的现象称为扩散；电弧周边正负粒子结合成中性粒子的现象称为复合；部分中性粒子吸附电子而形成负离子的过程称为负离子的形成。

3. 阳极区

阳极区的作用与阴极区相反，接收由弧柱区传来的电子流并向弧柱区提供电弧导电所需的正离子流。在阳极表面可看到的烁亮发光区域，称为阳极斑点。阳极斑点会自动寻找熔点比较低的纯金属表面而避开氧化物，在金属表面游走。

4. 电弧的热能

1）弧柱区的产热

弧柱区电流密度相对极区较小，温度高，能量主要由粒子碰撞产生，自身几乎不产热，能量由极区提供，热能损失严重。

2）阴极区的产热

阴极区电流密度大，温度低，能量主要用来对阴极加热和阴极区的散热损失，为电弧的主要产热源，还可用来加热填充材料或焊件。

3）阳极区的产热

阳极区电流密度大，温度低，能量主要用于对阳极的加热和散失，产热比阴极区少，也可用来加热填充材料或焊件。

5.2.2　焊接设备与工具

常用的手弧焊工具有焊钳、面罩、清渣锤、钢丝刷、焊接电缆和劳动保护用品，如图 5-4

所示，其用途见表 5-1。手弧焊的主要设备是弧焊机，俗称电焊机或焊机。电焊机是焊接电弧的电源。

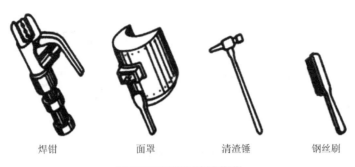

焊钳   面罩   清渣锤   钢丝刷

图 5-4　手工电弧焊工具

表 5-1　常用手工电弧焊的工具、用途等

名称	用途	备注
焊钳	夹持焊条和传导电流	300A 和 500 A 两种
面罩	保护眼睛和面部，免受弧光伤害及金属飞溅，可过滤紫外线和红外线	有手持式和头盔式
清渣锤	清除焊缝表面的渣壳	尖头锤
钢丝刷	焊前清除焊件接头处的污垢和锈迹；焊后清刷焊缝表面及飞溅物	材质为钢
焊接电缆	连接焊钳与焊机以及焊机与工件	一般可选用 YHH 型电焊橡皮套电缆或 THHR 型电焊橡皮套特软电缆

5.2.3　焊条

1. 焊条的组成

焊条由焊芯和药皮两部分组成。

焊芯是焊条内被药皮包覆的金属丝，它的作用是：①作为电极传导电流；②熔化后作为填充金属与母材形成焊缝。

药皮是压涂在焊芯上的涂料层。它由多种矿石粉、有机物粉、铁合金粉和黏结剂等原料按一定比例配制而成。药皮内有稳弧剂、造气剂和造渣剂等，所以药皮的主要作用有以下方面。

（1）稳定电弧：药皮中某些成分可促使气体粒子电离，从而使电弧容易引燃，并稳定燃烧和减少熔滴飞溅等。

（2）保护熔池：在高温电弧的作用下，药皮分解产生大量的气体和熔渣，防止熔滴和熔池金属与空气接触。熔渣凝固后形成渣壳覆盖在焊缝表面上，防止高温焊缝金属被氧化，同时可减缓焊缝金属的冷却速度。

（3）改善焊缝质量：通过熔池中的冶金反应进行脱氧、脱硫、脱磷、去氢等，并补充被烧损的有益合金元素。改善焊接工艺性；起保护作用。

焊条的组成部分及实物图如图 5-5 所示。

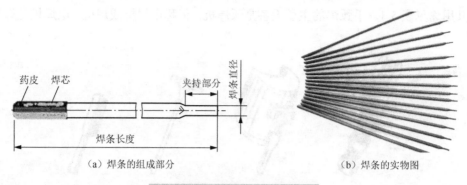

（a）焊条的组成部分　　　　　　　　　　（b）焊条的实物图

图 5-5　焊条的组成部分及实物图

2. 焊条分类

按用途分：结构钢焊条；低温钢焊条；不锈钢焊条等。

按药皮性质分：酸性焊条；碱性焊条。

3. 焊条药皮的作用与类型

（1）保护电弧与熔池：药皮比焊芯熔化慢，形成一个套筒，保护金属熔滴顺利地向熔池过渡；同时药皮放出气体和形成熔渣，保护电弧及熔池免受空气的有害作用。熔渣覆盖于熔敷金属表面，也降低了焊缝金属的冷却速度，有利于改善接头性能。

（2）冶金处理：通过冶金反应起到脱氧、脱硫、脱磷等去除杂质作用，同时还对焊缝金属起合金化作用。

（3）赋予焊条良好的焊接工艺性能：使电弧容易引燃，燃烧稳定，减少飞溅，增大熔深，保证焊缝成形等。

（4）满足某些专用焊条的特殊功能：例如，铁粉焊条药皮内含较多的铁粉，增加了焊条的熔敷系数，提高了焊接生产率。

4. 焊条牌号的表示方法

通常用一个汉语拼音字母（或汉字）与三位数字表示，如 J422（结 422）、A302（奥 302）、W607（温 607）。有的焊条牌号在三位数字后面加注后缀字母和/或数字，如 J507RH、A022Mo、J422Fe16。

第一位字母：表示焊条种类。

前两位数字：表示熔敷金属强度或合金类型。

第三位数字：表示药皮类型及电流种类。

数字后面的字母和数字：附加合金元素或焊条特性（具有特殊性能和用途）。

例如，G—高韧性焊条；R—压力容器用焊条；Fe—高效铁粉焊条；X—向下立焊用焊条；H—超低氢焊条；RH—高韧性超低氢焊条。

5. 焊条型号的表示方法

焊条牌号是厂家或行业自定的，而焊条型号是国家标准中规定的焊条代号。焊接结构生产中应用最广的碳钢焊条和低合金钢焊条，相应的国家标准为 GB/T 5118—2012。

5.2.4　焊接接头形式与坡口形式

为了保证焊接质量，在焊接前，应正确选择合理的坡口。坡口是根据设计或工艺需求，将焊件待焊部位加工成一定几何形状的沟槽。开坡口的目的：保证根部焊透，便于清渣；调节焊缝金属中母材和填充金属的比例；获得良好的焊缝成形。常见的焊接接头形式如图 5-6 所示。特殊的焊接接头形式如图 5-7 所示。接头坡口的类型和特点及应用见表 5-2。

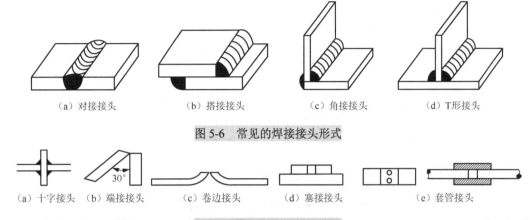

（a）对接接头　　　　　（b）搭接接头　　　　　（c）角接接头　　　　　（d）T形接头

图 5-6　常见的焊接接头形式

（a）十字接头　（b）端接接头　　（c）卷边接头　　　（d）塞接接头　　　（e）套管接头

图 5-7　特殊的焊接接头形式

表 5-2　接头坡口类型、特点及应用

坡口类型	图示	特点	应用
I 形坡口		不用加工坡口，焊缝成形差，强度差	板件厚度小于 6mm
Y 形坡口		坡口易加工，只需单面焊，焊后易产生角变形	用于板厚 6～40mm
X 形坡口		填充金属及变形比 V 形坡口减小 1/2，加工比 V 形复杂，需两面施焊	12～60mm，一般用于板较厚且可以双面焊，变形要求较小的工件
U 形坡口		填充金属比 X 形少，变形小，单面焊，坡口加工困难	适用于 δ=20～60mm，多用于厚板且变形要求小，而且只允许单面施焊的工件

5.2.5　手工电弧焊操作训练

1. 实习内容

学生先进行焊前准备、引弧、运条等手工电弧焊基本操作训练，然后进行对接平焊训练。

2. 手工电弧焊基本操作方法

1）焊前准备

焊前准备包括焊条烘干、焊前工件表面的清理、工件的组装以及预热。对于刚性不大的低碳钢、强度级别较低的低合金钢和高强度钢结构，一般不必预热。但对刚性大的或焊接性差，且容易断裂的结构，焊前需要预热。

2）引弧

焊接开始时，引燃焊接电弧的过程称为引弧。引弧时，首先将焊条末端与焊件表面接触形成短路，然后迅速将焊条向上提起 2～4mm，电弧即可引燃。引弧方法有敲击法和划擦法两种，如图 5-8 所示。

3）运条

运条是在焊接过程中，焊条相对焊缝所做的各种动作的总称。电弧引燃后，运条时，焊条末端有 3 个互相配合的基本动作：①沿焊条轴线方向向熔池送进，以保持焊接电弧的弧长不变；②焊条沿着焊接方向均匀移动；③焊条沿焊缝做横向摆动，以获得一定宽度的焊缝。

这 3 个动作组成焊条有规则的运动。运条的方法有很多（表 5-3），焊工可以根据焊接接头形式、焊接位置、焊条规格、焊接电流和操作熟练程度等因素合理地选择各种运条方法。

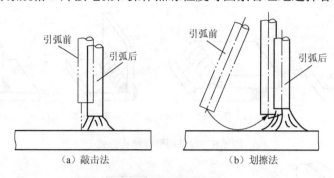

（a）敲击法　　　　　　　　　　（b）划擦法

图 5-8　两种引弧方法

表 5-3　各种运条方式、特点和适用场合

运条方式	特点	适用场合	运条示意图
直线运条	电弧稳定，熔深合适，熔宽小	各种角焊缝，开坡口对接焊缝打底焊，用于薄板	
直线往复运条	焊速快，焊缝窄	开坡口对接焊缝打底层，用于薄板	
锯齿运条	可防止咬边或未焊透，焊缝宽，焊缝质量好	用于厚板，作为平焊、立焊、仰对接焊等的填充层	
月牙形运条		用于厚板，作为平焊、立焊、仰对接焊等的盖面层	
三角形运条	能控制熔池形状，焊缝质量较高	用于厚板，适用于平焊、立焊、横角焊	
圆圈形运条	控制熔化金属不下滴，保持高温时间以排除杂质，焊缝质量好	用于厚板，适用于平焊、仰焊	
8 字形运条	焊缝边缘加热充分，熔化均匀，焊透性好	用于厚板件或不等厚件对接	

4）焊缝的收尾

焊缝的收尾是指一根焊条焊完后的熄弧方法。焊接结尾时，为了使熔化的焊芯填满焊坑，不留尾坑，以免造成应力集中，焊条应停止向前移动，而朝一个方向旋转，直到填满弧坑，再自下而上慢慢拉断电弧，以保证结尾处形成焊缝良好的接头。

3. 手工电弧焊对接平焊操作训练

对接平焊工件如图 5-9 所示，钢板材料为 Q235，厚度为 6mm，选用焊条型号为 E4303，牌号为 J422，直径为 3.2mm，操作步骤如下。

手工电弧焊原理和操作

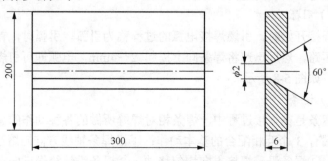

图 5-9　对接平焊工件

（1）坡口准备：采用 Y 形坡口双面焊，调整钢板，保证接口处平整。

（2）焊前清理：清除焊件的坡口表面和坡口两侧各 20mm 范围内的铁锈、油污和水分等。

（3）组对将两块钢板水平放置并对齐，两块钢板间预留 1～2mm 的间隙。

（4）定位焊：在钢板两端先焊上一小段长 10～15mm 的焊缝，以固定两块钢板的相对位置，焊后把渣清除干净。这种固定待焊焊件相对位置的焊缝称为定位焊缝，若焊件较长，则可每隔 200～300mm 进行一次定位焊。

（5）焊接：选择合适的工艺参数进行焊接。先定位焊缝的反面，焊后除渣；再翻转焊件焊另一面，焊后除渣。

（6）焊后清理：除上述清理渣壳以外，还应把焊件表面的飞溅等清理干净。

（7）检查焊缝质量：检查焊缝外形和尺寸是否符合要求，有无焊接缺陷。

5.2.6 手工电弧焊安全操作规程

（1）进入车间实习时，必须按规定穿戴劳保用品，不准穿凉鞋、拖鞋、裙子和戴围巾进入车间，女同学必须戴工作帽，将长发或辫子纳入帽内。电焊操作时要带好面罩、手套等防护用品。

（2）任何时候都严禁将焊钳放在焊接工作台上，以免发生短路，烧毁工具；电焊过程中，禁止调节电焊电流，以免损坏或烧毁电焊机。

（3）禁止用裸眼直接看弧光，以免伤害眼睛、灼伤皮肤；敲除熔渣时要注意方向，防止熔渣飞入眼睛；不准用手套清理工件。

（4）不要接触被焊工件和焊条（丝）的焊接端；刚焊好的工件及焊条残头，应当用夹钳拿取，不要直接用手取放，以免烫伤。

（5）若电焊机发生故障，应及时报告实习指导老师；非专业人员不得私自拆卸电焊机，严防触电事故。

（6）每天实习结束后，应按规定做好整理工作和实习场所的清洁卫生工作；切断电源，灭绝火种，做好设备维护工作。

5.3 气焊与气割

5.3.1 气焊

1. 气焊原理、特点及应用

1）气焊原理

气焊是利用可燃气体与助燃气体混合燃烧后，产生的高温火焰对金属材料进行熔化焊的一种方法。如图 5-10 所示，将乙炔和氧气在焊炬中混合均匀后，从焊嘴喷出燃烧火焰，将焊件和焊丝熔化后形成熔池，待冷却凝固后形成焊缝连接。

气焊所用的可燃气体有乙炔、氢气、液化石油气、煤气等，其中乙炔气最常用。乙炔气的发热量大，燃烧温度高，制造方便，使用安全，焊接时火焰对金属的影响最小，火焰温度高达 3100～3300℃。氧气作为助燃气，其纯度越高，耗气越少。因此，气焊也称为氧-乙炔焊。

2）气焊的特点及应用

（1）气焊的特点。

① 火焰对熔池的压力及对焊件的热输入量调节方便，故熔池温度、焊缝形状和尺寸、焊

缝背面成形等容易控制。

② 设备简单，移动方便，操作易掌握，但设备占用生产面积较大。

③ 焊炬尺寸小，使用灵活，由于气焊热源温度较低、加热缓慢、生产率低、热量分散、热影响区大，焊件有较大的变形，接头质量不高。

（2）气焊的应用。

气焊适于各种位置的焊接。适于 3mm 以下的低碳钢、高碳钢薄板、铸铁焊补以及铜、铝等有色金属的焊接。在无电或电力不足的情况下，气焊能发挥很大作用，气焊火焰可对工件、刀具进行淬火处理，对紫铜皮进行回火处理，并可矫直金属材料和净化工件表面等。此外，由微型氧气瓶和微型熔解乙炔气瓶组成的手提式或肩背式气焊、气割装置，在旷野、山顶、高空作业中应用十分简便。

2. 气焊设备

气焊所用设备及气路连接，如图 5-10 所示。

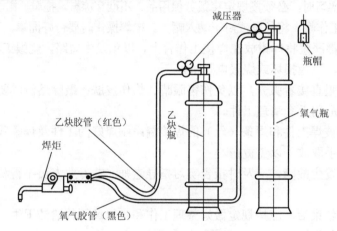

图 5-10　气焊设备及其连接

1）焊炬

焊炬即焊枪。焊炬是气焊中的主要设备，它的构造多种多样，但基本原理相同。焊炬是气焊时用于控制气体混合比、流量及火焰并进行焊接的手持工具。焊炬有射吸式和等压式两种，常用的是射吸式焊炬，如图 5-11 所示。它由手把、乙炔阀门、氧气阀门、混合管、焊嘴、乙炔管接头和氧气管接头等组成。它的工作原理是：打开氧气阀门，氧气经喷嘴快速射出，并在喷嘴外围形成真空，造成负压（吸力）；再打开乙炔阀门，乙炔即聚集在喷嘴外围；由于氧射流负压的作用，乙炔很快被氧气吸入混合管，并从焊嘴喷出，形成焊接火焰。

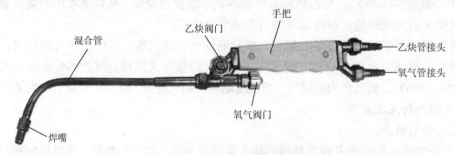

图 5-11　射吸式焊炬的构造

2）乙炔瓶

乙炔瓶是储存溶解乙炔的钢瓶。在瓶的顶部装有开闭气瓶和装减压器用的瓶阀，并套有瓶帽保护；瓶内装有浸满丙酮的多孔性填充物（活性炭、木屑、硅藻土等），丙酮对乙炔有良好的溶解能力，可使乙炔安全地储存于瓶内，使用时，溶解在丙酮内的乙炔分离出来，通过瓶阀输出，而丙酮仍留在瓶内，以便溶解再次灌入瓶中的乙炔；在瓶阀下面的填充物中心部位的长孔内放有石棉绳，其作用是促使乙炔与填充物分离。

乙炔瓶的外壳漆成白色，用红色写明"乙炔"字样和"火不可近"字样。乙炔瓶的容量为 40L，工作压力为 1.5MPa，由于输往焊炬的压力很小，因此乙炔瓶必须配备减压器，同时还必须配备回火防止器。

注意：乙炔瓶一定要竖立放稳，以免丙酮流出；乙炔瓶要远离火源，防止乙炔瓶受热爆炸；乙炔瓶在搬运、装卸、存放和使用时，要防止遭受剧烈的振荡和撞击，以免瓶内的多孔性填料下沉而形成空洞，影响乙炔的储存。

3）回火防止器

回火防止器装在乙炔减压器和焊炬之间，用来防止火焰沿乙炔管回烧的安全装置。正常气焊时，气体火焰在焊嘴外面燃烧。但当气体压力不足、焊嘴堵塞、焊嘴离焊件太近或焊嘴过热时，气体火焰会进入嘴内逆向燃烧，这种现象称为回火。发生回火时，焊嘴外面的火焰熄灭，同时伴有爆鸣声，随后有"吱、吱"的声音。如果回火火陷蔓延到乙炔瓶，就会发生严重的爆炸事故。因此，发生回火时，回火防止器的作用是使回流的火焰在倒流至乙炔瓶以前熄灭。同时应先关闭乙炔开关，再关氧气开关。

图 5-12 为干式回火防止器的工作原理图。干式回火防止器的核心部件是粉末冶金制造的金属止火管。正常工作时，乙炔推开单向阀，经止火管、乙炔胶管输往焊炬。产生回火时，高温高压的燃烧气体倒流至回火防止器，由带非直线微孔的止火管吸收了爆炸冲击波，使燃烧气体的扩张速度趋近于零，通过止火管的混合气体流向单向阀，迅速切断乙炔源，有效地防止火焰继续回流，并在金属止火管中熄灭回火的火焰。发生回火后，不必人工复位，又能继续正常使用。

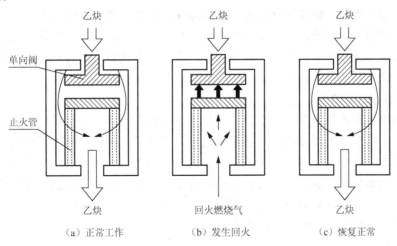

（a）正常工作　　　（b）发生回火　　　（c）恢复正常

图 5-12　干式回火防止器的工作原理

4）氧气瓶

氧气瓶是储存氧气的高压容器。由于氧气瓶要搬运、滚动，甚至还要经受振动和冲击，因此，出厂前要经过严格检验，以确保氧气瓶的安全可靠。氧气瓶的瓶体上装有防振圈；瓶体上端装有瓶阀和瓶帽，用螺纹连接；瓶体下端套有正方形瓶座，便于立稳，卧放时也不至于滚动；所有与高压氧气接触的零件都用黄铜制作，避免腐蚀和发生火花；氧气瓶外表漆成天蓝色，用黑漆标明"氧气"字样。

氧化瓶的容积为 40L，储氧最大压力为 15MPa，由于供给焊炬的氧气压力很小，因此，氧气瓶必须配备减压器。氧气不仅能与自然界中绝大多数元素化合，还能与油脂等易燃物接触发生剧烈氧化，引起燃烧或爆炸，所以使用氧气时必须注意安全，要隔离火源，禁止撞击氧气瓶，严禁在瓶上沾染油脂，瓶内氧气不能用完，应留有余量等。

5）减压器

减压器是将高压气体降为低压气体的调节装置。其作用是减压、调压、量压和稳压。气焊时所需的气体工作压力一般比较低，如氧气压力通常为 0.2～0.4MPa，乙炔压力最高不超过0.15MPa。因此，必须将氧气瓶和乙炔瓶输出的气体经减压器减压后才能使用。

6）橡胶管

橡胶管是输送气体的管道，分氧气橡胶管和乙炔橡胶管，两者不能混用。国家标准规定：氧气橡胶管为黑色；乙炔橡胶管为红色。氧气橡胶管的内径为 8mm，工作压力为 1.5MPa；乙炔橡胶管的内径为 10mm，工作压力为 0.5MPa 或 1.0MPa；橡胶管长度一般为 10～15m。

氧气橡胶管和乙炔橡胶管不可有损伤和漏气发生，严禁明火检漏。特别要经常检查橡胶管的各接口处是否紧固，橡胶管有无老化现象，橡胶管不能沾有油污等。

3. 气焊火焰

常用的气焊火焰是乙炔与氧混合燃烧形成的火焰，也称氧乙炔焰。根据氧与乙炔混合比的不同，氧乙炔焰分为中性焰、碳化焰（也称还原焰）和氧化焰三种。

1）中性焰

中性焰是氧气和乙炔的混合比为 1.1～1.2 时燃烧所形成的火焰，又称正常焰。它由焰芯、内焰和外焰三部分组成。焊接时利用内焰加热焊件，最高温度为 3050～3150℃。中性焰燃烧完全，对红热或熔化了的金属没有炭化作用和氧化作用，所以称为中性焰。气焊一般都可以采用中性焰。它广泛用于低碳钢、中碳钢、低合金钢、不锈钢、灰铸铁、锡青铜、紫铜、铝及合金、铅、锡、镁合金等的气焊。

2）碳化焰（还原焰）

碳化焰是氧气和乙炔的混合比小于 1.1 时燃烧形成的火焰。碳化焰的火焰比中性焰长而软，它由焰芯、内焰和外焰组成，焰芯呈灰白色，内焰呈淡白色，外焰呈橙黄色。碳化焰的最高温度为 2700～3000℃，火焰中存在的过剩碳微粒以及氢、碳会渗入熔池金属，使焊缝的含碳量增高，故碳化焰不能用于焊接低碳钢和合金钢，同时碳具有较强的还原作用；游离的氢会透入焊缝，产生气孔和裂纹，造成硬而脆的焊接接头。因此，碳化焰只用于高速钢、高碳钢、铸铁焊补、硬质合金堆焊、铬钢等。

3）氧化焰

氧化焰是氧气与乙炔的混合比大于 1.2 时燃烧形成的火焰。氧化焰的火焰和焰芯的长度都明显缩短，只能看到焰芯和外焰两部分。氧化焰中有过剩的氧，故具有氧化作用。氧化焰的最高温度可达 3100～3300℃。使用这种火焰焊接各种钢铁时，金属很容易被氧化而造成脆弱的焊接接头；在焊接高速钢或铬、镍、钨等优质合金钢时，会出现互不融合的现象；在焊接有色金属及其合金时，产生的氧化膜会更厚，焊缝金属内有夹渣，形成不良的焊接接头。因此，氧化焰一般很少采用，仅适用于烧割工件和气焊黄铜、锰黄铜及镀锌铁皮，特别适用于黄铜类，因为黄铜中的锌在高温极易蒸发，采用氧化焰时，熔池表面上会形成氧化锌和氧化铜的薄膜，可起到抑制锌蒸发的作用。

4. 气焊焊接规范

气焊的接头形式和焊接空间位置等工艺问题与电弧焊基本相同。气焊尽可能用对接接头，厚度大于 5mm 的焊件必须开坡口以便焊透。焊前接头处应清除铁锈、油污、水分等。

气焊的焊接规范主要是确定焊丝直径、焊嘴大小、焊接速度等。

焊丝直径由工件厚度、接头和坡口形式决定，焊开坡口时第一层应选较细的焊丝。焊丝直径的选用可参考表 5-4。

表 5-4 不同厚度工件配用焊丝的直径

工件厚度/mm	1.0～2.0	2.0～3.0	3.0～5.0	5.0～10	10～15
焊丝直径/mm	1.0～2.0	2.0～3.0	3.0～4.0	3.0～5.0	4.0～6.0

焊嘴大小影响生产率。导热性好、熔点高的焊件，在保证质量前提下应选较大号焊嘴（较大孔径的焊嘴）。

在平焊时，焊件越厚，焊接速度应越慢。对熔点高、塑性差的工件，焊速应缓慢。在保证质量的前提下，尽可能提高焊速，以提高生产效率。

5. 气焊基本操作

1）点火、调节火焰与熄火

点火之前，先打开氧气瓶和乙炔瓶上的总阀，然后转动减压器上的调压手柄（顺时针旋转），将氧气和乙炔调到工作压力。再打开焊炬上的乙炔调节阀，此时可以把氧气调节阀少开一点氧气助燃点火（用明火点燃），如果氧气开得大，点火时就会因为气流太大而出现"啪啪"的响声，而且还点不着。如果不开一点氧气助燃点火，虽然也可以点着，但是黑烟较大。点火时，手应放在焊嘴的侧面，不能对着焊嘴，以免喷出的火焰烧伤手臂。刚点火的火焰是碳化焰，然后逐渐开大氧气阀门，改变氧气和乙炔的比例，根据被焊材料性质及厚薄要求，调到所需的中性焰、氧化焰或炭化焰。需要大火焰时，应先把乙炔调节阀开大，再调大氧气调节阀；需要小火焰时，应先把氧气关小，再调小乙炔调节阀。焊接结束时应熄火。熄火前一般应先关小氧气调节阀，再将乙炔调节阀关闭，最后再关闭氧气调节阀，火焰即熄灭。

2）焊接操作

气焊操作是右手握焊炬，左手拿焊丝，可以向右焊（右焊法），也可向左焊（左焊法）。

施焊时，要使焊嘴轴线的投影与焊缝重合，同时要掌握好焊炬与工件的倾角 α。工件越厚，倾角越大；金属的熔点越高，导热性越大，倾角就越大。在开始焊接时，工件温度尚低，为了较快地加热工件和迅速形成熔池，α 应该大一些（80°～90°），喷嘴与工件近于垂直，使火焰的热量集中，尽快使接头表面熔化。正常焊接时，一般保持 α 为 30°～50°。焊接快结束时，倾角可减至 20°，并使焊炬做上下摆动，这样能更好地填满焊缝和避免烧穿。

5.3.2 气割

气割即氧气切割。它是利用割炬喷出乙炔与氧气混合燃烧的预热火焰,将金属的待切割处预热到它的燃烧点(红热程度),并从割炬的另一喷孔高速喷出纯氧气流,使切割处的金属发生剧烈的氧化,形成熔融的金属氧化物,同时被高压氧气流吹走,从而形成一条狭小整齐的割缝使金属割开。气割包括预热、燃烧、吹渣三个过程。气割原理与气焊原理不同,气焊是熔化金属,而气割是金属在纯氧中的燃烧(剧烈的氧化),故气割的实质是"氧化"并非"熔化"。由于气割所用设备与气焊基本相同,且操作也相似,因此常把气割与气焊场地放在一起。由于气割原理所致,因此对气割的金属材料必须满足下列条件。

(1)金属熔点应高于燃点(即先燃烧后熔化)。在铁碳合金中,含碳量对燃点有很大影响,随着含碳量的增加,合金的熔点降低而燃点提高,所以含碳量越大,气割越困难。例如,低碳钢熔点为 1528℃,燃点为 1050℃,易于气割。含碳量为 0.7%的碳钢,燃点与熔点差不多,都为 1300℃,当含碳量大于 0.7%时,燃点高于熔点,故不易气割。铜、铝的燃点比熔点高,故不能气割。

(2)氧化物的熔点应低于金属本身的熔点,否则形成高熔点的氧化物会阻碍下层金属与氧气流接触,使气割困难。有些金属由于形成氧化物的熔点比金属熔点高,故不易或不能气割。例如,高铬钢或铬镍不锈钢加热形成熔点为 2000℃左右的 Cr_2O_3,铝及铝合金形成熔点为 2050℃的 Al_2O_3,所以它们不能用氧乙炔焰气割,但可用等离子气割法气割。

(3)金属氧化物应易熔化且流动性好,否则不易被氧气流吹走,难于切割。例如,铸铁气割生成很多 SiO_2 氧化物,不但难熔(熔点约 1750℃),而且熔渣黏度很大,所以铸铁不易气割。

(4)金属的导热性不能太高,否则预热火焰的热量和切割中所发出的热量会迅速扩散,使切割处热量不足,切割困难。例如,铜、铝及合金由于导热性高,所以一般不能用气割法切割。

此外,金属在氧气中燃烧时应能发出大量的热量,足以预热周围的金属。金属中所含的杂质要少。

满足以上条件的金属材料有纯铁、低碳钢、中碳钢和低合金结构钢。而高碳钢、铸铁、高合金钢及铜、铝等非铁金属及合金,均难以气割。

5.4　其他焊接方法

其他焊接方法有气体保护焊、埋弧焊、电子束焊、激光焊和压力焊等。

手工电弧焊是以熔渣保护焊接区域,由于熔渣中含有氧化物,因此,用手工电弧焊焊接容易氧化的金属材料(如高合金钢、铝及其合金等)时,不易得到优质焊缝。与手工电弧焊相比,其他焊接方法具有如下特点。

(1)生产率高:常用电流比手工电弧焊大 6~8 倍,故生产率比一般手工电弧焊提高5~10 倍。

(2)节省金属材料和电能:厚度小于 20mm 的工件可以不开坡口;金属飞溅少,且电弧热得到充分利用,从而节省了金属和电能。

（3）焊接质量好：电弧保护严密，焊接规范自动控制，移动均匀，故焊接质量高而稳定，焊缝形状也美观。

（4）劳动条件好：看不见电弧，烟雾也少，对焊工技术要求也不高。

5.4.1 气体保护焊

气体保护焊是利用特定的气体作为保护介质的一种电弧焊方法。常用的保护气体焊有氩弧焊、等离子弧焊和 CO_2 气体保护焊等几种。

1. 氩弧焊

氩弧焊是使用氩气作为保护气体的一种焊接技术，又称氩气体保护焊。氩弧焊是在电弧焊的周围通上氩气，利用氩气对金属焊材的保护，使焊材不能与空气中的氧气接触，从而防止焊材的氧化，通过高电流使焊材在被焊基材上熔化形成熔池，使被焊金属和焊材达到冶金结合的一种焊接技术。氩弧焊按照电极的不同分为非熔化极氩弧焊和熔化极氩弧焊两种。

1）非熔化极氩弧焊

非熔化极氩弧焊是电弧在非熔化极（通常是钨极）和工件之间燃烧，在焊接电弧周围流过一种不与金属起化学反应的惰性气体（常用氩气），形成一个保护气罩，使钨极端部、电弧和熔池及邻近热影响区的高温金属不与空气接触，能防止氧化和吸收有害气体，从而形成致密的焊接接头，其力学性能较好（图 5-13）。TIG 焊，又称非熔化极惰性气体钨极保护焊。

钨极氩弧焊可用于几乎所有金属和合金的焊接，但由于其成本较高，通常多用于焊接铝、镁、钛、铜等有色金属，以及不锈钢、耐热钢等。对于低熔点和易蒸发的金属（如铅、锡、锌），焊接较困难。钨极氩弧焊所焊接的板材厚度范围为 3mm 以下。对于某些黑色和有色金属的厚壁重要构件（如压力容器及管道），在根部熔透焊接，全位置焊接和窄间隙焊接时，为了保证高的焊接质量，有时也采用钨极氩弧焊。

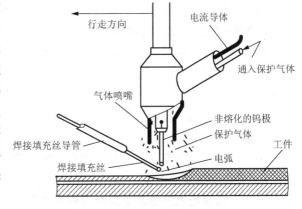

图 5-13 非熔化极氩弧焊示意图

钨极氩弧焊的优点：

（1）氩气能有效地隔绝周围空气，它本身不溶于金属，又不与金属反应。在钨极氩弧焊过程中，电弧有自动清除工件表面氧化膜的作用，因此，可焊接易氧化、氮化、化学活泼性强的有色金属、不锈钢和各种合金。

（2）钨极电弧稳定，即使在很小的焊接电流（<10A）下仍可稳定燃烧，特别适用于薄板、超薄板材料焊接。

（3）热源和填充焊丝可分别控制，因而热输入容易调节，可进行各种位置的焊接，也是实现单面焊双面成形的理想方法。

钨极氩弧焊的缺点：

（1）熔深浅，熔敷速度小，生产率较低。

（2）钨极承载电流的能力较差，过大的电流会引起钨极熔化和蒸发，其微粒有可能进入熔池，渣成污染（夹钨）。

（3）惰性气体（氩气、氦气）较贵，和其他电弧焊方法（如手工电弧焊、埋弧焊、CO_2气体保护焊等）相比，生产成本较高。

2）熔化极氩弧焊

工作原理：焊丝通过丝轮送进，导电嘴导电，在母材与焊丝之间产生电弧，使焊丝和母材熔化，并用惰性气体（氩气）保护电弧和熔融金属来进行焊接。

熔化极氩弧焊和钨极氩弧焊的区别：前者是用焊丝作电极，并被不断熔化填入熔池，冷凝后形成焊缝；后者是采用非熔化极（钨极）作电极。随着熔化极氩弧焊的技术应用，保护气体已由单一的氩气发展出多种混合气体，如以氩气或氦气为保护气体时，称为熔化极惰性气体保护电弧焊（简称MIG）；以惰性气体与氧化性气体（O_2，CO_2）混合气为保护气体时，或以 CO_2 气体或 CO_2+O_2 混合气为保护气体时，统称为熔化极活性气体保护电弧焊（简称MAG）。从其操作方式看，目前应用最广的是半自动熔化极氩弧焊和富氩混合气保护焊，其次是自动熔化极氩弧焊。氩弧焊适用于焊接易氧化的有色金属和合金钢（主要有 Al、Mg、Ti 及其合金和不锈钢）；适用于单面焊双面成形，如打底焊和管子焊接；钨极氩弧焊还适用于薄板焊接。

氩弧焊的特点如下。

（1）氩气保护可隔绝空气中氧气、氮气、氢气等对电弧和熔池产生的不良影响，减少合金元素的烧损，以得到致密、无飞溅、质量高的焊接接头。

（2）氩弧焊的电弧燃烧稳定，热量集中，弧柱温度高，焊接生产效率高，热影响区窄，所焊的焊件应力、变形、裂纹倾向小。

（3）氩弧焊为明弧施焊，操作、观察方便。

（4）电极损耗小，弧长容易保持，焊接时无熔剂、涂药层，所以容易实现机械化和自动化。

（5）氩弧焊几乎能焊接所有金属，特别是一些难熔金属、易氧化金属，如镁、钛、钼、锆、铝等及其合金。

（6）不受焊件位置限制，可进行全位置焊接。

2. 等离子弧焊

等离子弧焊是利用等离子弧作为热源的焊接方法，如图 5-14 所示。气体由电弧加热产生离解，在高速通过水冷喷嘴时受到压缩，增大能量密度和离解度，形成等离子弧。它的稳定性、发热量和温度都高于一般电弧，因此具有较大的熔透力和焊接速度。形成等离子弧的保护气体一般用氩气。根据工件材料的不同，也可使用氦、氮、氩或其中两者的混合气体。

等离子弧是通过外部拘束使自由电弧的弧柱被压缩形成的电弧。钨极缩入喷嘴内，在水冷喷嘴中通入一定压力和流量的离子气，强迫电弧通过喷嘴，形成高温、高能量密度的等离子弧。等离子弧是一种被压缩的钨极氩弧，具有很高的能量密度、温度及电弧力。等离子弧是通过三种压缩作用获得的。

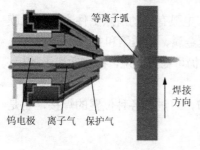

图 5-14 变极性等离子弧穿孔立焊

（1）机械压缩：弧柱受喷嘴孔径的限制，由于喷嘴孔径是固定的，所以弧柱直径不能自由扩大。

（2）热压缩：喷嘴中的冷却水使喷嘴内壁附近形成一层冷气膜，减小了弧柱的有效导电面积，从而提高了电弧弧柱的能量密度及温度，这种依靠水冷使弧柱温度及能量密度提高的作用就是热压缩。

（3）电磁压缩：由于以上两种压缩效应，电弧电流密度增大，电弧电流磁场产生的电磁收缩力增大，电弧受到压缩，这就是电磁压缩。

1）穿透型等离子弧焊（小孔型等离子弧焊）

穿透型等离子弧焊可实现一定厚度范围内的金属单面焊双面成形。利用等离子弧能量密度大和等离子流吹力大的特点，将工件熔透，并在熔池上产生一个贯穿焊件的小孔。等离子弧通过小孔从背面喷出，被熔化的金属在电弧吹力、液体金属重力和表面张力相互作用下保持平衡。

实例：变极性等离子弧穿孔立焊（VPPA 焊）

变极性等离子弧
穿孔立焊背面

早在 1978 年，美国宇航局马歇尔太空飞行中心决定采用 VPPA 焊接技术部分取代钨极氩弧焊（TIG）工艺焊接航天飞机外储箱，航天飞机的外储箱直径 8m，材料为 2219-T87 铝合金，共焊接了 900m 焊缝，经 100% X 射线检测，未发现任何内部缺陷，焊缝质量比 TIG 多层焊明显提高。北京工业大学和中国航天科技集团公司五院 529 厂联合开发了环缝 VPPA 立焊工艺装备、超大型密封舱体 VPPA 焊接装备，采用 VPPA 立焊工艺完成了直径 3320mm 的“天宫一号”的初样、正样的焊接和国内最大直径 4500mm 的铝合金舱体结构，焊接质量获得专家的肯定。随着小孔的垂直向上移动，熔融金属沿孔壁向下流淌形成焊缝。据陈树君解释，中等厚度的铝合金在不开坡口，不需在背面强制成形保护的条件下，可以实现单面一次焊双面良好成形。铝合金的 VPPA 穿孔立焊工艺使熔融金属向下流淌过程扩大了熔池液相金属表面积大幅增加了气泡的溢出机会，焊缝气孔率极低，被称为无缺陷焊接工艺。

2）熔透型等离子弧焊（熔入型焊接法）

熔透型等离子弧焊采用较小的焊接电流（30～100A）和较低的离子气流量，采用混合型等离子弧焊接的方法。在焊接过程中不形成小孔效应，焊件背面无“尾焰”。液态金属熔池在弧柱的下面，靠熔池金属的热传导作用熔透母材，实现焊透。等离子焊接由于焊接速度快、焊缝美观、焊缝质量好、成本低，已广泛应用于设备制造业中对各种形式的接头、医疗设备、真空装置、薄板加工、波纹管、仪表、传感器、汽车部件、化工密封件等进行焊接。

3）微束等离子弧焊

微束等离子弧焊是等离子弧焊的一种。在小电流（小于 10A）时，帮助和维持转移弧工作。在产生普通等离子弧的基础上采取提高电弧稳定性措施，进一步加强电弧的压缩作用，减小电流和气流，缩小电弧室的尺寸。这样就使微小的等离子焊炬喷嘴喷射出小的等离子弧焰流，如同缝纫机针一般细小。当维弧电流大于 2A 时，转移型等离子弧在小至 0.1A 焊接电流下仍可稳定燃烧。与钨极氩弧焊相比，微束等离子弧焊接的优点如下。

（1）可焊更薄的金属，最小可焊厚度为 0.01mm。

（2）弧长在很大的范围内变化时，也不会断弧，并能保持柱状特征，焊接速度快、焊缝窄、热影响区小、焊接变形小。

三种等离子弧焊的基本特点和应用场合见表 5-5。

表 5-5　三种等离子弧焊的基本特点和应用场合

类别	电流范围/A	可焊厚度/mm	等离子弧类型	焊缝成形方法	应用场合
大电流	100～500	3～8	转移型	小孔法	厚度小于 8mm
中电流	15～100	0.5～3	联合型	熔透法	薄板
微束	0.1～15	0.025～0.5	联合型	熔透法	超薄金属零件精密焊接

3．CO_2 气体保护焊

CO_2 气体保护焊是采用 CO_2 气体作为保护介质的电弧焊方法。有时保护介质亦采用 CO_2+Ar 混合气体。

CO_2 气体保护焊具有以下特点。

（1）焊接成本低：其成本只有埋弧焊、焊条电弧焊的 40%～50%。

（2）生产效率高：其生产率是焊条电弧焊的 1～4 倍。

（3）操作简便：明弧，对工件厚度不限，可进行全位置焊接且可以向下焊接。

（4）焊缝抗裂性能高：焊缝低氢且含氮量也较少。

（5）焊后变形较小：角变形为千分之五，不平度只有千分之三。

（6）焊接飞溅小：采用超低碳合金焊丝或药芯焊丝，或在 CO_2 中加入氩气，都可以降低焊接飞溅。

由于 CO_2 气体的热物理性能特殊，使用常规焊接电源时，焊丝端头熔化金属不可能形成平衡过渡，需要采用短路和熔滴缩颈爆断，与 MIG 焊自由过渡相比，飞溅较多。但如采用优质焊机，参数选择合适，可以得到稳定的焊接过程，使飞溅降低到最低程度。与手弧焊和埋弧焊相比，焊缝成形不够美观，焊接飞溅较大；抗风能力差，室外作业比较困难；弧光较强等。由于所用保护气体价格低廉，采用短路过渡时焊缝成形良好，加上使用含脱氧剂的焊丝即可获得无内部缺陷的高质量焊接接头，因此，CO_2 气体保护焊已成为黑色金属材料最重要的焊接方法之一。

5.4.2　埋弧焊

埋弧焊是利用电弧在一层颗粒状的可熔化焊剂覆盖下燃烧，电弧不外露的焊接方法。所用金属电极是不间断送进的光焊丝。埋弧焊熔深大、生产率高、机械化操作的程度高，且适于焊接中厚板结构的长焊缝，因此在造船、锅炉与压力容器、桥梁、起重机械、铁路车辆、工程机械、重型机械和冶金机械、核电站结构、海洋结构等制造部门有着广泛的应用，是焊接生产中普遍使用的焊接方法之一。图 5-15 为埋弧焊焊缝形成过程示意图。焊接电弧在焊丝与工件之间燃烧，电弧热将焊丝端部及电弧附近的母材和焊剂熔化。熔化的金属形成熔池，熔融的焊剂称为溶渣。熔池受熔渣和焊剂蒸汽的保护，不与空气接触。电弧向前移动时，电弧力将熔池中的液体金属推向熔池后方。在随后的冷却过程中，这部分液体金属凝固成焊缝。熔渣则凝固成渣壳，覆盖于焊缝表面。熔渣除了对熔池和焊缝金属起机械保护作用外，还与熔化金属发生冶金反应，从而影响焊缝金属的化学成分。它常用于焊中厚板（6～60mm）结构的长直焊缝与较大直径（一般不小于 250mm）的环缝平焊，可焊接的钢种有碳素结构钢、低合金结构钢、不锈钢、耐热钢及复合钢材等。

埋弧焊分为自动埋弧焊和半自动埋弧焊两种方式。前者的焊丝送进和电弧移动都由专门的机头自动完成，后者的焊丝送进由机械完成，电弧移动则由人工进行。焊接时，焊剂由漏斗铺撒在电弧的前方。焊接后，未被熔化的焊剂可用焊剂回收装置自动回收，或由人工清理回收。

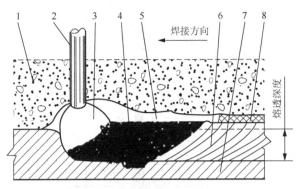

图 5-15 埋弧焊焊缝形成过程示意图

1-焊剂；2-焊丝（电极）；3-电弧；4-熔池；5-熔渣；6-焊缝；7-母材；8-渣壳

埋弧焊的优点如下。

（1）焊接电流大：输入功率较大，加上焊剂和熔渣的隔热作用，热效率高，熔深大。工件的坡口较小，减少了填充金属量。单丝埋弧焊在工件不开坡口的情况下，一次可熔透 20mm。

（2）焊接速度高：以厚度 8～10mm 的钢板对接焊为例，单丝埋弧焊速度可达 50～80cm/min，手工电弧焊则不超过 10～13cm/min。

（3）适合有风的环境的焊接：埋弧焊的保护效果比其他电弧焊方法好。

（4）劳动条件较好：没有电弧光辐射。

埋弧焊的缺点如下。

（1）只适用于平焊：由于采用颗粒状焊剂，其他位置焊接需采用特殊措施以保证焊剂覆盖焊接区。

（2）易焊偏：由于不能直接观察电弧与坡口的相对位置，不采用焊缝自动跟踪装置，容易焊偏。

（3）不适于焊接厚度小于 1mm 的薄板：埋弧焊电弧的电场强度较大，电流小于 100A 时电弧不稳。

5.4.3 电子束焊

电子束焊是以汇聚的高速电子束轰击工件接缝处产生的热能进行焊接的方法，其示意图如图 5-16 所示。电子束焊接时，电子的产生、加速和汇聚成束是由电子枪完成的，阴极在加热后发射电子，在强电场的作用下电子加速从阴极向阳极运动，通常在发射极到阳极之间加上 30～120kV 的高电压，电子以很高的速度穿过阳极，在磁偏转线圈汇聚作用下聚焦于工件，电子束动能转换成热能以后，使工件熔化焊接。为了减小电子束流散射以及能量损失，电子枪内要保持 10^{-2}Pa 以上的真空束。

电子束焊按被焊工件所处环境的真空度可分为 3 种，即真空电子束焊（10^{-4}～10^{-1}Pa）、低真空电子束（0.1～25Pa）和非真空电子束焊（不设真空室）。

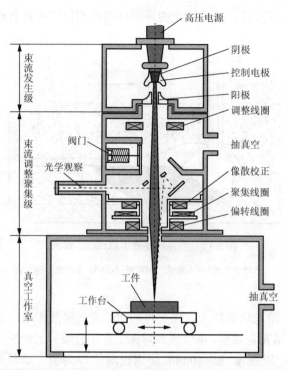

图 5-16　真空电子束焊示意图（江苏烁石焊接科技有限公司提供）

电子束焊接主要用于以下方面。

（1）难熔金属的焊接：如对钨、钼等金属进行焊接，可在一定程度上解决此类材料焊接时产生的发脆问题。

（2）化学性质活泼材料的焊接：如对铌、锆、钛、钛合金、铝、铝合金、镁等金属及其合金进行焊接。

（3）耐热合金和各种不锈钢、镍基合金、弹簧钢、高速钢的焊接。

（4）对不同性质材料的焊接：如对钢与青铜、钢与硬质合金、钢与高速钢、金属与陶瓷，以及对厚度相差悬殊零件的焊接。

真空电子束焊接技术应用广泛，不仅应用于原子能、航天、航空等国防工业生产部门的特殊材料和结构的连接，而且在一般机械制造工业中，尤其是在大批量生产和流水生产线中广为应用。例如，电子工业中微型器件和真空器件的焊接、导航仪器要求内部真空的密封焊接；用电子束焊接还可修补宇宙飞船及飞行器。这种电子束焊接设备不需要配真空系统（因宇宙空间就是天然真空），可制成很小的手枪式的焊接设备；例如，美国西屋公司制造的轻便型非真空电子束焊机，可焊接由铝合金制作的高 42m、直径 10m、壁厚 12.7mm 的土星 5 号运载火箭的外壳和燃料箱外壳。另外，电子束焊还可作为真空钎焊的热源。

5.4.4　激光焊

激光焊（laser welding）是以聚焦的激光束作为能源轰击焊件所产生的热量进行焊接的方法。激光是一种崭新的光源，它是一种电磁波，具有其他光源不具备的特性，如高方向性、高亮度（光子强度）、高单色性和高相干性。如果被焊金属有良好的导热能，则会得到较大的熔深。焊接时无机械接触，有利于实现在线质量监控和自动化生产，经济效益显著。激光焊适用于绝缘材料、异种金属、金属与非金属的焊接，目前主要用在微型精密、排列密集和热敏感焊件上。随着航空航天、微电子、医疗及核工业等的发展，人们对材料性能的要求也越来越高，传统的焊接方法难以满足要求，激光焊得到广泛应用。

1. 激光焊的分类

激光焊的原理是：光子轰击金属表面形成蒸气，蒸发的金属可防止剩余能量被金属反射掉。根据激光对工件的作用方式，激光焊分为脉冲激光焊和连续激光焊。脉冲激光焊输入到工件上的能量是断续的、脉冲的，每个激光脉冲在焊接过程中形成一个圆形焊点。连续激光焊在焊接过程中形成一条连续的焊缝。根据实际作用在工件上的功率密度，激光焊可分为热传导焊（功率密度小于 105W/cm^2）和深熔焊（功率密度大于或等于 105W/cm^2）。

1）热传导焊

热传导焊时，激光将金属表面加热到熔点与沸点之间，金属材料表面将所吸收的激光能转变为热能，使金属表面温度升高而熔化，然后通过热传导方式把热能传向金属内部，使熔化区逐渐扩大，凝固后形成焊点或焊缝，其熔深轮廓近似为半球形。热传导焊的特点是激光光斑的功率密度小，很大一部分光被金属表面所反射，光的吸收率较低，焊接熔深浅，焊接速度慢，主要用于薄（厚度<1mm）、小工件的焊接加工。图 5-17（a）为激光深热传导示意图。

2）深熔焊

深熔焊时，当激光光斑上的功率密度大，金属表面在激光束作用下，温度上升到沸点，金属蒸发形成的蒸气压力、反冲力等能克服熔融金属的表面张力以及液体的静压力形成小孔，激光束可直接深入材料内部，因而能形成深宽比大的焊缝。图 5-17（b）为激光深熔焊示意图。

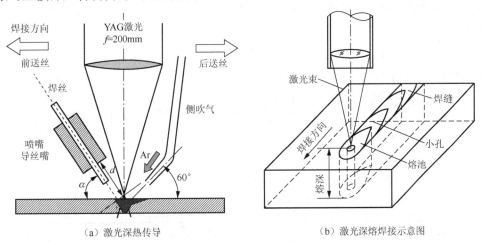

（a）激光深热传导　　　　　　　　　　　（b）激光深熔焊接示意图

图 5-17 激光深热传导与激光深熔焊接示意图

2. 激光焊的特点

激光焊是利用高能量密度的激光束作为热源进行焊接的一种高效精密的焊接方法。采用激光焊，不仅生产率高于传统的焊接方法，而且焊接质量也得到了显著提高。与一般焊接方法相比，激光焊具有如下特点。

（1）聚焦后的功率密度可达 105～107W/cm^2，甚至更高，加热集中，完成单位长度、单位厚度工件焊接所需的热输入低，因而工件产生的变形极小，热影响区也很窄，特别适于精密焊接和微细焊接。

（2）可借助偏转棱镜或光导纤维引导到难以接近的部位进行焊接，也可穿过透明材料聚焦焊接，又可穿过透明介质对密闭容器内的工件进行焊接。

（3）可获得深宽比大的焊缝，焊接厚件时可不开坡口一次成形。激光焊缝的深宽比目前已达 12：1，不开坡口单道焊接钢板的厚度已达 50mm。

（4）适于难熔金属、热敏感性强的金属以及热物理性能差异悬殊、尺寸和体积悬殊工件间的焊接。

（5）设备复杂造价高，需要专门的激光仪器及其装置。

5.4.5　压力焊

压力焊或固相焊是利用压力使待焊部位的表面在固态下直接紧密接触，并使待焊接部位的温度升高，通过调节温度、压力和时间，使待焊表面充分进行扩散而实现原子间结合，形成焊接接头的方法。

1. 电阻焊

电阻焊是一种以加热方式焊接金属或其他热塑性材料（如塑料）的制造工艺及技术，是工件组合后通过电极施加压力，利用电流通过接头的接触面及邻近区域产生的电阻热进行焊接的方法。电阻焊利用电流流经工件接触面及邻近区域产生的电阻热效应将其加热到熔化或塑性状态，使之形成金属结合的一种方法。与其他焊接方法相比，电阻焊的优点是不需要填充金属，冶金过程简单，焊接应力及应变小，接头质量高。同时，电阻焊操作简单，容易实现机械化和自动化，生产效率高；其缺点是接头质量难以用无损检测的方法检验，焊接设备较复杂，一次投资较高。根据接头形式，电阻焊可分为点焊、缝焊、凸焊、对焊和闪光对焊，如图 5-18 所示。

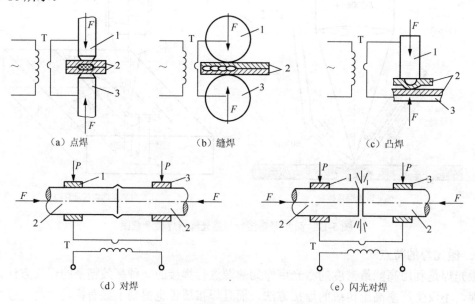

（a）点焊　　　　　　　（b）缝焊　　　　　　　（c）凸焊

（d）对焊　　　　　　　　　（e）闪光对焊

图 5-18　各接头形式电阻焊示意图

1、3-电极；2-工件

1）点焊

点焊方法如图 5-18（a）所示，将工件装配成搭接形式，用电极将工件夹紧并通以电流，在电阻热作用下，电极之间工件接触处被加热熔化成焊点。工件的连接可以由多个焊点实现。点焊应用在小于 3mm、不要求气密性的薄板冲压件、轧制件接头，如汽车车身焊装、电器箱板组焊等场合。

（1）点焊设备。

电伺服点焊设备如图 5-19 所示，为德国 NIMAK 电伺服点焊机器人系统。焊接系统主要包括 Harmswend 的中频逆变焊接电源、NIMAK 电伺服加压系统，焊钳为 X 型。点焊系统配置 Pegasus 软件，对点焊焊接参数进行修改。点焊系统具有多种焊接模式，包括 KIR 恒流模式、SKT 模式以及 IQR 智能模式等。同时可以对焊接压力曲线进行编程控制，包括预压力、焊接压力、顶锻压力等。NIMAK 焊接设备由 SCM 012 伺服压力控制器进行控制。通过压力编程，电极压力可以输出变电极压力曲线。目前国内外新型汽车材料采用 1500MPa 的超高强度钢，这种材料的点焊工艺要求使用电伺服加压的焊钳，否则难以解决点焊过程中的焊接缺陷。伺服焊钳可实现对电极力的精确控制。

图 5-19　电伺服点焊设备

（2）操作方法。

① 作业前，清除上、下两电极的油污。通电后，机体外壳应无漏电。

② 启动前，先接通通水冷系统，再接通电源。

③ 焊机通电后，检查电气设备、操作机构、冷却系统及机体外壳有无漏电现象。电极触头应保持光洁。有漏电时，应立即更换。

④ 试件装卡之前，用砂纸对焊件进行打磨除锈，用丙酮溶液清洗。

⑤ 把焊件放到工装夹具上，并进行固定。

⑥ 焊接之前，通过 Pegasus 软件设置适合的焊接参数。

⑦ 确认参数无误和焊件摆放正确后，踩脚踏板进行焊接。

⑧ 焊接完成后，松开脚踏板，取下焊件。

（3）注意事项。

① 作业时，水冷系统应保持畅通。

② 焊接过程中，应戴防护眼镜、穿防护服，头部应避开焊接飞溅方向。

③ 焊接完成后，焊件温度很高，不可以用手直接触摸焊件。

④ 焊接操作及配合人员必须按规定穿戴劳动防护用品，并必须采取防止触电、高空坠落和火灾等事故的安全措施。

2）缝焊

缝焊工作原理与点焊相同，只用滚轮电极代替点焊的圆柱电极，滚轮电极施压于工件并旋转，使工件相对运动，在连续或断续通电下，形成一个个熔核相互重叠的密封焊缝，如图 5-18（b）所示。缝焊一般应用在有密封要求的接头制造上，适用材料板厚为 0.1～0.2mm，如汽车油箱、暖气片、罐头盒的生产。

3）凸焊

凸焊是在一焊件接触面上预先加工出一个或多个突起点，在电极加压下与另一工件接触，通电加热后突起点被压塌，形成焊接点的电阻焊方法，如图 5-18（c）所示，突起点可以是凸点、凸环或环形锐边等形式。凸焊焊接循环与点焊一样。凸焊主要应用于低碳钢、低合金钢冲压件的焊接，另外螺母与板焊接、线材交叉焊也多采用凸焊方法。

4）对焊

如图 5-18（d）所示，对焊是将两工件端部相对放置，加压使其端面紧密接触，通电后利用电阻热加热工件接触面至塑性状态，然后迅速施加大的顶锻力完成焊接。对焊方法主要用于断面面积小于 250mm^2 的丝材、棒材、板条和厚壁管材的连接。

5）闪光对焊

如图 5-18（e）所示，焊件装配成对接接头，接通电源，并使其端面逐渐移近达到局部接触，利用电阻热加热这些接触点（产生闪光），使端面金属熔化，直至焊件端部在一定深度范围内达到预定温度时，迅速施加顶锻力完成焊接的方法称为闪光对焊。闪光对焊可分为连续闪光焊和预热闪光焊。

2. 搅拌摩擦焊

1）动轴肩搅拌摩擦焊

搅拌摩擦焊是一种固相连接技术，其原理是在焊接过程中，旋转的搅拌针插入工件中，在搅拌针和工件及轴肩和工件之间产生的摩擦热的共同作用下，待焊工件金属发生软化，但没有达到熔点，从而形成固相连接（图 5-20）。搅拌摩擦焊广泛应用于宇航制造业、汽车制造业、船舶制造业、高速列车制造业等行业中，用于各类金属材料的焊接。搅拌摩擦焊接技术是近年来国际上发展较快的技术之一，具有对被焊材料损伤小、焊接变形低、焊缝强度高和绿色制造等特点。由于其在制造成本、焊接质量以及节能环保等方面具有许多独特的优势，近年来搅拌摩擦焊广泛应用在航空航天领域，包括：机翼、机身、尾翼；飞机油箱；飞机外挂燃料箱；运载火箭、航天飞机的低温燃料桶；军用和科学研究火箭及导弹；熔焊结构件的修复等。

实例：搅拌摩擦焊所用设备采用的焊接材料为铝合金对接板和镁合金对接板，搅拌摩擦焊接设备实物如图 5-21 所示。

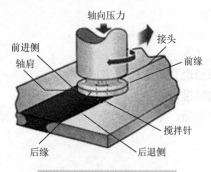

图 5-20　搅拌摩擦焊示意图

图 5-21　搅拌摩擦焊接设备

（1）操作步骤。

设备接电之前，首先检查各个连接端子是否连接良好、电源的接地是否可靠。

① 打开总电源，再将控制柜上的开关旋钮转到"ON"的位置，此时钥匙开关选择"开"，

系统启动。

② 回参：单击"回参"按钮，左侧显示"REF"，此时单击"启动"按钮。

③ 手动确定起始点：切换工作状态为"JOG"，分别调节 X、Y、Z 三轴坐标，确定第一点位置时单击"CFSW Machine"键→"Origin Workpiece"键并命名。搅拌头需距离工件表面10mm 左右，单击"Touch Origin"键。

④ 手动确定终点："手动""JOG"模式下，分别调节 X、Y 轴坐标，单击控制面板的"CFSW Machine"键→"Origin Workpiece"键，直接保存"Save Origin"→"Enter"，此时无需考虑 Z 方向位置。

⑤ 参数设定：在控制面板主界面单击"CFSW Machine"键→"Work Program"，输入各参数值，设定自动运转时搅拌头旋转方向"反方向 M4"。保存"Save Work Program"→"Close"。

⑥ 自动焊接：切换焊接模式为"AUT"，按"开始"按钮后即可实现自动焊接。（焊接过程中若出现问题，可按手柄或控制面板的红色急停按钮。）

⑦ 归零：在设备断电前，搅拌头回到零点位置。切换至"REF"模式→"启动"即可。

⑧ 断电：钥匙开关选择"关"，控制柜上的开关旋钮转到"OFF"的位置，关闭总电源。

（2）注意事项。

① 接通电源之前要检查电缆线、软线或导线等是否完好，电源接地是否可靠，各个开关及操作手柄都应灵活、平滑好用。设备运行前确定设备各部分螺栓是否牢固，主轴运转前，应确认主轴上搅拌头已装紧，工件和搅拌针必须夹牢，否则会飞出伤人。严禁戴手套接近主轴并装夹工件，以免被旋转夹具缠绕对人身安全造成伤害。

② 设备每次断电后开机时，系统必须进行回参操作才能建立坐标。

③ 手动确定起始点，若通过"Touch Origin"功能，则需使搅拌头距工件表面 10mm 左右启用。若通过"Save Origin"功能，则需确定搅拌针与工件表面完全接触，可通过调节 Z 轴位置时观测搅拌针表面压力变化来确定起始点坐标。

④ 参数设定界面"Work Program"中，确保焊接起始点设定名称与之前起始点命名一致，以免未按照计划路径运行，且设定自动运转时搅拌头旋转方向选择"反方向 M4"。

⑤ 焊机出现故障或处于危机状态时，应首先按下急停按钮，然后关闭总电源开关，故障排除之前不得送电。

⑥ 停机前，不得进行清理工作且禁止用手摸加工中的工件或转动的主轴；焊接完成后，在焊机上卸下工件时，应使刀具及主轴停止运动。

2）静轴肩搅拌摩擦焊

静轴肩搅拌摩擦焊是一种新型的搅拌摩擦焊技术，在焊接过程中，内部搅拌针处于旋转状态，而外部轴肩不转动，仅沿着焊接方向前进，静轴肩搅拌摩擦焊接设备示意图如图 5-22 所示。静轴肩搅拌摩擦焊由于内部搅拌针转动而外部轴肩不转动，且不参与产热，热源集中在搅拌针周围，使接头的热输入更均匀，所以搅拌针在摩擦产热和材料变形中起着重要的作用，从而提高了焊接过程的稳定性，解决了表面过热的问题。与传统的搅拌摩擦焊相比，静轴肩搅拌摩擦焊的焊缝成形好，提高了高熔点、低热导率金属的搅拌摩擦焊缝的成形和接头性能，尤其适用于钛合金。

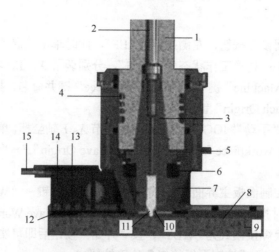

图 5-22　静轴肩搅拌摩擦焊接设备示意图

1-旋转轴；2-拉杆；3-刀柄；4-循环水冷装置；5-进气口；6-支撑轴；7-固定罩；8、9-钛板；
10-滑行块；11-搅拌针；12-密封圈；13-冷却气管；14-气室；15-进气口

3）辅助热源搅拌摩擦焊

如图 5-23 所示，辅助热源搅拌摩擦焊采用辅助能源（包括激光、电阻热、等离子弧、电弧热、电磁感应热和辐射热等）协助软化待焊材料，从而降低轴向压力和搅拌头转矩，提高焊接速度。采用外加热源补充焊接所需的热量，能降低焊接过程中的作用力，减少焊具磨损，提高焊接生产效率。

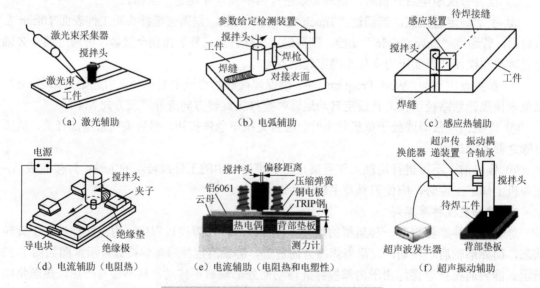

图 5-23　各种辅助能源搅拌摩擦焊的示意图

搅拌摩擦焊在低熔点有色金属中得到成功应用，但在钛合金、不锈钢以及其他高温合金等结构材料的固相连接应用方面并不理想。主要是由于这些金属熔点高、硬度大，仅仅靠机械力和摩擦力产生的热量不足以获得较好的塑性软化组织，形成良好的焊接接头。由于搅拌摩擦焊热源形式的特点，其单一的产热方式决定了在焊接高熔点、高硬度合金材料时，焊接速度往往较低甚至不能形成良好的焊接接头。常规搅拌摩擦焊需要很大的轴向压力和搅拌头转矩来产生足够的摩擦热和塑性功来软化材料形成焊缝,这会导致搅拌头磨损,并限制焊接速度的提高,尤其焊接高强度、高硬度材料,辅助热源搅拌摩擦焊可以解决这些问题,将是21世纪搅拌摩擦焊的一个重要发展方向。

3. 搅拌摩擦点焊

如图 5-24 所示,搅拌摩擦点焊利用由搅拌针、搅拌套和压紧套组成的特殊搅拌头,通过精确控制搅拌头各部件的相对运动,在搅拌头回撤的同时填充搅拌头在焊接过程中形成的退出孔,因而具有广阔的应用前景。搅拌摩擦点焊是在"线性"搅拌摩擦焊基础上发展起来的一种新型固态连接技术,可用来取代电阻点焊和铆接等传统点连接工艺,尤其对于铝合金等轻质合金的连接具有独特的优势,目前已经在航空航天、汽车工业、船舶制造等领域得到了广泛应用。与传统电阻点焊、冲压铆接、铆接和自钻孔紧固等连接技术相比,搅拌摩擦点焊方法焊接铝合金具有质量高、缺陷少、变形小,焊接质量稳定;节省能源、降低成本;工艺过程简单;无须特殊的结构改变,采用搅拌摩擦点焊焊接时,原来的点焊、铆接结构可以继续采用,不需要更改结构;工作环境清洁等优点。搅拌摩擦点焊工作环境没有灰尘和烟雾,不需要大电流,生产过程是清洁的,不会产生任何电磁和噪声污染,属于绿色无污染工艺。

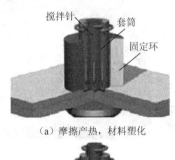

（a）摩擦产热,材料塑化 　　　　　（b）搅拌针上移,套筒下移

（c）搅拌针反方向运动 　　　　　（d）焊接完成,搅拌工具脱离工件

图 5-24 回填式搅拌摩擦点焊示意图

4. 磁脉冲焊

如图 5-25 所示,磁脉冲焊的基本原理是:当强大的放电电流通过线圈时,在导电的工件中感应产生涡流,两磁力相互推斥形成压力,并使其中一个工件加速向另一工件运动达到接合位置。

磁脉冲焊技术是汽车、航空航天、高压开关和石油化工领域应用前景广泛的一种焊接方法,如家电行业铝和铜的连接、汽车行业钢和铝的连接、镁和铝等异种金属之间的连接等。磁脉冲焊接过程不需要添加填充金属也不需要保护气体,无热影响区,并且可大幅度减小焊

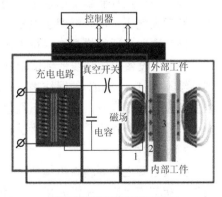

图 5-25 磁脉冲焊原理图

接接头界面处金属间化合物的产生，减小甚至消除因金属熔化产生的接头内应力，显著提高接头强度和耐蚀性能。磁脉冲焊可用于连接同种金属材料，也适用于连接异种金属材料。

1）磁脉冲焊的特点

（1）焊接过程很短，瞬间（30～100μs）即可完成，且无污染。

（2）可使金属材料和非金属材料进行连接或焊接。

（3）一般可在常温（即冷态）下进行，且焊接过程无显明的温升，无明显热影响区，焊接接头强度接近于母材强度。

（4）比爆炸焊安全，且简单易行。

（5）能量易精确控制，重复性好，故容易实现机械化和自动化。

图 5-26 是磁脉冲焊接设备图，当线圈中通过电流时，通过线圈的电流会产生一个强电磁场，与此同时，在待焊外管表面感应出电流，感应电流的磁场方向与线圈电流的磁场方向相反，因此所产生的磁场力方向相对，则待焊外部工件会在磁场力作用下高速向内部工件冲击，两工件之间的强烈碰撞会使两工件形成连接。

磁脉冲焊

图 5-26　磁脉冲焊接设备

2）磁脉冲试验操作步骤

（1）准备好试样：管和棒材或管和管材，用丙酮或乙醇+棉花清洗待焊表面，除去表面的氧化膜等。控制好外管和内棒的工作间隙，一般为 1～3mm；管与管的搭接需要管里面套一个支撑件，否则焊接不上。

（2）拉下电源闸，开启总电源。

（3）打开磁脉冲设备的电源，即拉下电源闸。

（4）在电压控制器的面板上，用螺丝刀旋转面板上的小螺丝钉来调节充电电压的大小，顺时针调大电压，逆时针调小电压。

（5）选取合适的模具，将待焊试样装好，放进集磁器里，固定好载物台。

（6）将设备的控制线带到试验室门外，按下绿色的启动按钮，试验开始，2～3s 后，会听到持续不到 1s、90dB 的爆炸声，这表明已经焊接完毕，如果设备在超过指定充电电压 1kV 以上还没有这个声音，需要按下红色的紧急停止按钮，结束试验过程。

（7）试验结束后，取出焊接试样，关闭设备电源和总电源。

3）注意事项

接通电源之前要检查电缆线、软线或导线等是否完好，电源接地是否可靠，各个开关及操作手柄都应灵活、平滑好用。严禁戴手套接近主轴并装夹工件，以免被旋转夹具缠绕对人身安全造成伤害。

5. 超声波焊

超声波焊（ultrasonic welding，UW）是利用超声波的高频振动，在静压力的作用下将弹性振动能量转变为工件间的摩擦功和形变能，对焊件进行局部清理和加热焊接的一种压焊方法。其主要用于连接同种或异种金属、半导体、塑料及金属陶瓷等材料。

如图 5-27 所示，超声波焊接时，超声波发生器 1 产生每秒几万次的高频振动，通过换能器 2、传振器 3、聚能器 4 和耦合杆 5 向焊件输入超声波频率的弹性振动能。两焊件的接触界面在静压力和弹性振动能量的共同作用下，通过摩擦、温升和变形，使氧化膜或其他表面附着物被破坏，并使纯净界面之间的金属原子无限接近，实现可靠连接。

超声波焊的优点如下。

（1）可焊接的材料范围广，可用于同种金属材料，特别是高导电、高导热性的材料（如金、银、铜、铝等）和一些难熔金属的焊接，也可用于性能相差悬殊的异种金属材料（如导热、硬度、熔点等）、金属与非金属、塑料等材料的焊接，还可以实现厚度相差悬殊以及多层箔片等特殊结构的焊接。

（2）焊件不通电，不需要外加热源，接头中不出现宏观的气孔等缺陷，不生成脆性金属间化合物，不发生像电阻焊时易出现的熔融金属的喷溅等问题。

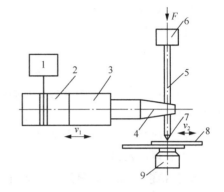

图 5-27 超声波焊原理

1-超声波发生器；2-换能器；3-传振器；4-聚能器；
5-耦合杆；6-静载；7-上声极；8-焊件；9-下声极；
F-静压力；v_1-纵向振动方向；v_2-弯曲振动方向

（3）焊缝金属的物理性能和力学性能不发生宏观变化，其焊接接头的静载强度和疲劳强度都比电阻焊接头的强度高，且稳定性好。

（4）形成接头所需电能少，仅为电阻焊的 5%；焊件变形小。

超声波焊的缺点如下。

（1）受现有设备的限制，焊件不能太厚，只能采用搭接接头。

（2）异种材料（金属或塑料）的焊接，需要加中间过渡层。

5.4.6 钎焊

钎焊是采用比母材熔点低的金属材料作钎料，将焊件和钎料加热到高于钎料熔点并低于母材熔点的温度，利用液态钎料润湿母材，填充接头间隙并与母材互相扩散，冷凝后实现连接的焊接方法。钎焊属于物理连接，亦称钎接。改善钎料的润湿性，可保证钎料和焊件不被氧化。根据钎料的熔点不同，钎焊可分为软钎焊和硬钎焊。

1. 软钎焊

软钎焊的钎料熔点低于 450℃，接头强度低，一般为 60~190MPa，工作温度低于 100℃。软钎焊由于所使用的钎料熔点低，渗入接头间隙的能力较强，具有较好的焊接工艺性。常用的软钎料是锡铝合金，亦称锡焊。锡焊钎料具有良好的导电性。常用的软钎焊的钎剂主要有松香、氯化锌溶液。

2. 硬钎焊

钎料熔点在 450℃以上，接头强度较高，均在 200MPa 以上，工作温度也较高。常用的硬钎料是铝基、银基、铜基合金，钎剂主要有硼砂、硼酸、氟化物、氯化物等。

3. 钎焊接头的类型及加热方式

钎焊接头的类型有板料塔接、套件镶接等。这些接头都有较大的钎接面，可保证接头有良好的承载能力。钎焊的加热方式分为火焰加热、电阻加热、感应加热、炉内加热、盐浴加热及烙铁加热等，可根据钎料种类、工件形状与尺寸、接头数量、质量要求及生产批量等综合考虑选择。其中烙铁加热温度较低，一般只适用于软钎焊。

4. 钎焊特点及应用

1）钎焊的特点

（1）钎焊要求工件加热温度较低，接头组织、性能变化小，焊件变形小，接头光滑平整，工件尺寸精确。

（2）焊接性能差异大的异种金属，工件厚度不受限制。

（3）生产率高。对焊件整体加热钎焊时，可同时焊接由多条（甚至上千条）接缝组成的复杂构件。

（4）钎焊设备简单，生产投资费用小。

2）钎焊的应用

焊接精密、微型、复杂、多焊缝、异种材料的焊件。软钎焊广泛应用于电子、电器仪表等领域；硬钎焊则用于制造硬质合金刀具、钻探钻头、换热器等。

5.5 焊接机器人

5.5.1 焊接机器人的应用背景

在工业制造领域中焊接机器人得到广泛的应用，特别是在汽车制造业中，机器人使用量约占全部工业机器人总量的 30%，而其中的焊接机器人数量就占 50%左右。焊接机器人是集机械、计算机、电子、传感器、人工智能等多方面知识技术于一体的现代化、自动化设备。

1. 焊接机器人的特点

（1）稳定和提高焊接质量，保证焊缝均匀性。

（2）提高劳动生产率，一天可 24h 连续工作。

（3）改善工人劳动条件，可以在有毒、有害的环境下工作。

（4）降低对工人操作技术的要求。

（5）可实现小批量产品的焊接自动化。

（6）能在空间站建设、核能设备维修、深水焊接等极限条件下完成人工无法或难以进行的焊接作业。

（7）为焊接柔性生产线提供技术基础。

2. 焊接机器人的发展历史

焊接机器人研究大致分为三代：第一代是指基于示教再现方式的焊接机器人，由于其操作简便、不需要环境模型，并且可以在示教时修正机械结构带来的误差，因此，在焊接生产中得到大量的应用。第二代是指基于一定传感器传递信息的离线编程机器人，它得益于焊接传感技术和离线编程技术的不断改进和快速发展，目前这类机器人已经进入实际应用阶段。第三代是指具有多种传感器，在接收作业指令后可根据客观环境自行编程的高度适应性智能焊接机器人，目前处于试验研究阶段。

随着计算机智能控制技术的发展，焊接机器人从单一的示教再现型向多传感器、智能化、柔性化方向发展。近年来，随着焊接技术的发展，出现了激光、电子束、等离子及气体保护焊等新的焊接方法以及高质量、高性能的焊接材料，几乎所有的工程材料都能实现焊接。随着焊接自动化技术的发展，自动化焊接越来越多地代替了手工焊接。以电子技术、信息技术及计算机技术综合应用为标志的焊接机械化、自动化系统乃至焊接柔性制造系统，成为信息时代焊接技术的重要标志。

5.5.2 焊接机器人的操作方法

1. 焊接机器人的构成

焊接机器人主要由机器人和焊接设备两大部分构成。机器人由机器人本体和控制系统组成。焊接设备以点焊为例，则由焊接电源、专用焊枪、传感器、修磨器等部分组成。此外，还有相应的系统保护装置。搅拌摩擦点焊机器人如图 5-28 所示。

图 5-28 搅拌摩擦点焊机器人

2. 焊接机器人的操作步骤

（1）开机：顺时针旋转控制柜机箱上的旋钮，开启控制柜。

（2）操作机器人进行焊接。

① 使用空间鼠标器或手动按键运行模式（图 5-29）。

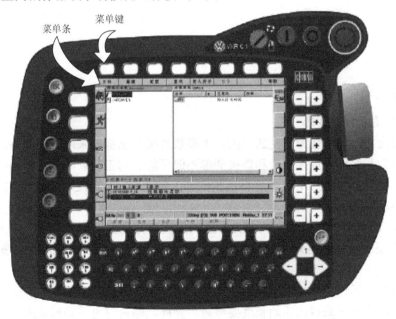

图 5-29 KUKA 控制屏

② 选择坐标系统。

③ 调慢手动运行速度（防止操作不当导致的撞枪危险）。

④ 编写机器人焊接程序，示教焊接点位，输入焊接速度等必要信息。

⑤ 运行程序，完成焊接。

⑥ 关机：逆时针旋转控制柜机箱上的旋钮，关闭控制柜。

5.5.3 注意事项

（1）熟悉机器人的正确开机或关机顺序。

开机顺序：先开机器人控制柜，再开焊机电源、水箱电源和除尘电源。

关机顺序：先关机器人控制柜，再关焊机电源、水箱电源和除尘电源。

（2）机器人焊接操作的员工必须经过学习，掌握设备的结构、性能，熟悉操作规程并取得操作许可，方可独立操作；开气时，操作人员必须站在瓶嘴的侧面。

（3）认真检查设备，是否漏电漏气，先通气后开电，焊接前应接好地线，确认正常后方可使用。

（4）不要用力移动机器人的各关节轴，不要让机器人做规定之外的任何作业，因为此行为可导致机器人的损坏和伤害；不要倚靠机器人、控制器、操作台以及其他相关设备，以免无意中启动设备，从而伤及人员和损坏设备。

（5）机器人工作区域禁止站人，因为机器人需要一个限定的工作区域，机器人本体周围的区域会发生潜在的事故隐患。

（6）运行焊接程序前应低速试运行，防止程序编写不当导致危险。

（7）机器人使用过程中，如发生不正常情况应立即停机，报告相关人员处理。

（8）工作中暂时离开时要停止设备，关闭电源；作业过程的工具、材料、废弃物等放入指定存放点。

5.6　焊接质量控制

5.6.1　焊接缺陷

1. 焊接应力和焊接变形

（1）焊接应力与焊接变形产生的原因。大多数焊接方法都要采用局部加热，故不可避免地将产生内应力和变形。焊接应力和焊接变形不但可能引起工艺缺陷，将影响结构的承载能力（如强度、刚度和稳定性），还将影响结构的加工精度和尺寸精度。因此，焊接应力和焊接变形十分重要。

（2）内应力。在焊接结构中，内应力产生的原因可分为温度应力和残余应力。产生焊接应力的原因主要有：焊接时焊件加热不均匀，熔敷金属的收缩，金属组织的变化，焊件的刚性。

堆焊冷却时，焊件逐渐收缩，内部的压应力逐渐消失；焊件在高温时产生的压缩变形保留下来，即焊件冷却下来后比原始长度要缩短。同样，缩短时也受到原来未加热部分金属的约束，整块钢板产生弯曲变形，焊件同时受到拉伸应力。焊件局部不均匀受热是产生变形和应力的主要原因，在焊缝附近的金属受拉应力，离焊缝较远的金属受压应力。

（3）焊接应力与变形的关系。金属结构在焊接过程中产生焊接变形和焊接应力。若焊件在焊接时能自由收缩，则焊后焊件的变形较大，而应力较小；如果由于外力的限制或自身刚性较大，焊件不能自由收缩，则焊后焊件的变形较小而应力较大。

2. 焊接应力和焊接变形的危害

（1）焊接应力和焊接变形相互制约。

（2）焊接应力：导致热裂纹；残余应力影响结构的机械加工精度，降低承载能力，引发冷裂纹，甚至导致结构脆断事故的发生。

（3）焊接变形：降低结构的装配精度，可能引起应力集中和附加应力，使结构的承载能力下降；焊接变形过大会导致结构报废。

3. 减小和消除焊接应力的措施

（1）合理选择焊接顺序和焊接方向。

（2）锤击法：使焊缝金属发生塑性变形，从而减小残余应力。

（3）预热法。

（4）加热"减应区"法。

（5）热处理法：高温回火 600～650℃。

4. 焊接变形的基本形式

焊接变形包括收缩变形（缩短变形）、角变形、弯曲变形、扭曲变形和翘曲变形（波浪变形），见表 5-6。

表 5-6 常见焊接变形时的种类和产生原因

变形种类	图示	产生原因
缩短变形		纵向缩短（沿焊缝方向）：由于焊缝的纵向收缩；横向缩短（垂直于焊缝方向）：由于焊缝的横向收缩
角变形		焊缝截面形状上下不对称，造成焊缝横向收缩在厚度方向上不均匀
弯曲变形		焊缝位置在焊接结构中布置不对称，造成焊缝的纵向收缩
扭曲变形		由于装配质量不好，焊接时构件搁置不当或者焊接顺序和焊接方向不合理
波浪变形		由于焊缝收缩使薄板局部产生较大的压应力而失去稳定

5. 控制和矫正焊接变形的措施

（1）结构设计应合理，减少不必要焊缝，焊缝截面和长度尽量小，焊缝布置和坡口形式尽量对称。

（2）反变形法。

（3）刚性固定法。

6. 其他焊接缺陷举例

表 5-7 是常见焊接缺陷示意图。表 5-8 是常见焊接缺陷的定义、产生原因及预防措施。

表 5-7　常见焊接缺陷示意图

缺陷名称		示意图	实物图
气孔	单个气孔		
	密集气孔		
	链状气孔		
未焊透		根部未焊透　　中间未焊透	
未熔合		坡面未熔合　　层间未熔合	
纵向裂纹（热裂纹）			
横向裂纹（冷裂纹、热影响区裂纹）			
夹渣			
咬边			
焊瘤			
凹坑			

表 5-8　常见焊接缺陷的定义、产生原因及预防措施

	缺陷名称	定义	产生原因	预防措施
外在缺陷	咬边	焊件边缘的母材金属被熔化后，未及时得到熔化金属的填充所致	焊接规范参数选择不当或焊条的运条手法及焊条角度不当等	采用短弧操作，电弧电压不宜过高；掌握正确的运条手法和焊条角度；选择合适的焊材
	焊瘤	在焊缝根部背面或焊缝表面，出现熔化金属流淌到焊缝之外与母材金属未熔合所形成的突出部分	操作不熟练和焊接规范选择不当，焊条选择不当等	调整合适的焊接电流及焊接速度；采用短弧操作；掌握正确的运条方法；选择合适的焊条型号及直径
	凹坑	焊后在焊缝表面或焊缝背面形成低于母材表面的局部低洼缺陷	焊接电流过大、焊缝间隙太大以及填充金属添加量不足等	正确选择焊接电流和焊接速度；严格控制焊缝装配间隙均匀，适当加大填充金属的添加量
	烧穿	焊接过程中部分熔化金属从焊缝背面流出，形成烧熔穿孔的缺陷	焊件过热，坡口形状不良，焊接规范选择不当；焊条角度等	选择正确的焊接规范；以合适的焊接速度均匀运条，进行正常的熔渣保护，避免焊条或焊丝过热
内在缺陷	气孔	高温时吸收和产生的气泡，在冷却凝固时未能及时逸出而残留在焊缝金属内所形成的孔穴	焊接过程中焊接区的良好保护受到破坏；焊接材料受潮，烘焙不充分等	焊前仔细清理油污、铁锈等污物，适当预热除去吸附水分；采用合适的焊接规范，并适当摆动
	夹渣	焊后残留在焊缝中的非金属熔渣	多层焊时，每层焊道间的熔渣未清除干净；坡口角度太小等	每层焊道间应认真清除熔渣；选用合适的焊接规范；适当加大焊缝坡口角度；焊接过程防止焊偏
	未熔合	焊缝金属与母材之间或焊道金属的层间，未能完全熔化结合而留下的缝隙	单层焊时，焊接规范太小；多层焊时，层间和坡口侧壁渣清理不干净等	仔细清除每条焊道和坡口侧壁的熔渣；正确选择焊接电流，改进运条技巧，注意焊条摆动
	未焊透	焊接接头的母材之间未完全焊透	坡口角度太小，钝边太厚，装配间隙过小等	适当加大焊接坡口角度，减小钝边，保证均匀性；采用短弧操作
	焊接裂纹	裂纹是危害焊接结构安全性的最危险缺陷	裂纹末端的缺口易引起应力集中，导致断裂	合理的焊接设计；适当的预热措施；适当的焊接顺序

5.6.2　焊接质量监测

1. 焊接信号采集系统

在焊接过程中，电弧中的各种电信号影响焊接质量，因此，监测焊接电弧中的各种参数，对焊接过程的电弧分析和焊接质量控制有着重要的意义。弧焊多路信号智能采集系统用于实时监测焊接过程中电弧信号，电弧电信号能宏观地反映电弧燃烧状态，并能反映电源性能，因此，监控焊接信号是提高焊接质量的一个重要手段。监控需要分析电弧燃烧的电流电压，实时反映焊接过程中电弧内部的物理性质。

弧焊多路信号智能采集系统，是根据焊接过程中的电流、电压等参数设计的科学、可靠的信号采集系统，并实现对弧焊过程中信号的采集、提取、处理、存储、显示和统计分析（图 5-30）。用户首先根据所用焊接电源的特点，对所需采集的信号进行归类，选择所需采集的时间和配置采集触发条件。当触发条件和门限同时满足后，系统会根据所选的采集时间对焊接信号进行采集，采集完成后，会自动保存为 ui 格式，并以当下存储的时间命名，存储到指定盘下的 data 文件夹内，方便对焊接过程的各种信号分析研究。

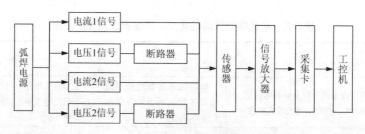

图 5-30　系统结构框图

在软件主界面中,选择"打开文件",进入历史文件界面,在该界面可以查询已经记录的历史数据,看到历史数据波形图和特征数据。打开文件后的界面如图 5-31 所示,左边为电信号波形文件,右边为对应波形的特征值。由上到下依次为电流 1、电压 1、电流 2 和电压 2。

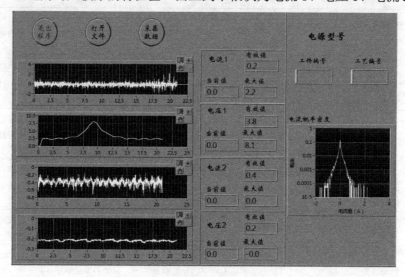

图 5-31　历史数据界面

在焊接信号收集过程中,对焊接电弧以及电源信号采集正确率达到100%,可对焊接过程中焊接电源输出信号和焊接电弧输出信号同时检测。快捷的历史信息分析与查询,间接地提高焊接工作效率。根据不同的采样频率和采集时间,完成对焊接电弧静态管理到动态管理的转变,以达到对焊接工作电弧信息管理的规范化和科学化,弥补以往对电弧输出信号不能全面认识的不足,提高焊接工作效率,健全焊接信息管理方式。

2. 焊接电弧同步采集系统

焊接电弧直接影响焊接质量,它是一种无规律、急剧变化的气体放电现象,同时发出强烈的弧光。因此,焊接电弧现象无法用肉眼直接观察,必须借助高速摄像来进行试验观察。电弧运动的观察借助高速摄像机加以记录拍摄,根据电弧运动的特点,可在高速摄像机镜头前加装滤光镜组实现滤除弧光的效果。

北京工业大学焊接研究所自主开发的焊接电弧同步采集分析系统,以高速数据采集卡和高速摄像机为硬件基础,以焊接电流、电弧电压为信号源,氙灯作为背光源,采用特殊的滤光处理,系统信号采样频率为150K/s,高速摄像机实现每秒 10000 帧以上的拍摄速度。焊接电弧同步采集系统可根据焊接情况分别对电弧形态和熔滴过渡进行采集与分析,实现对电弧电信号和图像同步采集分析功能,满足从电弧信号和电弧形态同步分析。图 5-32 是焊接电弧同步系统构成及界面图。

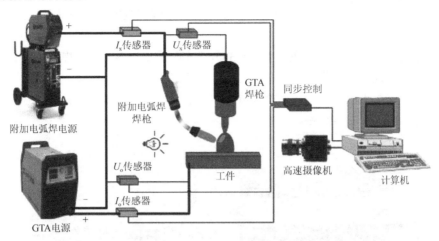

（a）焊接电弧同步系统构成

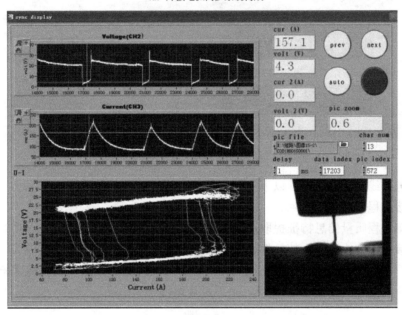

（b）界面图

图 5-32 焊接电弧同步系统构成及界面图

3. 点焊质量在线监测系统

点焊质量在线监测系统，可以实时采集焊点信息，采集信号主要有焊接电流、电压、电极位移和电极压力，通过对采集到的焊接数据进行数据分析和特征提取最终实现每个焊点的质量评估。该系统可以实现自动存储焊接过程中每个焊点的焊接数据，并在每个焊点焊接完成后立即提供焊点质量评估结果，并将焊点信息和质量结果保存到数据库中。试验证明，系统评估效果很理想。

点焊质量在线监测系统包含硬件和软件两部分，系统硬件主要包括点焊设备、传感器、调理电路、数据采集卡、工控机。软件部分采用的是基于虚拟仪器的图形化编程语言——LabVIEW。软件 LabVIEW 程序实现焊接信息实时显示、焊接过程的工艺参数实时存储和历史数据查询等功能。系统可实时提供焊点是否发生飞溅和熔核尺寸是否合格的评估信息，焊点信息实时存入 Access 数据库中，可随时查询已完成的焊点数据和质量信息，为后续生产提供参考数据。

　　软件部分有三个界面："主界面"（图 5-33）、"实时采集"界面和"焊点信息查询"界面。软件可以很好地实现打开已经记录的历史数据，看到历史数据波形图，进入实时采集界面可以实现采集并存储焊点数据，进入数据库界面可以查看焊点历史数据和质量情况。

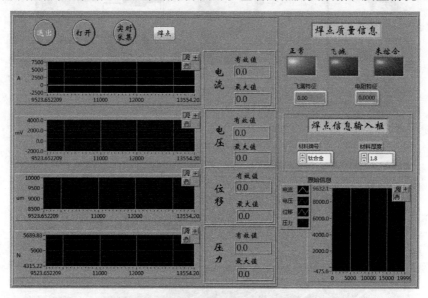

图 5-33　点焊质量在线监测系统的主界面

　　点焊质量在线监测系统包括以下三个方面。

（1）焊接过程信息传感技术。

（2）焊接过程质量信息特征提取和质量的评估。

（3）焊接质量在线监测系统软件设计和数据库的存储。

　　实例分析：钛合金点焊的评估，根据点焊试验对接接头的要求以及拉剪试验对钛板的尺寸要求，设计接头形式如图 5-34 所示。上下两片焊件大小一致。

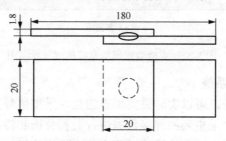

图 5-34　焊接试样接头形式

　　图 5-35 为系统评估为未熔合焊点的波形图，未熔合指示灯呈现亮绿色，通过拉伸试验并测量熔核直径，其直径为 5.1mm，评估结果正确。图 5-36 为系统评估为飞溅焊点的波形图，通过观察此焊点的外观即可看出有飞溅缺陷产生，评估结果正确。

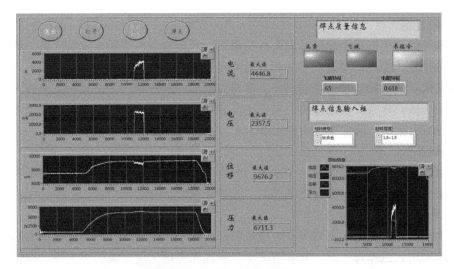

图 5-35 未熔合焊点评估结果

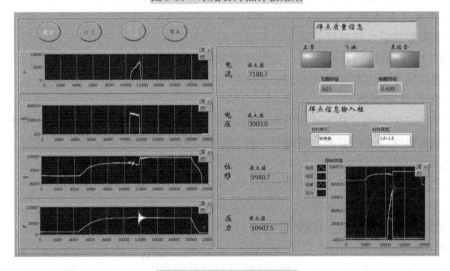

图 5-36 飞溅焊点评估结果

5.6.3 焊接工艺参数对焊接质量的影响

本节通过各种焊接方法的工艺参数及工艺因素对焊接后产品质量的影响，详细论述四类焊接方法（手工电弧焊、CO_2 气体保护焊、电阻点焊和搅拌摩擦焊）的焊接工艺参数及工艺因素与产品质量之间的关系。

1. 手工电弧焊

手工电弧焊的工艺参数包括焊接电流、焊条直径、焊缝层数、电源种类和极性等。工艺因素包括坡口尺寸、间隙大小、工件斜度、工件厚度和工件散热条件等。

1）焊接电流

其他条件不变时，随着焊接电流的增大，焊缝的熔深、熔宽及余高同时增大。焊接电流过大易产生咬边、焊瘤等缺陷。咬边会减小焊缝有效截面，产生应力集中，降低接头强度和承载能力。焊瘤使焊缝截面突变，形成尖角，产生应力集中，降低接头疲劳强度。焊接电流过小易产生气孔、未焊透、夹渣等缺陷。

2）焊条直径

焊条直径的大小取决于焊件厚度、接头形式、焊缝位置、焊道层次等因素。焊件厚度较大时，应选择较大直径的焊条；平焊时，允许用较大电流进行焊接，焊条直径可以大些；立焊、仰焊及横焊宜选择较小直径的焊条；多层焊的第一层焊缝，为防止产生未焊透缺陷，应采用小直径焊条。焊条直径选择不当易产生焊缝尺寸偏差。尺寸过小焊缝强度降低；尺寸过大，易产生应力集中，降低接头疲劳强度。

3）焊缝层数

焊缝层数应视焊件厚度而定，中厚板一般均采用多层焊。焊缝层数多些有利于提高焊缝的塑性、韧性，但焊件变形量也相应增加，可综合考虑后确定。

4）电源种类和极性

直流电源的电弧稳定，飞溅少，焊缝质量好，因此，重要焊接结构或厚板大刚度结构件的焊接，应采用直流弧焊电源。其余情况下，应优先考虑采用交流弧焊电源。碱性焊条施焊或薄板焊接，应采用直流反接。酸性焊条施焊，宜采用直流正接。

5）坡口尺寸和间隙大小

对接接头焊接时，可根据板厚采取不留间隙、留间隙、开 V 形坡口或开 U 形坡口。其他条件不变时，坡口间隙的尺寸增大，则焊缝熔深略有增加，而余高和熔合比显著减小。因此，通常用开坡口的方法控制焊缝的余高和调整熔合比。

2. CO_2 气体保护焊

CO_2 气体保护焊的工艺参数主要有电弧电压、焊接电流、焊接速度、焊丝伸处长度、气体流量、电源极性。工艺因素有喷嘴与工件的距离、焊接接头形式等。

1）电弧电压及焊接电流

电弧电压的大小决定了电弧的长短和熔滴的过渡形式，它对焊缝成形、飞溅、焊接缺陷以及焊缝的力学性能有很大的影响。只有电弧电压和焊接电流匹配得较合适时，才能获得稳定的焊接过程，并且飞溅小，焊缝成形好。

2）焊接速度

焊接速度对焊缝成形、接头的力学性能以及气孔等缺陷的产生都有影响，随着焊接速度增大，焊缝熔宽降低，熔深及余高也有一定减少。焊接速度过快会引起焊缝两侧咬肉。焊接速度太慢则容易产生烧穿和焊缝组织粗大等缺陷。

3）焊丝伸处长度

其他工艺参数不变时，随着焊丝伸处长度增加，焊接电流下降，熔深也减小，焊丝熔化加快，从提高生产率方面看这是有利的。但是，当焊丝伸出长度过大时，焊丝容易发生过热而成段熔断，飞溅严重，焊接过程不稳定。根据生产经验，合适的焊丝伸出长度应为焊丝直径的 10～12 倍，一般为 10～20mm，很少有超过 20mm 的。

4）气体流量

细丝小线量焊接时，气体流量的范围通常为 5～15L/min；中等规范时气体流量约为 20L/min；粗丝大线量自动焊时气体流量的范围一般为 25～50L/min。保护气体流量并非越大越好，流量过大易产生紊流，影响保护效果，使焊缝区出现气孔缺陷。

5）电源极性

CO_2 气体保护焊一般采用直流反极性，因为反极性时，飞溅小，电弧稳定，焊缝成形较好，而且焊缝金属含氢量低，焊缝熔深大。

3. 电阻点焊

电阻点焊工艺参数主要包括焊接电流、焊接时间、电极压力、电极工作端面的形状和尺寸。对电阻点焊焊接质量影响最大的工艺因素是焊前表面清理。

1）焊接电流

焊接电流是决定热量大小的主要因素，它直接影响熔核直径与焊透率，从而影响焊点强度。焊接电流应有一个范围，太小则不能形成熔核或熔核过小，太大则易产生飞溅或击穿。

2）焊接时间

焊接时间对析热和散热影响较大。用大电流、短时间的工艺参数，压坑深度小，热影响区小，焊件变形小，电极磨损慢，电能损耗小，生产率高；但要求电功率大和控制精确，容易产生飞溅。

3）电极压力

电极压力影响焊接区的加热程度和塑性变形程度。随着电极压力的增大，焊件的接触电阻和本身电阻会减小，电流密度会降低。为保证稳定的焊接质量，在增大电极压力的同时，应相应增加焊接电流和焊接时间，减少电极压力易产生焊点疏松和裂纹。

4）电极工作端面的形状和尺寸

电极工作端面的形状和尺寸通常按焊件结构形式、焊件厚度及表面质量要求等因素选取。球面电极因头部体积大，散热效果好，焊件表面压痕较浅，且为圆滑过渡，不会引起大的应力集中，并且上下电极安装时对中要求低，偏斜对焊点质量的影响较小而采用较多。

5）焊前表面清理

常用的清理方法有机械清理和化学清理两大类。机械清理可用旋转钢丝刷或金刚砂毡轮抛光，该方法设备简单，但劳动条件差，生产率低，质量不稳定，工件表面易划伤，且清理后表面电阻增加快，存放时间短。化学清理包括去油、酸洗、钝化等，用于批量生产，生产率高，质量稳定，存放时间也较长。

4. 搅拌摩擦焊

搅拌摩擦焊的工艺参数主要包括焊接压力、搅拌焊头倾角、搅拌焊头插入速度、搅拌焊头的形状、焊接速度和旋转速度，其中焊接速度和旋转速度是对搅拌摩擦焊焊接质量影响最大的工艺因素。

1）焊接速度

焊接速度主要影响单位长度焊缝吸收的热量。转速一定而焊速较慢时，单位长度焊缝能获得充足的热量，使被焊材料达到塑化状态并能充分流动，在搅拌焊头的作用下形成致密的焊缝，焊缝表面成形良好，比较光滑。反之，当焊速过快时，焊缝获得的热量较少，表面环状间距较大，不能形成足够的塑性区并充分流动，以致形成隧道型缺陷或在表面出现沟槽。

2）旋转速度

搅拌焊头的旋转速度对焊接过程中的摩擦产热有重要影响。在一定的焊接速度下，当搅拌焊头的旋转速度较低时，接头热输入量不足，焊缝金属流动不够充分，因而不能实现固相连接，在焊缝中易形成沟槽、孔洞等缺陷。随着旋转速度的提高，摩擦热源增大，热塑性流动层由上而下逐渐增大，使得焊缝中的孔洞逐渐减小；当转速上升到一定程度后，孔洞消失，形成致密的焊缝。当搅拌焊头转速过高时，会使搅拌针周围及轴肩下面材料的温度过高，从而形成其他缺陷，比如产生毛刺和表面起皮等表面缺陷。

3）焊接压力

焊接压力也是影响焊缝接头质量的一个重要参数。保持相同的搅拌焊头旋转速度和焊接速度，当改变搅拌焊头对工件的压力时，同样会影响焊缝的成形。当焊接压力较小时，会直接影响到焊接过程中的热输入量和材料的流动能力，表面热塑性金属"上浮"，溢出焊缝表面，焊缝内部由于缺少金属填充而形成孔洞、沟槽；若适当加大压力，会使焊缝成形得到改善。若焊接压力过大时，容易在焊缝表面产生飞边缺陷，因为搅拌摩擦焊接过程是一个焊缝材料体积不变的过程。此外，焊接压力还会影响焊接过程中的产热，当焊接压力过大时，轴肩与焊件表面摩擦力增大，摩擦热将使轴肩与软化的金属材料发生黏附现象，使焊缝两侧出现飞边和毛刺；同时，压力过大，金属材料被挤出，焊缝中心下凹量较大，不能形成良好的焊接接头，导致表面成形较差且力学性能不足。

4）搅拌焊头倾角

搅拌焊头倾角影响塑性流体的运动状态，从而对焊核的形成过程产生影响。

5）搅拌焊头插入速度

搅拌焊头插入速度决定搅拌摩擦焊起始阶段预热温度的高低，及能否产生足够的塑性变形和流体的流动。

6）搅拌焊头的形状

搅拌焊头的形状决定了搅拌摩擦焊过程的生热及焊缝金属的塑性流动，最终影响焊缝的成形及焊缝性能。

复习思考题

5-1　简述电弧焊接过程。绘制手工电弧焊操作线路连接示意图，并标注各部分的名称。

5-2　你在实习中使用的焊条类型、型号和规格是什么？举例说明型号各部分的意义。

5-3　在运条的基本操作中，焊条应完成哪几个运动？这些运动应满足什么要求？

5-4　简述激光焊、电子束焊和搅拌摩擦焊的特点和应用范围。

5-5　焊接变形有哪几种基本形式？常见的焊接缺陷有哪些？

第6章 钢的热处理与表面处理

★本章基本要求★

（1）熟悉热处理工艺过程。
（2）掌握锤子的淬火操作。
（3）了解锤子的发黑处理。

6.1 概　述

热处理是对金属在固态下通过加热、保温和不同的冷却方式，使其内部组织结构发生变化，从而得到所需性能的一种工艺方法。热处理一般由加热、保温和冷却 3 个阶段组成，其工艺曲线如图 6-1 所示。在机械制造中有 70%～80% 的零件需要经过热处理。热处理不仅广泛用于钢件，也应用于铸铁件和有色金属合金。

热处理时，金属在加热、保温过程中，内部组织结构发生变化，转变成高温组织状态，冷却时，可将高温组织状态保留下来或转变成另一种组织，金属的基本性能也随之改变。因此，不同的热处理工艺可获得不同的组织结构和性能，以满足机械加工生产的多种需要。

钢的热处理按加热和冷却方式的不同进行分类，如图 6-2 所示。

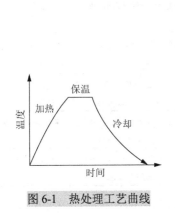

图 6-1　热处理工艺曲线

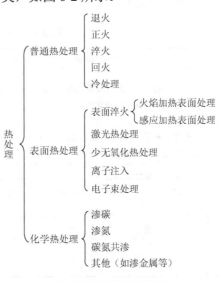

图 6-2　钢的热处理分类

6.2 钢的热处理设备

钢的热处理设备采用电阻加热炉，如图 6-3 所示。电阻加热炉的工作原理是利用电流通过电热元件产生的电阻热加热零件，同时用热电偶等电热仪表控制温度，炉门装有开启断电装置，打开炉门时能自动切断电源，确保安全。

图 6-3　电阻加热炉

热处理设备分类如下。

按热能来源分：燃料炉、电阻炉、感应炉。

按工作温度分：低温炉（650℃以下）、中温炉（650～1000℃）、高温炉（1000℃以上）。

按使用目的分：渗碳、淬火、回火、正常化、退火。

按炉膛介质分：真空、空气、可控气氛、盐浴、金属浴、氧化铝。

按热的传导分：辐射式、对流式、传导式。

按炉体形式分：卧式、塔式、箱式、坑式、覆盖式。

按作业时程分：连续式、批式。

按工件输送分：推进式、输送机式、绳式、振底式、滚底式。

6.3　钢的热处理工艺

钢的热处理工艺主要包括退火、正火、淬火、回火和调质处理等，见表 6-1。

正确的热处理工艺不仅可以改善钢材的工艺性能和使用性能，充分挖掘钢材的潜力，延长零件的使用寿命，提高产品质量，节约材料和能源，还可以消除钢材经铸造、锻造、焊接等热加工工艺造成的各种缺陷，细化晶粒、消除偏析、减小内应力，使组织和性能更加均匀。热处理在机械制造中有着重要的地位和作用，例如，汽车、拖拉机工业中需要进行热处理的零件占 70%～80%，机床工业中需要进行热处理的零件占 60%～70%，而各种工具、模具及轴承等需要 100%地进行热处理。表 6-1 为钢的热处理工艺简介。

表 6-1　钢的热处理工艺简介

名称	说明	应用
退火	退火是将工件加热到临界温度 A_{c3} 以上 30～50℃，保温一定时间，然后再缓慢冷却	降低硬度，改善切削加工性；消除残余应力，稳定尺寸，减少变形与裂纹倾向；细化晶粒，调整组织，消除组织缺陷
正火	在临界温度线 A_{c3} 或 A_{ccm} 以上 30～50℃，保温一段时间后，在空气中或喷水、喷雾或吹风冷却	通过细化晶粒和碳化物分布均匀化提高硬度，改善加工性能，去除材料内应力，防止变形与开裂
淬火	淬火是将工件加热到临界温度 A_{c3} 或 A_{c1} 以上温度，保温一段时间，然后在水、盐水或油中快速冷却	通过马氏体或贝氏体组织转变，大幅提高工件的刚性、硬度、耐磨性、疲劳强度以及韧性等
回火	回火是将淬火工件重新加热到 A_{c1} 线以下某一温度，然后在空气或水、油等介质中冷却	减小或消除淬火钢件中的内应力，或者降低其硬度和强度，以提高其延性或韧性
调质处理	淬火加高温回火的双重热处理	使工件具有良好的综合力学性能，以满足力学要求高的结构零部件的生产要求

钢在加热时的实际转变温度用 A_{c1}、A_{c3}、A_{ccm} 表示，钢冷却时的实际转变温度用 A_{r1}、A_{r3}、A_{rcm} 表示，如图 6-4 所示。通常把加热时的实际临界温度标以字母 "c"，如 A_{c1}、A_{c3}、A_{ccm}；把冷却时的实际临界温度标以字母 "r"，如 A_{r1}、A_{r3}、A_{rcm} 等。

其物理意义分别如下。

A_{c1}：加热时珠光体向奥氏体转变的温度。

A_{r1}：冷却时奥氏体向珠光体转变的温度。

A_{c3}：加热时先共析铁素体全部转变为奥氏体的终了温度。

A_{r3}：冷却时奥氏体向铁素体转变的开始温度。

A_{ccm}：加热时二次渗碳体全部溶入奥氏体的终了温度。

A_{rcm}：冷却时从奥氏体中开始析出二次渗碳体的温度。

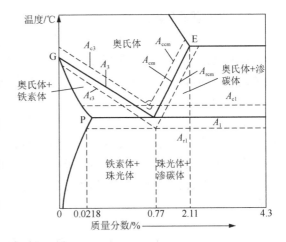

图 6-4　铁碳合金相图（部分）：显示 A_{c1}、A_{c3}、A_{ccm} 和 A_{r1}、A_{r3}、A_{rcm}

1. 钢的退火

钢的退火是将钢加热到一定温度，保温后再缓慢冷却（通常为随炉冷却）。通常退火是指完全退火。退火的目的为降低硬度、细化组织、消除内应力、改善加工性能。通常工件是锻件、铸件和焊接件等。退火的加热温度为 A_{c3}+（30～50℃）。退火的保温时间为 60min/mm（厚度）。

2. 钢的正火

钢的正火是将钢加热到 A_{c3} 或 A_{ccm} 线以上 30～50℃，保温适当的时间后，在空气中冷却的热处理。正火的目的为提高硬度、细化晶粒、消除网状碳化物。工件通常是中碳钢和低合金钢。正火的保温时间可参照退火。

3. 钢的淬火

钢的淬火是将钢加热到 A_{c1} 或 A_{c3} 以上 30～50℃，保温一段时间后快速冷却（选择合适的冷却介质），以获得马氏体组织的工艺操作。淬火的介质有水、油、盐水和碱水，其中盐水的冷却时间为 3～5s。淬火的目的是提高钢的硬度和耐磨性，延长其使用寿命。淬火的升温时间和保温时间的计算公式为

$$t = A \times K \times D \text{（min）}$$

式中，t 为加热时间；A 为加热系数，工件每毫米有效厚度；K 为工件装炉修正系数；D 为工件有效厚度。

4. 钢的回火

钢的回火是将淬火钢重新加热到 A_{c1}（727℃）线以下某一温度，然后冷却的热处理方法。回火后的性能主要不是取决于冷却方法，而是取决于加热温度。因此，回火可分为：高温回火（500～600℃），主要用于具有良好强度和韧性的机器零件；中温回火（350～500℃），主要用于弹簧钢；低温回火（150～250℃），主要用于刀具、轴承和冷变形模具。回火的目的为减少或消除淬火应力和脆性，提高韧性。一般采用空气炉 1～3h、盐炉 0.5～2h。回火时间的计算公式为

$$t = A \times D + B \text{（min）}$$

式中，t 为加热时间；A 为加热系数，工件每毫米有效厚度；D 为工件有效厚度；B 为工件装炉修正系数。

5. 钢的调质处理

钢的调质处理是钢淬火后高温回火的热处理方法。调质是淬火加高温回火的双重热处理，其目的是使工件具有良好的综合力学性能。调质常用于中碳（低合金）结构钢，也用于低合金铸钢中。通常对力学要求高的结构零部件都要进行调质处理。

钢材淬火时，要求整个截面淬透，使钢材得到以细针状淬火马氏体为主的显微组织。通过高温回火，得到以均匀回火索氏体为主的显微组织。调质处理后得到回火索氏体。回火索氏体是马氏体在回火时形成的，在光学镜相显微镜下放大 500 倍以上才能分辨出来。马氏体的回火组织是铁素体基体内分布着碳化物（包括渗碳体）球粒的复合组织。它是铁素体与粒状碳化物的混合物，铁素体为基本无碳的过饱和度，碳化物也为稳定型碳化物，故常温下是一种平衡组织。

6.4　钢的表面处理工艺

6.4.1　钢的表面热处理的工艺与方法

钢的表面热处理是对钢件表面加热、冷却而改变表层力学性能的金属热处理工艺。钢的表面淬火的目的是获得高硬度的表面层和有利的内应力分布，以提高工件的耐磨性能和抗疲劳性能。齿轮、轴等机械零件承受交变载荷，在摩擦条件下工作，故要求轮齿和轴颈的表面具有高硬度、高耐磨性，同时要求轮齿和轴的心部具有足够的韧性，为此需要通过选材或正火、调质来解决心部的性能问题，通过表面热处理则可解决表面的性能问题。

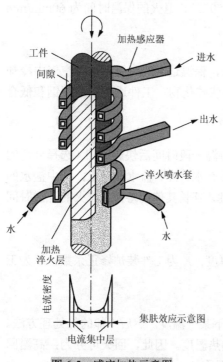

图 6-5　感应加热示意图

钢的表面热处理通常采用电磁感应加热表面淬火的方式，即利用电磁感应原理，零件处于交变磁场（感应线圈产生）中产生感应电流（涡流），从而产生热量（零件阻抗通电流产生的热量）使零件被加热，随后冷却淬火。电磁感应加热表面淬火（图 6-5）的特点：加热速度快，零件由室温加热到淬火温度仅需要几秒到几十秒；感应加热迅速，奥氏体晶粒不易长大，淬火后表层可获得细针马氏体，硬度比普通淬火的高 2～3HRC，淬火质量好；感应加热表面淬火的淬硬层深度易于控制，淬火操作易实现机械化和自动化，但设备较为复杂，故适用于大批量生产。

6.4.2　化学热处理的工艺与方法

钢的化学热处理是指工件置于一定温度的化学活性介质中保温，使一种或几种元素渗入其表层，以改变工件表层的化学成分、组织结构和性能的热处理工艺。化学热处理的种类很多，根据渗入元素的不同，可分为渗碳、渗氮、碳氮共渗、渗金属等。

随着工业技术的发展，对机械零件提出了各式各样的要求。例如，发动机上的齿轮和轴，不仅要求齿面和轴颈的表面硬而耐磨，还必须能够传递很大的转矩和承受相当大的冲击负荷；在高温燃气下工作的涡轮叶片，不仅要求表面能抵抗高温氧化和热腐蚀，还必须有足够的高温强度等。这类零件对表面和心部性能要求不同，采用同一种材料并经过同一种热处理是难以达到要求的。但通过改变表面化学成分和随后的热处理，就可以在同一种材料的工件上使表面和心部获得不同的性能，以满足上述要求。

化学热处理与一般热处理的区别在于：前者有表面化学成分的改变，而后者没有表面化学成分的变化。

1. 钢的表面化学热处理分类

根据所渗入元素的不同，可将钢的表面化学热处理分为渗碳、渗氮、渗硼、渗铝等。如果同时渗入两种以上的元素，则称为共渗，如碳氮共渗、铬铝硅共渗等。渗入钢中的元素，可以与铁形成固溶体，也可以与铁形成化合物。

2. 钢的表面化学热处理过程

钢的表面化学热处理可分为分解、吸收和扩散三个基本过程。

（1）分解是指零件周围介质中的渗剂分子发生分解，形成渗入元素的活性原子。

（2）吸收是指活性原子被金属表面吸收，其条件是渗入元素可与基体金属形成一定溶解度的固溶体，否则吸收过程不能进行。

（3）扩散是指渗入原子在金属基体中由表面向内部扩散，这是化学热处理得以不断进行并获得一定深度渗层的保证。从扩散的一般规律可知，要使扩散进行得快，必须要有大的驱动力（浓度梯度）和足够高的温度。渗入元素的原子被金属表面吸收、富集，造成表面与心部间的浓度梯度，在一定温度下，渗入原子就能在浓度梯度的驱动下向内部扩散。

3. 渗层的组织结构与形成过程

渗层的组织结构取决于组成渗层的合金系的相图。渗层的组织的形成过程分为纯扩散和反应扩散两种。

纯扩散：如果渗入元素与基体元素间形成连续固溶体，这种渗入元素的扩散称为纯扩散，在扩散温度下渗层为单相固溶体。

反应扩散：如果渗入元素在基体金属中的溶解度有限，则在扩散温度下随着表面溶质浓度的增加会形成新相（一般形成某种化合物），这种扩散称为反应扩散或相变扩散。

1）渗碳

钢的渗碳是钢件在渗碳介质中加热和保温，使碳原子渗入表面，获得一定的表面含碳量的工艺。具体方法是：将工件置入具有活性渗碳介质中，加热到 900～950℃的单相奥氏体区，保温足够时间后，使渗碳介质中分解出的活性炭原子渗入钢件表层，从而获得表层高碳，心部仍保持原有成分，这是机器制造中广泛应用的一种化学热处理工艺，如图 6-6 所示。渗碳的目的是使机器零件获得高的表面硬度、耐磨性及高的接触疲劳强度和弯曲疲劳强度。根据所用渗碳剂在渗碳过程中聚集状态的不同，渗碳方法可分为固体渗碳法、液体渗碳法和气体渗碳法三种。

图 6-6　渗碳过程图

2）渗氮

渗氮是在一定温度和一定介质中使氮原子渗入工件表层的化学热处理工艺。常见有液体渗氮、气体渗氮和离子渗氮。传统的气体渗氮是把工件放入密封容器中，通以流动的氨气并加热，保温较长时间后，氨气热分解产生活性氮原子，不断吸附到工件表面，并扩散渗入工件表层内，从而改变表层的化学成分和组织，获得优良的表面性能。渗氮能使工件比渗碳获得更高的表面硬度、耐磨性、热硬性和疲劳强度，同时还能提高工件的抗腐蚀性能。目前常用的渗氮方法是气体渗氮，渗氮工艺曲线如图 6-7 所示。

根据使用要求的不同，工件还可以采用其他的化学热处理方法，如碳氮共渗，可以获得比渗碳更高的硬度、耐磨性和疲劳强度；渗铝可提高零件的抗高温氧化性；渗硼可提高零件的耐磨性、硬度和耐蚀性；渗铬可提高零件的抗腐蚀性、抗高温氧化性及耐磨性等。

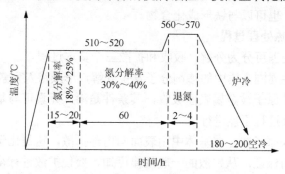

图 6-7　铬钢的渗氮工艺曲线

6.4.3　热处理工艺训练：淬火

试样材料：45 号钢，尺寸 $\phi20\text{mm}\times30\text{mm}$。淬火后，要求硬度范围为 50～58HRC，高温回火后，要求硬度范围为 25～30 HRC。

1）设备与工具准备

（1）SX2-8-10 型箱式电阻炉 4 台。

（2）HR-150A 型洛式硬度计 1 台。

（3）淬火水槽 1 台。

（4）钳子、金相砂纸、铁丝等。

2）操作步骤及要领

（1）淬火工艺：加热温度为（830±10）℃，保温时间为 15min，水冷。

（2）45 号钢淬火操作步骤及要领见表 6-2。

表 6-2　45 号钢淬火操作步骤及要领

序号	操作步骤	操作要领
1	领取试样	45 号钢试样，每位学生 1 个，分成 4 组，先做淬火工艺操作训练
2	检查设备是否正常	检查电源线、炉膛等是否正常
3	接通电源加热	将 4 台箱式电阻炉温度设定在 830℃保温，并观察温度显示
4	将试样分别装入炉内	当炉温达到 830℃时，装入试样淬火
5	加热	观察箱式电阻炉运转是否正常，观察电阻炉到设定的温度后是否进入保温状态，如温度进一步上升，则立即向指导老师报告

续表

序号	操作步骤	操作要领
6	保温	当箱式电阻炉到设定的温度后，开始记录保温时间，保温时间均为 15min
7	试样冷却	试样保温 15min 后，切断电源，打开炉门，用钳子夹出试样，迅速入水，并不断在盐水中搅动，以保证冷却均匀
8	安全检查	检查箱式电阻炉电源是否切断，炉门是否关闭

复习思考题

6-1　什么是热处理？其作用是什么？

6-2　什么是退火、正火、淬火及回火？各有什么作用？

6-3　热处理中易产生哪些缺陷？有什么危害？如何防止？

6-4　记录 45 号钢淬火后的硬度值，为什么同一型号的钢硬度值不一样？

第7章 钳 工

★本章基本要求★

（1）掌握平面工线的工艺基础知识。
（2）掌握划线工具的使用。
（3）掌握正确的锯割方法、锯条的安装及工件的装夹方法。
（4）掌握不同形状、材料的工件的锯割及装夹方法，并达到一定的加工精度。
（5）了解锯条折断的原因和防止方法。
（6）熟悉锯缝产生歪斜的几种因素及纠正的方法。
（7）了解锉削加工的定义、加工范围及加工精度。
（8）掌握锉刀的结构、锉齿、锉纹及锉刀的种类。

钳工操作

7.1 概　述

钳工由来：切削加工、机械装配和修理作业中的手工作业，因常在钳工台上用虎钳夹持工件操作而得名。

钳工作业主要包括锉削、锯削、划线、钻削、攻丝和套丝等。钳工是机械制造中最古老的金属加工技术。如今在机械制造过程中钳工仍是广泛应用的基本技术，其原因是：①划线、刮削、研磨和机械装配等钳工作业，至今尚无适当的机械化设备可以全部代替；②某些最精密的样板、模具、量具和配合表面，仍需要依靠工人的手艺做精密加工；③在单件小批生产、修配工作或缺乏设备条件的情况下，采用钳工制造某些零件仍是一种经济实用的方法。

钳工的优点是加工灵活、可加工形状复杂和高精度的零件、投资小；其缺点是生产效率低、劳动强度大、加工质量不稳定，操作者的技术水平直接决定工件的加工质量。

7.2 钳工加工设备

钳工常用设备有钳工工作台、台虎钳、划线平台、砂轮机、台式钻床、锤子、锯子和锉刀等。

（1）钳工工作台（图 7-1）：适用于各种检验工作，精密测量用的基准平面，用于机床机械测量基准，检查零件的尺寸精度或形位偏差，并做精密划线。在机械制造中也是不可缺少的基本工具。

（2）台虎钳（图 7-2）：又称虎钳，是用来夹持工件的通用夹具。装置在工作台上，用以夹持工件，为钳工车间必备工具。转盘式的钳体可旋转，使工件旋转到合适的工作位置。

（3）划线平台（图 7-3）：是一种生产工具，用于铸铁平板毛坯检验、机加工检验等。

图 7-1 钳工工作台

图 7-2 台虎钳

图 7-3 划线平台

（4）砂轮机（图 7-4）：用来刃磨各种刀具、工具的常用设备。其主要由基座、砂轮、电动机或其他动力源、托架、防护罩和给水器等组成。

（5）台式钻床（图 7-5）：简称台钻，是一种体积小巧、操作简便、通常安装在专用工作台上使用的小型孔加工机床。台式钻床钻孔直径一般在 13mm 以下，一般不超过 25mm。其主轴变速一般通过改变三角带在塔形带轮上的位置来实现，主轴进给靠手动操作。

（6）锤子（图 7-6）：是敲打物体使其移动或变形的工具，最常用来敲钉子，矫正或是将物件敲开。锤子有各式各样的形式，常见的形式是一柄把手以及顶部。

图 7-4 砂轮机

图 7-5 台式钻床

图 7-6 锤子

（7）锯子（图 7-7）：是用来把工件锯断或锯割开的工具。由带整齐锯齿的锯条和锯弓组成。

（8）锉刀（图 7-8）：是用碳素工具钢 T12 或 T13 经热处理后，再将工作部分淬火制成的，是一种小型生产工具。

图 7-7 锯子

图 7-8 锉刀

7.3 划 线

在毛坯或半成品上划出加工图形或加工界限的操作称为划线。划线有以下作用：作为加工的依据；检查毛坯形状、尺寸，剔除不合格毛坯；合理分配工件的加工余量。

7.3.1　划线工具及用途

划线工具主要用于机械加工中的划线工序，广泛用于单件或小批量生产中。对划线的基本要求是线条清晰匀称，定型、定位尺寸准确。由于划线的线条有一定宽度，一般要求精度达到 0.25～0.5mm。注意：工件的加工精度不完全由划线确定，应在加工过程中通过测量来保证。

常用的划线工具有划线平台、划针、划针盘、划规、样冲（中心冲）、直角尺、高度尺、V 形铁等。

（1）划线平台（图 7-9）：是划线的主要基准工具。划线平台要安放平稳、牢固，上平面要保持水平。平面要均匀使用，不许碰撞或敲击表面，要注意保持表面的清洁。长期不用时，应涂防锈油并盖上保护罩。

（2）划针（图 7-10）：是在工件表面划线的工具。划针用工具钢或弹簧钢丝制成，尖端磨成 15°～20°的尖角，并经热处理，硬度达 55～60HRC。划针要依靠钢尺或直尺等导线工具移动，并向外侧倾斜 15°～20°、向划线方向倾斜 45°～75°，要尽量做到一次划成，以使线条清晰、准确。

图 7-9　划线平台

图 7-10　划针

（3）划针盘（图 7-11）：用于立体划线和工件位置的校正。一般情况下，划针的直头用来划线，弯头用来找正。用划针盘划线时，应注意划针装夹要牢固，伸出不宜过长，以免抖动。底座要保持与划线平台紧贴，不能摇晃和跳动。

（4）划规（图 7-12）：是划圆或划弧线、等分线段、角度及量取尺寸等操作所使用的工具。划规两脚长度要磨得稍有不等，两脚合拢时脚尖才能靠紧，划圆弧时应将手力作用到作为圆心的一脚，以防中心滑移。其用法与制图中的划规类同。

（5）样冲（图 7-13）：是在划好的线上冲眼用的工具，通常用工具钢制成，尖端磨成 60°左右，并经过热处理，硬度高达 55～60HRC。冲眼是为了强化显示用划针划出的加工界线；在划圆时，需先冲出圆心的样冲眼，利用样冲眼作圆心，才能划出圆线。样冲眼也可以作为钻孔前的定心。

图 7-11　划针盘

图 7-12　划规

图 7-13　样冲

（6）直角尺（图 7-14）：用于检测工件的垂直度及工件相对位置的垂直度。

（7）高度尺（图 7-15）：也称高度游标卡尺，主要用于测量工件的高度，还可用于测量形状和位置公差尺寸，也可用于划线。

（8）V 形铁（图 7-16）：用于轴类检验、校正、划线，还可用于检验工件垂直度、平行度，另外可用于精密轴类零件的检测、划线、定位及机械加工中的装夹。

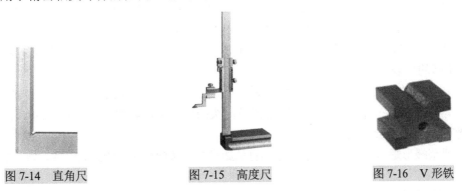

图 7-14　直角尺　　　　　图 7-15　高度尺　　　　　图 7-16　V 形铁

7.3.2 划线前的准备及划线步骤

1. 划线前的准备

（1）划线前，首先必须认真读图，弄清楚加工对象的使用目的、加工后的形状，考虑这些因素后再进行划线。划线工作会影响制品加工的形状和质量，所以划好线后，要用金属直尺检查尺寸正确与否。

（2）划线前，工件表面要涂涂料，这是为了使划的线醒目、容易辨别。涂料有很多种，可根据工件表面的不同来选择使用。有孔的工件，还要用铅块或木块堵孔，以便确定孔的中心。

（3）用划针、划线盘、高度游标卡尺、划规等在工件上划线，这些线是后续加工的基准（如图 7-17 所示的支承座应以设计基准 B 面和 A 线为划线基准），所以这些线必须尽量细、清楚和准确。

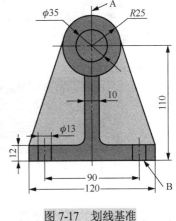

图 7-17　划线基准

2. 划线步骤

（1）划出基准。

（2）划尺寸线（区别于标注尺寸）。

（3）划轮廓线。

（4）冲眼。

7.4 锯 削

锯削是用锯切工具做旋转或往复运动，把工件、半成品切断或把板材加工成所需形状的切削加工方法。用锯对材料与工件进行切断和锯槽的加工方法称为锯削。锯不直（锯斜）有两种可能：沿锯缝方向锯斜或沿锯片方向锯斜。两种的锯斜都有一个共同原因：没有把握好拉锯时的方向，即垂直方向。想锯得直一定要在拉锯时控制好上述两个方向。

7.4.1　手锯

1．手锯的组成

手锯由锯弓和锯条两部分组成。

（1）锯弓：分为固定式和可调式两种。

（2）锯条：以两端装配孔中心之间的长度为公称尺寸，有 200mm、250mm、300mm 三种。"300×12×0.65，1.4"是指锯条长 300、宽 12、厚 0.65，锯齿间距 1.4，单位为 mm。锯条锯齿的粗细分为粗齿（1.6）、中齿（1.2）、细齿（0.8）三种，根据加工材料的硬度和厚度来选择。

2．手锯的安装

锯条与锯弓的安装：锯齿应向前装在锯弓上，松紧应适当，锯条不扭曲。

（1）锯弓平放，把锯条前头的孔装在锯弓前头的销钉上，如图 7-18（a）所示。注意：锯齿对着推的方向，不要装反。

（2）调整蝶形螺母，使锯弓前后两个销钉的距离与锯条前后两孔的距离一致，如图 7-18（b）所示。

（3）锯条后头的孔也装在锯弓后头的销钉上，如图 7-18（c）所示。

（4）拧紧蝶形螺母，使锯条绷紧，如图 7-18（d）所示。试着用手扭转锯条，以不易扭动为宜。

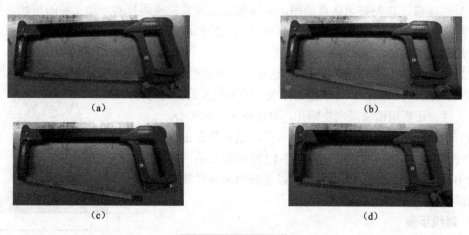

（a）　　　　　　　　　　　　（b）

（c）　　　　　　　　　　　　（d）

图 7-18　手锯的安装

7.4.2　锯削的基本操作

1．工件安装

工件伸出钳口不应过长，防止锯削时产生振动。锯线应与钳口边缘平行，并夹在台虎钳的左边，以便操作。工件要夹紧，并应防止变形和夹坏已加工表面。

锯削的运动有两种：一种是直线往复运动，适用于锯薄形工件和直槽；另一种是摆动式运动，锯割时锯弓两端做类似锉外圆弧面时的锉刀摆动，这种操作方式下，两手动作自然，不易疲劳，切削效率较高。

2．起锯方法

起锯的方式有两种：一种是从工件远离自己的一端起锯，称为远起锯；另一种是从工件靠近操作者身体的一端起锯，称为近起锯。通常采用远起锯。无论用哪一种起锯方法，起锯角度都不要超过 15°。为使起锯的位置准确和平稳，起锯时可用左手大拇指挡住锯条的方法来定位。

3．锯削速度和往复长度

锯削速度以每分钟往复 20～40 次为宜。速度过快锯条容易磨钝，反而会降低切削效率；速度太慢，效率不高。锯削时最好使锯条的全部长度都能进行锯割，一般锯弓的往复长度不应小于锯条长度的 2/3。

4．握锯的方法

用右手握锯柄，左手压在锯弓前端，锯削时，右手主要控制推力；左手主要配合右手扶正锯弓，并施加压力。推锯时，应对锯弓加压力，回程时不可加压力，并将锯弓稍微抬起，以减少锯齿的磨损。当工件要锯断时，应减小压力，放慢速度，并用左手托起锯断的工件一端，防止锯断部分下落，砸伤脚趾。

5．锯削时站立姿势

（1）身体正前方与台虎钳中心线成大约 45°角，右脚与台虎钳中心线成 75°角，左脚与台虎钳中心线成 30°角。握锯时，右手握柄，左手扶弓。推力和压力的大小主要由右手掌握，左手压力不要太大。锯削时，手锯向上摆动，当手锯推进时，身体略向前倾，双手握着手锯的同时，左手稍微上翘，右手稍微下压；当手锯回程时，右手稍微向上抬，左手自然跟回减小切削的阻力，提高工作效率，并且操作自然，双手不易疲劳。对锯缝底平面要求平直和薄壁的工件，锯削时，双手做直线运动，不能摆动。

（2）锯条与锯缝：锯削时操作不当，锯条会折断。应注意保护好眼睛，头离锯条远一点，抬起头。锯条会绷到手，左手放在锯弓上方较安全。累了不要蹲下来，防止旁边同学锯条折断绷到脸。锯齿折断或变钝后需更换新锯条，锯条有宽有窄。同种锯条的新锯条比旧锯缝要宽，需适应锯缝宽度才能往下继续锯削。

7.5　锉　削

锉削是用锉刀对工件表面进行切削加工，使工件达到所要求的尺寸、形状和表面粗糙度的操作。锉削精度可达 0.01mm，表面粗糙度可达 $Ra0.8\mu m$。

锉削的应用范围很广，可以锉削平面、曲面、外表面、内孔、沟槽和各种形状复杂的表面，还可以配键、做样板、修整个别零件的几何形状等。锉削是钳工的一项基本操作技能。

7.5.1　锉刀

1．锉刀的分类

钳工用锉刀分为平形、半圆形、圆形、方形、三角形五种，如图 7-19 所示。

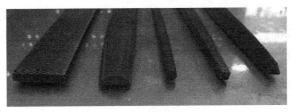

图 7-19　锉刀种类

2．锉刀的安装

新锉刀需装上手柄。手柄上已经开好了孔，把锉刀的柄部插入，注意锉刀本体和手柄要平行，用手挡住锉刀本体，然后在台虎钳上利用惯性把柄部打进去，如图 7-20 所示。

图 7-20　锉刀的安装

7.5.2　锉削的基本操作

1．装夹工件

工件必须牢固地装夹在虎钳钳口的中部，需锉削的表面略高于钳口，不能高得太多，夹持已加工表面时，应在钳口与工件之间垫以铜片或铝片。

2．锉刀的握法

正确握持锉刀有助于提高锉削质量。

（1）大锉刀的握法：右手心抵着锉刀木柄的端头，大拇指放在锉刀木柄的上面，其余四指弯在木柄的下面，配合大拇指捏住锉刀木柄，左手则根据锉刀的大小和用力的轻重，可有多种姿势。

（2）中锉刀的握法：右手握法大致和大锉刀握法相同，左手用大拇指和食指捏住锉刀的前端。

（3）小锉刀的握法：右手食指伸直，大拇指放在锉刀木柄上面，食指靠在锉刀的刀边，左手几个手指压在锉刀中部。

（4）什锦锉的握法：用右手拿着锉刀，食指放在锉刀上面，大拇指放在锉刀的左侧。

3．锉削的姿势

正确的锉削姿势能够减轻疲劳、提高锉削质量和效率。人的站立姿势为：左腿在前弯曲，右腿在后伸直，身体向前倾斜约 10° 左右，重心落在左腿上。锉削时，两腿站稳不动，靠左膝的屈伸使身体做往复运动，手臂和身体的运动要相互配合，并要使锉刀的全长充分利用。

4．锉刀的运用

锉削时锉刀的平直运动是锉削的关键。锉削的力有水平推力和垂直压力两部分。推力主要由右手控制，其大小必须大于锉削阻力才能锉去切屑，压力是由两个手控制的，其作用是使锉齿深入金属表面。由于锉刀两端伸出工件的长度随时都在变化，因此，两手压力大小必须跟随变化，使两手的压力均衡，这是保证锉刀平直运动的关键。锉刀运动不平直，工件中间就会凸起或产生鼓形面。锉削速度一般为每分钟 30～60 次，锉削速度太快，操作者容易疲劳，且锉齿易磨钝；锉削速度太慢，切削效率低。

7.5.3　平面锉削方法及锉削质量检验

1．平面锉削方法

平面锉削是最基本的锉削，常用方式有以下三种。

（1）顺向锉法：锉刀沿着工件表面横向或纵向移动，锉削平面可得到下正直的锉痕，比较美观，适用于工件锉光、锉平或锉顺锉纹。

（2）交叉锉法：是以交叉的两个方向顺序地对工件进行锉削。由于锉痕是交叉的，容易判断锉削表面的不平程度，因此也容易把表面锉平。交叉锉法去屑较快，适用于平面的粗锉。

（3）推锉法：两手对称地握着锉刀，用两大拇指推锉刀进行锉削。这种方式适用于较窄表面且已锉平、加工余量较小的情况，以修正和减少表面粗糙度。

2．锉削质量检验

（1）检查平面的直线度和平面度：用钢尺和直角尺以透光法来检查，要多检查几个部位并进行对角线检查。

（2）检查垂直度：用直角尺采用透光法检查，先选择基准面，然后对其他面进行检查。

（3）检查尺寸：根据尺寸精度用钢尺或游标卡尺在不同尺寸位置上多测量几次。

（4）检查表面粗糙度：一般用眼睛观察即可，也可用表面粗糙度样板进行对照检查。

3．锉削注意事项

（1）锉刀必须装柄使用，以免刺伤手腕。松动的锉刀柄应装紧后再用。

（2）不准用嘴吹锉屑，也不要用手清除锉屑。当锉刀堵塞后，应用钢丝刷顺着锉纹方向刷去锉屑。

（3）对铸件上的硬皮或黏砂、锻件上的飞边或毛刺等，应先用砂轮磨去，然后锉屑。

（4）锉屑时不准用手摸锉过的表面，因手有油污、再锉时易打滑。

（5）锉刀不能作橇棒或敲击工件，防止锉刀折断伤人。

（6）放置锉刀时，不要使其露出工作台面，以防锉刀跌落伤脚；也不能把锉刀与锉刀叠放或锉刀与量具叠放。

7.6 孔 加 工

孔加工一般分为钻孔、扩孔、铰孔、镗孔、拉孔。

7.6.1 孔加工设备及夹具

1．钻床

根据钻头的长短、工件的高度、台钳高度、孔的深度等来调整钻床工作时的高度。

2．钻头夹持器

钻头夹持器和钻头之间不能有垃圾或切屑进去，要旋紧夹持器的手柄。

3．台虎钳

如果孔的直径大，而且孔又深，工件的尺寸不是很大，就把工件夹在台虎钳里，这样比较安全。

7.6.2 钻孔、扩孔与铰孔

1．钻孔

钻孔是用钻头在工件上加工孔的工艺。各种零件的孔加工，除去一部分由车、镗、铣等机床完成外，大部分是由钳工利用钻床和钻孔工具（钻头、扩孔钻、铰刀等）完成的。钻床加工精度一般在 IT10 级以下，表面粗糙度为 $Ra12.5\mu m$ 左右，属粗加工。钻孔可作为扩孔前的预加工。

钻孔的主要工具是麻花钻，它是由切削部分、导向部分和柄部组成的。直径小于 12mm 时采用直柄钻头，大于 12mm 时采用锥柄钻头。麻花钻有两条对称的螺旋槽形成切削刃，且作输送切削液和排屑之用。前端的切削部分有两条对称的主切削刃，两条刃之间的夹角 2φ 称为锋角。两个顶面的交线称为横刃。导向部分上的两条刃在切削时起导向作用，同时能减小钻头与工件孔壁的摩擦。在钻床上钻孔时，通常钻头应同时完成两项运动：主运动（切削运动），即钻头绕轴线的旋转运动；辅助运动（进给运动），即钻头沿着轴线方向对着工件的直线运动。

钻孔前应预先在孔中心处打样冲眼，钻孔时，先对准样冲眼试钻一浅坑，如有偏位，可用样冲重新冲孔纠正，也可用錾子錾出几条槽来纠正。钻孔时，进给速度要均匀，将钻通时，进给量要减小。钻韧性材料时要加切削液。钻深孔（孔深 L 与直径 d 之比大于 5）时，钻头必须经常退出排屑。

2. 扩孔

扩孔是将钻孔底部或某些类型的基础墩的底部扩大，以便增加承载区域，减小空心毛坯壁厚，增加其内外径的制造工序。扩孔钻用于孔的半精加工或终极加工，以及铰孔、磨孔前的预加工或毛坯孔的扩大，扩孔钻有 3～4 个刃带，无横刃，前角和后角沿切削刃的变化小，加工时导向效果好，轴向抗力小，切削条件优于钻孔。扩孔尺寸公差等级可达 IT10～IT9，表面粗糙度 Ra 值可达 3.2μm。

3. 铰孔

铰孔是铰刀从工件孔壁上切除微量金属层，以提高其尺寸精度和孔表面质量的方法。铰孔是孔的精加工方法之一，在生产中应用很广。铰孔尺寸公差等级可达 IT8～IT7，表面粗糙度 Ra 值可达 0.8μm。对于较小的孔，相对于内圆磨削及精镗而言，铰孔是一种较为经济实用的加工方法。

7.6.3　攻螺纹与套螺纹

1. 攻螺纹

攻螺纹是钳工的重要内容之一，包括划线、钻孔、攻螺纹等环节。攻螺纹只能加工三角形螺纹，属连接螺纹，用于两件或多件结构件的连接。螺纹的加工质量直接影响构件的装配质量，因此，攻螺纹是钳工实习的重要教学环节。

划线准确是孔位尺寸的保证。划线前，首先要看懂图样和工艺要求，明确工作任务。然后清理划线表面，涂上酒精溶液，选择好划线基准，尽可能使划线基准和设计基准重合。通常采用划线盘对毛坯进行划线，对已加工好的表面则采用高度游标卡尺进行划线。划圆线时，先划出十字中心线再划圆线，大直径的圆可划多个圆线，用以钻孔时作参考线。线条要求清晰均匀，划完线后要仔细检查划线的准确性及是否有漏划线条，确认无误后再打上样冲。样冲应打在线条的中点，不可偏离线条，样冲在曲线上的冲点间距要小些。直线上的冲点间距可大些，短线至少有 3 个冲点，在线条的交叉转折处必须有冲点。冲点的深浅要掌握适当，薄壁上或光滑表面上的冲点要浅些，粗糙表面或厚壁上的中心孔位置则要深些。

钻孔的大小取决于孔内螺纹大径与螺距。在加工钢件和塑性较大的材料及扩张量中等的条件下，钻螺纹底孔用钻头直径 ϕ（mm）=螺纹大径 d（mm）-螺距 l（mm）；在加工铸铁和塑

性较小的材料及扩张量较小的条件下，钻螺纹底孔用钻头直径ϕ（mm）= 螺纹大径 d（mm）－
（1.05～1.1）螺距 l（mm）。

（1）钻孔：攻螺纹前要先钻孔，攻丝过程中，丝锥（图 7-21）牙齿对材料既有切削作用
又有挤压作用，所以一般钻孔直径 D 略大于螺纹的内径，可查表或根据下列经验公式计算：

加工钢料及塑性金属时　　　　　$D = d - P$

加工铸铁及脆性金属时　　　　　$D = d - 1.1P$

式中，d 为螺纹外径（mm）；P 为螺距（mm）。

若孔为盲孔（不通孔），由于丝锥不能攻到底，所
以钻孔深度要大于螺纹长度，其大小按下式计算：

孔深度=要求的螺纹长度+d（螺纹外径）

（2）攻螺纹时，需用到丝锥与铰杠，手工用丝锥是
三枚为一套。从丝锥的切入部分最长的开始，依次称为头
锥、二锥、三锥，如图 7-21 所示。一般先用头锥，再用

图 7-21　丝锥

三锥。实际上二锥几乎不用。两手握住铰杠中部，均匀用
力，使铰杠保持水平转动，并在转动过程中对丝锥施加垂直压力，使丝锥切入孔内 1～2 圈。

（3）用 90°角尺，检查丝锥与工件表面是否垂直。若不垂直，丝锥要重新切入，直至垂直。

（4）深入攻螺纹时，两手紧握铰杠两端，正转 1～2 圈后反转 1/4 圈。在攻螺纹过程中，
要经常用毛刷对丝锥加注机油。在攻螺纹盲孔时，攻螺纹前要在丝锥上做好螺纹深度标记。
在攻丝过程中，要经常退出丝锥，清除切屑。在攻较硬的材料时，可将头锥、二锥交替使用。

（5）将丝锥轻轻倒转，退出丝锥，注意退出丝锥时不能让丝锥掉下。

2. 套螺纹

1）套螺纹工具（图 7-22）

套螺纹工具有板牙和板牙架。

（1）板牙：加工外螺纹的刀具。

（2）板牙架：用来夹持板牙、传递转矩的工具。

图 7-22　套螺纹工具与棒料

2）套螺纹的方法

（1）圆杆直径的确定。

与攻螺纹相同，套螺纹时有切削作用，也有挤压金属的作用，故套螺纹前必须检查圆杆
直径。圆杆直径应稍小于螺纹的公称尺寸，圆杆直径可查表或按以下经验公式计算：

圆杆直径=螺纹外径 d-(0.13～0.2)螺距 P

（2）圆杆端部的倒角。

套螺纹前圆杆端部应倒角，使板牙容易对准工件中心，同时也容易切入。倒角长度应大

于一个螺距，斜角为 15°～30°。

3）套螺纹的操作要点和注意事项

（1）每次套螺纹前应将板牙排屑槽内及螺纹内的切屑清除干净。

（2）套螺纹前要检查圆杆直径大小和端部倒角。

（3）套螺纹时切削转矩大，易损坏圆杆的已加工面，所以应使用硬木制的 V 形槽衬垫或用厚铜板作保护片来夹持工件。工件伸出钳口的长度，在不影响螺纹要求长度的前提下，应尽量短。

（4）套螺纹时（图 7-23），板牙端面应与圆杆垂直，操作时用力要均匀。开始转动板牙时，要稍加压力，套入 3～4 牙后，可只转动而不加压，并经常反转，以便断屑。

（5）在钢制圆杆上套螺纹时要加机油润滑。

图 7-23　套螺纹实例

复习思考题

7-1　锯削软材料或厚材料用（　　）齿锯条。锯削硬钢、薄壁管选用（　　）齿锯条。锯铸铁中等厚度工件用（　　）齿锯条。

7-2　锯削过程中，锯条折断的原因可能是什么？

7-3　锯削工件时，应注意哪些事项才能锯得又快又好？

7-4　钻通孔时，工件上表面的孔很"正"，但下表面钻出来的孔是"歪"的，可能是什么原因造成的？

7-5　通过钳工实训，你自身（包括思想上的与动手上的）真正有何提高？有何想法？

第 8 章　金属切削加工的基础知识

★本章基本要求★

（1）了解金属切削加工的基本方法及要求。
（2）掌握几何量精密测量的知识和测量仪器的使用能力。
（3）掌握机械零件的长度尺寸测量方法和测量误差处理。
（4）掌握机械零件画图的基本方法。

8.1　概　　述

金属切削加工是机械制造的一项主要内容。它是利用金属切削机床，辅以相应控制系统来控制刀具与工件的相对位置、运动速度、运动轨迹及运动循环，使切削加工顺利进行，完成预定的加工任务。

8.2　切削运动与切削用量

8.2.1　切削运动

机械零件上的每一个表面都可以看作一条母线沿一条导线运动的轨迹，圆柱面、圆锥面、平面和成形面等都是零件的主要组成表面。切削加工时，零件的实际表面加工就是通过刀具与工件之间的相互作用和相互运动形成的。

切削加工时，刀具与工件之间的相对运动，称为切削运动（图 8-1）。切削运动分为主运动和进给运动。

主运动是切削的基本运动。在切削运动中，主运动的速度最高，消耗的动力也最多。机床的主运动只有一个。

进给运动是工件不断投入切削，配合主运动连续加工出完整表面的运动。通常，机床进给运动的运动速度较低，消耗的动力较少。机床的进给运动可以由一个、两个或多个组成。

切削加工中，通常由三个要素来描述和调整切削加工过程，这就是切削用量三要素，即切削速度、进给量（进给速度）和切削深度。

切削速度：在切削加工时，刀具切削刃上的某一点相对于待加工表面在主运动方向上的瞬时速度，称为切削速度。

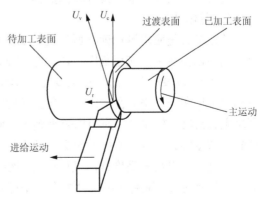

图 8-1　切削运动示意图

进给量和进给速度：进给量是指工件或刀具每转一次或往复一次时，工件与刀具在进给运动方向上的相对位移。进给速度是指单位时间内工件与刀具在进给运动方向上的相对位移。

切削深度：是指工件已加工表面和待加工表面间的垂直距离。

8.2.2　切削用量

在相同的加工条件下，选用不同的切削用量，会产生不同的切削效果。切削用量选得过低，降低生产率，增加生产成本；切削用量选得过高，刀具磨损加快，降低加工质量，增加磨刀时间和材料消耗，也会影响生产率和成本。因此，合理选择切削用量，对提高生产率、保证刀具寿命、经济性和加工质量都有重要意义。

合理的切削用量是：能保证工件的质量要求（主要是加工精度和表面粗糙度）并在工艺系统强度和刚性许可的条件下，充分利用机床功率和发挥刀具切削性能时的最大切削用量。

在毛坯确定的情况下，提高切削用量三要素中任何一个要素都可以缩短加工时间，提高生产率。但不能同时提高三个要素，否则机床系统将不能适应切削条件，同时将降低刀具寿命，所以一般提高其中之一时，必须适当降低其他两者。

粗加工时的切削用量，一般是以提高生产率为主，但也应考虑经济性和加工成本。提高切削速度、加大进给量和切削深度都能提高生产率。但对刀具影响最小的是切削深度，其次是进给量，影响最大的是切削速度。这是因为切削速度对切削温度的影响最大，温度升高，刀具磨损加快，寿命明显下降。因此，合理选择粗加工切削用量首先应该选择尽量大的切削深度，其次选择一个较大的进给量，最后根据已选定的切削深度和进给量，并在刀具寿命和机床功率许可的条件下选择一个合理的切削速度。

8.3　常用测量工具

测量时使用的工具称为测量工具，按结构的复杂程度可分为量具和量仪。

8.3.1　量具

量具是指测量时，以固定形式体现量值的计量器具。量具的特点是结构简单，一般没有指示器，不包含测量过程中运动着的测量元件。

实习中常用的测量工具有游标量具、螺旋测微量具和偏摆仪量具。

1. 游标量具

游标量具是应用游标读数原理制成的量具。游标量具结构简单，使用方便，测量精度中等，测量范围较大，应用范围广泛，常用于测量产品的内、外尺寸（长度、宽度、厚度、内径和外径），以及孔距、高度和深度等。游标量具中应用最多的是游标卡尺。游标卡尺的读数机构由主尺和一个安装在主尺上的带游标的滑动副尺组成。游标卡尺（图8-2）的读数精度可利用主、副尺上刻线之间的距离差来确定。使用游标卡尺时，应使卡脚逐渐与工件表面靠近，达到轻微接触。注意：游标卡尺必须放正，切忌歪斜，以免测量不准。

高度游标卡尺既是检具，又可作为划线工具。因为有一个稳定的垂直尺身的基准底座，能够在检测时，保证测量中尺寸方向的平行垂直关系，所以在某些检测项目上更加方便准确，而且能够测量到一些普通游标卡尺量不到的地方。

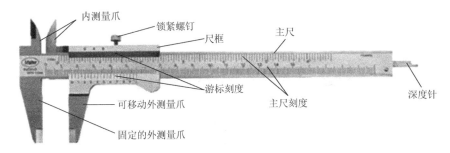

图 8-2　游标卡尺的组成

2. 螺旋测微量具

螺旋测微量具是应用测微螺旋副将微小直线位移变为便于目视的角位移，实现对外径、内径、深度等尺寸的测量。螺旋测微量具中应用最多的是外径千分尺和内径千分尺。千分尺的读数机构由固定套筒和活动套筒组成。

1）外径千分尺

（1）外径千分尺的简介。

千分尺是比游标卡尺更精密的长度测量仪器，外径千分尺的组成如图 8-3 所示。它的量程为 0～25mm，分度值是 0.01mm。千分尺由固定的尺架、测砧、测微螺杆、固定套管、微分筒、测力装置和锁紧装置等组成。

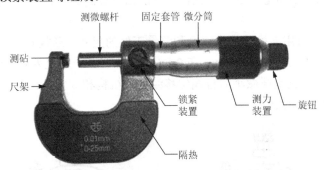

图 8-3　外径千分尺的组成

（2）外径千分尺刻度及分度值。

固定套管上的水平线上、下各有一列间距为 1mm 的刻度线，上侧刻度线在下侧两相邻刻度线中间。微分筒上的刻度线是将圆周分为 50 等分的水平线，它是做旋转运动的。根据螺旋运动原理，当微分筒旋转一周时，测微螺杆前进或后退一个螺距（0.5mm）。即当微分筒旋转一个分度后，它转过了 1/50 周，这时螺杆沿轴线移动了 1/50×0.5mm=0.01mm，因此，使用千分尺可以准确读出 0.01mm 的数值。

2）内径千分尺

内径千分尺（图 8-4）用于内尺寸精密测量（分单体式和接杆）。

3. 偏摆仪量具

偏摆仪量具（图 8-5）是用于测量轴类零件径向跳动误差的仪器。利用顶尖定位轴类零件，转动被测零件，测头在被测零件径向直接测量零件的径向跳动误差。

图 8-4　内径千分尺

图 8-5　偏摆仪

8.3.2　量仪

量仪是指将被测量内容转换成可直接观察的指示值或等效信息的计量器具。量仪的特点是结构较复杂，本身包含可运动的测量元件，并能指示被测量的具体数值。

1. 百分表

百分表（图 8-6）可用来检验机床精度和测量工件的尺寸、形状和位置误差。按测量尺寸范围，百分表可分为 0～3mm、0～5mm 和 0～10mm 三种，分度值为 0.01mm，借助齿轮、测量杆上齿条的传动，将测量杆微小的直线位移经传动机构和放大机构转变为表盘上指针的角位移，从而指示出相应的数值。

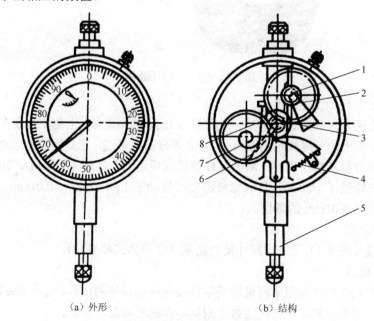

（a）外形　　　　　　　（b）结构

图 8-6　百分表的外形与结构

1-小齿轮；2、7-大齿轮；3-中间齿轮；4-弹簧；5-测量杆；6-指针；8-游丝

百分表的分度原理：百分表的测量杆移动 1mm，通过齿轮传动系统，使大指针沿刻度盘转动一周，刻度盘沿圆周刻有 100 个刻度，当指针转过一格时，表示所测量的尺寸变化为 1mm/100=0.01mm，所以百分表的分度值为.01mm。

百分表操作方法：测量前应检查表盘玻璃是否破裂或脱落，测量头、测量杆、套筒等是否有碰伤或锈蚀，指针有无松动现象，指针的转动是否平稳等。测量时，应使测量杆垂直零件被测表面。测量圆柱面的直径时，测量杆应压缩 0.3～1mm，保持一定的初始测量力，以免有负偏差时得不到测量数据。测量时应轻提量杆，移动工件至测量头下面（或将测量头移至工件上），再缓慢向下与被测表面接触。不能快速放下测量杆，否则易造成测量误差。禁止将工件强行推入至测量头下，以免损坏百分表。

使用百分表座及专用夹具，可对长度尺寸进行相对测量。测量前先用标准件或量块校对百分表，转动表圈，使表盘的零刻线对准指针，然后再测量工件，从表中读出工件尺寸相对标准或量块的偏差，从而确定工件尺寸。

使用百分表及相应附件还可测量工件的直线度、平面度及平行度等误差，以及在机床上或者其他专用装置上测量工件的跳动误差等。

2. 千分表

千分表的用途、结构形式及工作原理与百分表相似，也是通过齿轮齿条传动机构把测量杆的直线移动转变为指针的转动，并在表盘上指示出数值。但是，千分表的传动机构中齿轮传动的级数要比百分表多，因而放大比更大，分度值更小，测量精度也更高，可用于较高精度的测量。千分表的分度值为 0.001mm，示值范围为 0～1mm。

3. 内径百分表

内径百分表由百分表和专用表架组成（图 8-7），用于测量孔的直径和孔的形状误差，特别适于深孔的测量。内径百分表测量孔径属于相对测量法，测量前应根据被测孔径的大小，用千分表或其他量具将其调整好才能使用。

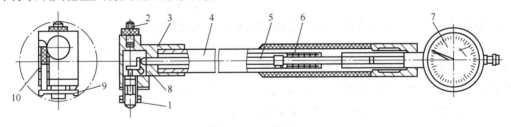

图 8-7　内径百分表

1-活动测头；2-可换测头；3-表架头；4-表架套杆；5-传动杆；6-测力弹簧；7-百分表；8-杠杆；9-定位装置；10-定位弹簧

4. 杠杆百分表

杠杆百分表是把杠杆测头的位移（杠杆的摆动），通过机械传动系统转变为指针在表盘上的偏转。杠杆百分表表盘圆周上有均匀的刻度，分度值为 0.01mm，示值范围一般为±0.4mm。当杠杆测头的位移为 0.01mm 时，杠杆齿轮传动机构使指针偏转一格。杠杆百分表体积较小，杠杆侧头的位移方向可以改变，在校正工件和测量工件时都很方便，特别适宜对小孔的测量和在机床上校正零件。

对于上述各种量仪的维护保养注意事项如下。

（1）提压测量杆的次数不要过多，距离不要过大，以免损坏机件及加剧零件磨损。测量时，测量杆的行程不要超过它的示值范围，以免损坏表内零件。

（2）调整时应避免剧烈振动和碰撞，不要使测量头突然撞击在被测表面上，以防测量杆弯曲变形，更不能敲打表的任何部位。

（3）表架要放稳，以免百分表落地摔坏。使用磁性表座时要注意表座的旋钮位置。严防水、油、灰尘等进入表内，不要随便拆卸表的后盖。百分表使用完毕后，要擦净放回盒内，使测量杆处于自由状态，以免表内弹簧失效。

5. 水平仪

水平仪是测量被测表面相对水平面微小倾角的一种计量器具，在机械制造中，常用来检测工件表面或设备安装的水平情况，如检测机床、仪器的底座，工作台面及机床导轨等的水平情况；还可以用水平仪检测导轨、平尺、平板等的直线度和平面度误差，以及测量两工作面的平行度和工作面相对于水平面的垂直度误差等。

水平仪的测量精度（即分度值）是以气泡移动 1 格，被测表面在 1m 距离上的高度差表示，或以气泡移动 1 格被测表面倾斜的角度数值表示。例如，读数值为 0.02/1000mm 的水平仪，表示气泡移动 1 格时，1000mm 距离上的高度差为 0.02mm。如以倾斜角表示，则

$$\theta = \frac{0.02}{1000} \times 206265 \approx 4''$$

利用水平仪来测量某一平面的倾斜程度时，如用倾斜角表示，则

$$倾斜角=每格的倾斜角×格数$$

如用平面在长度上的高度差表示，则

$$高度差=水准器的读数值×平面长度×格数$$

例如，利用读数值为 0.02mm/1000mm（4''）的水平仪测量长度为 600mm 的导轨工作面倾斜程度，如气泡移动 2.5 格，则倾斜的高度差为

$$h = (0.02mm/1000mm) \times 600mm \times 2.5 = \frac{0.02mm \times 600mm \times 2.5}{1000mm} = 0.03mm$$

水平仪通常有两种读数方法：绝对值读数法和平均值读数法。

（1）绝对值读数法：水准器气泡在中间位置时读作 0。以零线为基准，气泡向任意一端偏离零线的格数，就是实际偏差的格数。通常都把偏离起端向上的格数作为"＋"，而把偏离起端向下的格数作为"－"。测量中，习惯上大都是由左向右进行测量，把气泡向右移动作为"＋"，向左移动作为"－"，图 8-7（a）为+2 格。

（2）平均值读数法：当水准器的气泡静止时，读出气泡两端各自偏离零线的格数，然后将两格数相加除以 2，取其平均值作为读数。如图 8-8（b）所示，气泡右端偏离零线为+3 格，气泡左端偏离零线为+2 格，其平均值为（+3+2）/2=2.5（格）。

水平仪的种类有条式水平仪、框式水平仪和合像水平仪，下面以框式水平仪和合像水平仪为例简要说明。

（1）框式水平仪：框式水平仪的外形如图 8-9 所示，它由横水准器、主体把手、主水准器、盖板和调零装置组成。框式水平仪不仅能测量工件的水平表面，还可用它的测量面与工件的被测表面相靠，检测其对水平面的垂直度。框式水平仪的框架规格有 150mm×150mm、200mm×1300mm、250mm×1350mm、300mm×1300mm 等几种，其中 200mm×200mm 最为常用。

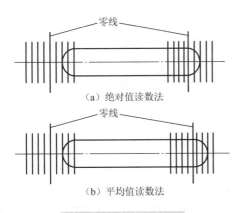

（a）绝对值读数法

（b）平均值读数法

图 8-8 水平仪读数方法

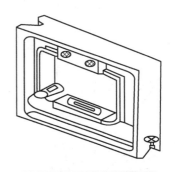

图 8-9 框式水平仪的外形

（2）合像水平仪：合像水平仪的结构如图 8-10 所示，主要由水准器、放大杠杆、测微螺杆和光学合像棱镜等组成。合像水平仪的水准器安装在杠杆架的低杆上，它的位置可用微动旋钮通过测微螺杆与杠杆系统进行调整。水准器内的水泡，经三个不同位置的棱镜反射至观察窗放大观察（分成两半合像）。当水准器不在水平位置时，气泡 A/B 两半不对齐；当水准器在水平位置时，气泡 A、B 两半就对齐，如图 8-10（c）所示。

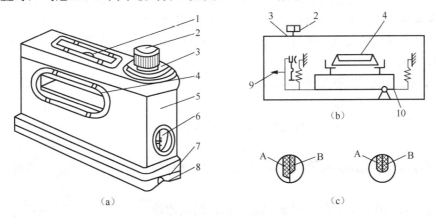

（a）

（b）

（c）

图 8-10 合像水平仪的结构

1-观察窗；2-微动扭转；3-微分盘；4-主水准器；5-壳体；6-毫米/米刻度；7-底工作面；8-V 形工作面；9-指针；10-杠杆

使用读数值为 0.01mm/1000mm 的光学合像水平仪时，先将水平仪放在工件被测表面上，此时气泡 A、B 一般不对齐，用手转动微分盘的旋钮，直到两半气泡完全对齐。此时表示水准器平行水平面，而被测表面相对水平面的倾斜程度就等于水平仪底面对水准器的倾斜程度，这个数值可从水平仪的读数装置中读出。

读数时，先从刻度窗口读数，此 1 格表示 1000mm 长度上高度差为 1mm，再看微分盘上的格数，每格表示 1000mm 长度的高度差为 0.01mm，将两者相加就得所需的数值。例如，窗口刻度中的示值为 1mm，微分盘刻度的格数是 16 格，其读数就是 1.16mm，即在长度 1000mm 上的高度差为 1.16mm。

如果工件的长度不是 1000mm，而是 N，则在长度 N 上的高度差为长度 1000mm 上的高度差×N/1000。

6. 塞尺（厚薄片）

塞尺（图 8-11）是用来检验两个结合面之间间隙大小的片状量规。塞尺有两个平行的测

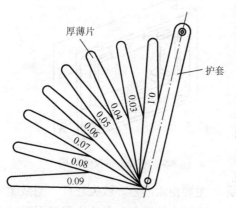

厚薄片

护套

0.1
0.03
0.04
0.05
0.06
0.07
0.08
0.09

图 8-11　塞尺

量平面，其长度制成 50mm、100mm 或 200mm，由若干片叠合在夹板里。使用塞尺时，根据间隙的大小，可用一片或数片重叠在一起进行塞入检验，并做两次以上极限尺寸的检验后才能得出其间隙的大小。例如，用 0.04mm 的塞片可以塞入，而用 0.05mm 的塞片不能塞入，则其间隙为 0.04～0.05mm。塞尺的塞片很薄，容易弯曲和折断，测量时不能用力太大，还应注意不能测量温度较高的工件，用毕要擦拭干净，及时合到夹板中。

7. 三坐标测量仪

三坐标测量仪（图 8-12）是指在一个六面体的空间范围内，能够表现几何形状、长度及圆周分度等测量能力的仪器，又称为三坐标测量机或三坐标量床。三坐标测量仪是具有三个方向移动的探测器，可在三个相互垂直的导轨上移动，该探测器以接触或非接触等方式传递信号，三个轴的位移测量系统通过数据处理器或计算机等计算出工件的各点（x, y, z）及各项功能测量的仪器。三坐标测量仪的测量功能包括尺寸精度、定位精度、几何精度及轮廓精度等。

三坐标测量仪的特点如下。

（1）高稳定性优质铸铁基础框架。

（2）手动、自动两种操作方式任选。

（3）操作简单易学，界面可视化程度高，应用语言多，适应范围广。

（4）气浮导轨，高品质测量，高精度探针，用以确保精确的测量。

（5）花岗岩工作平台，提升整机稳定性能，确保测量的精确度。

任何几何形状都是由空间点组成的，所有的几何量测量都可以归结为空间点的测量，因此，精确进行空间点坐标的采集，是评定任何几何形状的基础。

图 8-12　三坐标测量仪

三坐标测量仪的基本原理是将被测零件放入允许的测量空间，精确地测出被测零件表面的点在空间三个坐标位置的数值，将这些点的坐标数值经过计算机数据处理，拟合形成测量元素，如圆、球、圆柱、圆锥、曲面等，经过数学计算的方法得出其形状、位置公差及其他几何量数据。

在测量技术上，光栅尺及以后的容栅、磁栅、激光干涉仪的出现，把尺寸信息数字化，不但可以进行数字显示，而且为几何量测量的计算机处理和控制打下基础。

8.3.3　量具的使用方法

1. 游标卡尺

1）握尺方法

用手握住主尺，四个手指抓紧，大拇指按在游标卡尺的右下侧半圆轮上，并用大拇指轻轻移动游标使活动测量爪能卡紧被测物体，略旋紧固定螺钉后，再进行读数。

2）测量原理

游标卡尺的读数装置是由尺身和游标两部分组成的，当尺框上的活动测量爪与尺身上的固定测量爪贴合时，尺框上游标的"0"刻线（简称游标零线）与尺身的"0"刻线对齐，此时测量爪之间的距离为零。测量时，需要尺框向右移动到某一位置，这时活动测量爪与固定测量爪之间的距离，就是被测尺寸。

3）读数

（1）先读整数：看游标零线的左边，尺身上最靠近的一条刻线的数值，读出被测尺寸的整数部分。

（2）再读小数：看游标零线的右边，数出游标第几条刻线与尺身的数值刻线对齐，读出被测尺寸的小数部分（即游标读数值乘其对齐刻线的顺序数）。

（3）得出被测尺寸：把上面两次读数的整数部分和小数部分相加，就是卡尺的所测尺寸。

2. 注意事项

（1）用量爪卡紧物体时，用力不能太大，否则会使测量不准确，并容易损坏卡尺。卡尺测量不宜在工件上随意滑动，防止量爪面磨损。

（2）卡尺使用完毕后，要擦拭干净，将两尺零线对齐，检查零点误差是否变化，再小心放入卡尺专用盒内，存放于干燥处。

3. 螺旋测微量具

1）外径千分尺

（1）外径千分尺的零位校准。

① 松开锁紧装置，清除油污。

② 确认测砧与测微螺杆间接触面清洗干净。微分筒端面是否与固定套筒的零刻度线重合。重合标志：微分筒端面与固定刻度零线重合，同时可动刻度零线与固定刻度水平横线重合。

③ 不重合时的处理方法：先旋转旋钮，至螺杆快接近测砧时，旋转测力装置，当螺杆刚与测砧接触时会听到"喀喀"声，停止转动确认是否重合。

（2）外径千分尺的测量方法。

使用千分尺测量工件（图 8-13），当测量螺杆快要接触工件时，必须使用端部棘轮，当棘轮发出"嘎嘎"打滑声时，表示压力合适，停止拧动。工件测量前要把表面擦干净，并准确放在百分尺测量面间，不得偏斜。测量时不能先锁紧螺杆，后用力卡过工件。否则将导致螺杆弯曲或测量面磨损，从而降低测量准确度。

① 将被测物擦干净，千分尺使用时要轻拿轻放。

② 松开千分尺锁紧装置，校准零位，转动旋钮，使测砧与测微螺杆之间的距离略大于被测物体。

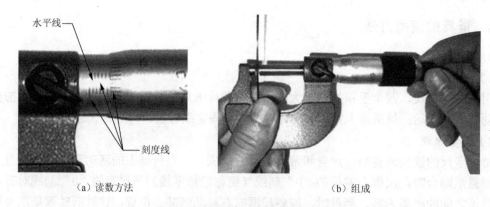

（a）读数方法　　　　　　　　　　　　（b）组成

图 8-13　使用外径千分尺测量工件

③ 一只手拿千分尺的尺架，将待测物置于测砧与测微螺杆的端面之间，另一只手转动旋钮，当螺杆要接近物体时，改旋测力装置直至听到"喀喀"声后再轻轻转动 0.5～1 圈。

④ 旋紧锁紧装置（防止移动千分尺时螺杆转动），即可读数。

（3）外径千分尺的读数。

如图 8-14 所示，先以微分筒的端面为准线，读出固定套管下刻度线的分度值；再以固定套管上的水平横线作为读数准线，读出可动刻度上的分度值，读数时应估读到最小度的十分之一，即 0.001mm。

如微分筒的端面与固定刻度的下刻度线之间无上刻度线，测量结果即下刻度线的数值加可动刻度的值；如微分筒端面与下刻度线之间有一条上刻度线，测量结果应为下刻度线的数值加上 0.5mm，再加上可动刻度的值。

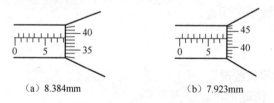

（a）8.384mm　　　　　　　　　　　（b）7.923mm

图 8-14　外径千分尺的读数

（4）外径千分尺零误差的判定。

校准好的千分尺，当测微螺杆与被测物接触后，可动刻度上的零线与固定刻度上的水平横线对齐，如图 8-15（a）所示；如果没有对齐，测量时就会产生系统零误差。如无法消除零误差，则应考虑它们对读数的影响。

① 可动刻度的零线在水平横线上方，且第 x 条刻度线与横线对齐，即说明测量时的读数要比真实值小 $x/100$mm，这种零误差称为负零误差，如图 8-15（b）所示。

② 可动刻度的零线在水平横线下方，且第 y 条刻度与横线对齐，则说明测量时的读数要比真实值大 $y/100$mm，这种误差称为正零误差，如图 8-15（c）所示。

对于存在零误差的千分尺，测量结果应等于读数减去零误差，即

物体直径=固定刻度读数+可动刻度读数−零误差

（5）外径千分尺的保养及保管。

外径千分尺应轻拿轻放，将测砧、微分筒擦拭干净，避免切屑粉末、灰尘影响；将测砧

分开，拧紧固定螺丝，以免长时间接触而造成生锈；不得放在潮湿、温度变化大的地方。

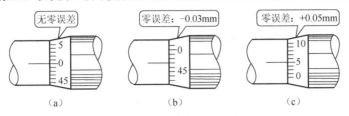

图 8-15　外径千分尺的误差计算方法

2）内径千分尺

（1）测量方法。

① 内径千分尺在测量及使用时，必须用尺寸最大的接杆与其测微头连接，依次顺接到测量触头，以减少连接后的轴线弯曲。

② 测量时应看测微头固定和松开时的变化量。

③ 在日常生产中，用内径尺测量孔时，将其测量触头测量面支撑在被测表面上，调整微分筒，使微分筒一侧的测量面在孔的径向截面内摆动，找出最小尺寸。然后拧紧固定螺钉取出并读数，也有不拧紧螺钉直接读数的。这样就存在姿态测量问题。姿态测量即测量时与使用时的一致性。例如，测量（75～600）/0.01mm 的内径尺时，接长杆与测微头连接后尺寸大于 125mm 时，其拧紧与不拧紧固定螺钉时读数值相差 0.008mm，即姿态测量误差。

④ 内径千分尺测量时支承位置要正确。接长后的大尺寸内径千分尺的重力变形，涉及直线度、平行度、垂直度等形位误差。其刚度的大小，具体可反映在"自然挠度"上，工件截面形状所决定的刚度对支承后的重力变形影响很大。如不同截面形状的内径尺其长度 L 相同，当支承在（2/9）L 处时，可使内径千分尺的实测值误差符合要求。但支承点稍有不同，其直线度变化值较大。因此，在国家标准中将支承位置移到最大支承距离位置时的直线度变化值称为"自然挠度"。为保证刚性，国家标准中规定了内径千分尺的支承点要在（2/9）L 处和在离端面 200mm 处，即测量时变化量最小，并将内径千分尺每转 90°检测一次，其示值误差均不应超过规定要求。

（2）误差分析。

内径千分尺直接测量误差包括受力变形误差、温度误差、示值误差、读数瞄准误差、接触误差和测长机的对零误差。影响内径千分尺测量误差的主要因素为受力变形误差和温度误差。

4. 偏摆仪

1）偏摆仪的构成

偏摆仪的主要技术指标：莫氏 2 号顶尖 60°锥面对莫氏锥的径向圆跳动≤0.005mm，顶尖轴线在 100mm 范围内对导轨的平行度（水平垂直方向）≤0.006mm，被测零件最大直径 270mm，测量长度 1000mm。

2）测量步骤

（1）径向圆跳动的测量。

① 将零件擦净，置于偏摆仪两顶尖之间（带孔零件要装在心轴上）使零件转动自加，但不允许轴向窜动，然后固紧二顶尖座，当需要卸下零件时，一手扶着零件，一手向下按手把，即可取下零件。

② 将百分表装在表架上，使表杆通过零件轴心线，并与轴心线大致垂直，测头与零件表面接触，并压缩 1～2 圈后紧固表架。

③ 测量应在轴向的三个截面上进行，取三个截面中圆跳动误差的最大值，为该零件的径向圆跳动误差。

（2）端面圆跳动的测量。

① 将杠杆百分表夹持在偏摆检查仪的表架上，缓慢移动表架，使杠杆百分表的测量头与被测端面接触，并预压 0.4mm 为测杆的正确位置。

② 转动工件一周，记下百分表读数的最大值和最小值，该最大值与最小值之差，即直径处的端面跳动误差。

③ 在被测端面上均匀分布的三个直径处测量，取其三个中的最大值为该零件端面圆跳动误差。

（3）使用注意事项。

① 偏摆仪是精密检测仪器，操作者必须熟练掌握仪器的操作技能，精心地维护保养，并指定专人使用。

② 偏摆仪必须始终保持设备完好，设备安装应平衡可靠，导轨面要光滑，无磕碰伤痕，二顶尖同轴度允差应在 L=400mm 范围内，a 向及 b 向均小于 0.02mm。

③ 工件检测前应先用 L=400mm 检验棒和百分表对偏摆仪进行精度校验，在确保合格后，方可使用。

④ 工件检测时，应小心轻放，导轨面上不允许放置任何工具或工件。

⑤ 工件检测完工后，应立即对仪器进行维护保养，导轨及顶尖套应涂油防锈，并保持周围环境整洁。

8.4　加 工 质 量

零件加工质量分为两部分：加工精度和表面质量。

8.4.1　加工精度

零件的加工精度是指零件在加工后的实际几何参数（尺寸、形状和位置）与理想几何参数的符合程度。零件的加工精度包括尺寸精度、形状精度和位置精度。

1. 尺寸精度

尺寸精度指的是零件的直径、长度、表面间距离等尺寸的实际数值与理论数值的接近程度。尺寸精度是用尺寸公差来控制的。尺寸公差是切削加工中零件尺寸允许的变动量。在基本尺寸相同的情况下尺寸公差越小，尺寸精度越高。

2. 形状精度

形状精度是指加工后零件上的线、面的实际形状与理想形状的符合程度。评定形状精度的项目有直线度、平面度、圆度、圆柱度、线轮廓度和面轮廓度共 6 项。形状精度是用形状公差来控制的，各项形状公差，除圆度、圆柱度分 13 个精度等级外，其余均分为 12 个精度等级。1 级最高，12 级最低。

3. 位置精度

位置精度是指加工后零件上的点、线、面的实际位置与理想位置的符合程度。评定位置精度的项目有平行度、垂直度、倾斜度、同轴度、对称度、位置度、圆跳动和全跳动共 8 项。位置精度是用位置公差来控制的，各项目的位置公差分为 12 个精度等级。

在切削加工中，影响零件加工精度的主要因素如下。

（1）加工原理误差：加工原理误差是指因采用近似的加工方法或传动方式及形状近似的刀具等造成的误差。

（2）机床、刀具及夹具误差：机床、刀具及夹具误差包括制造和磨损两方面。

（3）工件装夹误差：工件装夹误差包括定位误差和夹紧误差两方面。

（4）工艺系统变形误差：机床、夹具、工件和刀具构成弹性工艺系统，简称工艺系统。工艺系统变形误差包括受力弹性变形误差和热变形误差两方面。

（5）工件内应力：工件内应力总是拉应力和压应力并存而总体处于平衡状态。当外界条件发生变化，如温度改变或从表面再切去一层金属后，内应力的平衡即遭到破坏，引起内应力重新分布，使零件产生新的变形。这种变形有时需要较长时间，从而影响零件加工精度的稳定性。

8.4.2　表面质量

表面质量是指零件在加工后表面层的状况。具体内容包括表面粗糙度、表面变形强化和残余应力等。其中表面粗糙度为主要问题。

在切削加工中，由于振动、刀痕以及刀具与工件之间的摩擦，在工件已加工表面不可避免地留下一些微小峰谷。即使是光滑的磨削表面，放大后也会发现有高低不平的微小峰谷。零件表面上这些微小峰谷的高低程度称为表面粗糙度。

影响表面粗糙度的主要因素有切削残留面积、积屑瘤和工艺系统振动。

复习思考题

8-1　什么是切削用量？怎样确定切削用量？

8-2　零件尺寸精度检测时，怎样选择测量工具？说说各种量具的适用范围。

8-3　在测绘齿轮时，怎么判断齿轮是否为变位齿轮？

8-4　为什么在测量齿轮分度圆弦齿厚时要先测量齿顶圆的实际尺寸，然后计算出实际弦齿高，再以此尺寸调整齿厚游标尺？

8-5　怎样保证零件的加工精度？

第9章 特种加工

★本章基本要求★

（1）了解特种加工的概念、特点、分类和主要适用范围。
（2）了解电火花加工、激光加工的基本原理、设备的结构特征、加工特点及应用。
（3）掌握电火花线切割加工编程技术，了解加工缺陷产生的原因及解决方法。
（4）掌握电火花线切割和激光打标机的基本操作。

9.1 概　　述

在传统的机械加工中，采用硬度较高的金属材料作为工具，对较软的被加工表面施加机械力，依靠机械力使之变形和分离，达到切削加工的目的，实质上是"以硬克软"。20世纪50年代以来，随着科学技术的发展，对某些零件的性能要求越来越高。高硬度、高强度、高韧性、切削加工性差的材料以及具有特殊性能的新型材料不断出现，具有特殊结构和特殊要求的零件越来越多，传统的加工方法已经难以满足需要。例如，难加工材料（如硬质合金、陶瓷、高强度合金钢及宝石等）、复杂型面（如涡轮机叶片、模具型腔、细微异型小孔等）、特殊要求零件（如高精度、高弹性、低刚度、微型零件等），仅靠传统的机械加工方法很难完成，有的根本无法加工。因此，特种加工技术和精密加工技术等新型的加工技术应运而生，而且已经成为现代制造技术中不可缺少的重要工艺手段。

1. 特种加工

特种加工是指传统加工之外的加工方法，泛指用电能、热能、光能、电化学能、声能及其他机械能等能量达到去除或增加材料的加工方法，从而实现材料被去除、变形、改变性能或被镀覆等。

2. 特种加工的主要特点

（1）加工材料范围广，不受材料力学性能的限制。由于加工中产生能量的瞬时密度高，可以去除或分离高强度、高硬度、低刚度、高耐热性等传统切削加工难以加工的材料。

（2）工件与工具间宏观作用力极小，可以用软材料的工具加工硬材料工件，易于加工复杂曲面、微细表面及特殊要求的零件等。

（3）能获得良好的加工质量。加工精度高，表面粗糙度、残余应力、热应力等较小，常用于精密加工和超精密加工。

3. 特种加工的分类和主要适用范围

根据使用能量形式的不同，特种加工种类很多，常用的加工方法及性能比较见表9-1。此外，特种加工方法常与其他工艺方法进行复合，形成新的工艺方法，如电解磨削加工、电解电火花加工、超声电火花加工等，复合后的工艺方法能取各自的优点，以弥补单一工艺方法的不足。

表 9-1　特种加工方法比较

特种加工方法	能量来源及形式	可加工材料	主要使用范围
电火花加工	电能、热能	任何导电的金属材料，如硬质合金、耐热钢、不锈钢、淬火钢等	穿孔、切槽、模具、型腔加工、切割等
电解加工	电化学能		各种异形孔、型腔加工、抛光、去毛刺、刻印等
电解磨削	电化学能、机械能		平面、内外圆、成形面加工
超声加工	声能、机械能	任何硬脆性材料	型腔加工、穿孔、抛光等
激光加工	光能、热能	任何导电的金属材料	金属、非金属材料的微孔，切割、热处理、焊接等
化学加工	化学能		金属材料的蚀刻图形、薄板加工等
电子束加工	电能、动能		金属、非金属的微孔，切割、焊接等
离子束加工	电能、动能		注入、抛光、蚀刻

9.2　电火花加工

电火花加工又称放电加工（electrical discharge machining，EDM），是在工具和工件之间施加脉冲电极，在一定的液体介质中，使工具和工件之间不断产生脉冲性的火花放电，靠放电时局部瞬时产生的高温把金属材料逐步蚀除下来。因在放电过程中可以看到火花，故称为电火花加工。

电火花加工技术是先进制造技术的一个重要组成部分，其最大特点是：工具和工件间是非接触加工，加工中没有宏观的切削力。在模具制造业中，电火花加工技术是必不可少的关键技术。在航空、航天、仪器、仪表等工业部门中，电火花加工技术也获得日益广泛的应用。

9.2.1　电火花加工的基本原理

电火花成形加工是一种直接利用电极头与工件之间火花放电腐蚀金属，形成与电极头形状吻合型腔的工艺方法。电火花成形加工是在液体介质中进行的，机床的自动进给调节装置使工件和工具电极之间保持适当的放电间隙，当工具电极和工件之间施加较强的脉冲电压时，会击穿介质产生火花放电，使放电区的温度急剧升高，工件表面和工具电极表面的金属局部熔化，甚至气化蒸发，局部熔化和气化的金属被工作液快速冲离工作区。一次放电后，介质的绝缘强度恢复等待下一次放电，加工时这种放电腐蚀反复进行。在数控系统控制下，电极相对工件按预定的轨迹运动，从而加工出所要求的零件形状。其原理如图 9-1 所示。

电火花加工的微观过程是电力、磁力、热力、电化学和胶体化学等综合作用的过程。一次火花放电大致可分为四个连续阶段。

1. 极间介质电离、击穿，形成放电通道

当工具电极与工件两极间距离较近时，在极间脉冲电压作用下会产生电场。因电极、工件表面的凹凸不平而使电场的强弱不均（距离最小处电场最大）。当局部电场强度达到一定值时，其中一电极开始发射电子，介质中产生电离、碰撞等，带电粒子迁移率达到一定值，介质被击穿，形成放电通道。

2. 介质分解、电极材料熔化和气化，产生热膨胀

介质击穿形成放电通道后，带电粒子产生高速运动，相互碰撞产生热量，瞬间（一次放电 $10^{-7}\sim10^{-5}$）放电电流密度达 $10^4\sim10^7\text{A/mm}^2$，故在放电通道局部形成一高温区（5000～10000℃），电极表面的局部材料很快被熔化和气化蒸发，如图 9-2 所示。同时，介质也将受热分解。

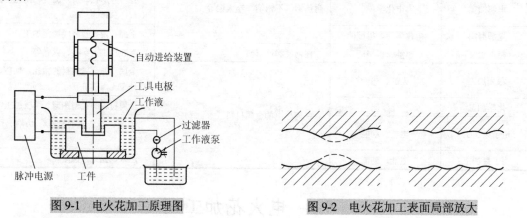

图 9-1　电火花加工原理图　　　　　　图 9-2　电火花加工表面局部放大

3. 电蚀产物的抛出

短时间内由于热膨胀产生较大的爆炸力，在爆炸力和放电压力的作用下，电蚀产物呈液相或气相抛出，在介质中冷却最终呈固体颗粒。

4. 极间介质的消电离

一次放电后应有一段时间间歇使间隙内介质消电离，即放电通道中的带电粒子复合成中性粒子，恢复介质的绝缘能力，否则放电持续，火花放电将转变成弧光放电。弧光放电区域大，能量密度小，加工精度低（电焊即弧光放电）。因此，电火花加工电源均为脉冲电源，一次放电后要停歇几毫秒再产生新的火花放电。

脉冲间隔时间不能太短，否则会出现电蚀产物排不出，热量不易散发，消电离不彻底，介质大量受热分解形成结炭现象，极间电弧放电、烧坏电极，破坏电火花加工的性质。

9.2.2　电火花加工的特点

电火花加工是在一定介质中，通过工具电极和工件电极之间脉冲放电时的电腐蚀作用对工件进行加工的一种方法。与常规的金属加工相比具有如下特点。

（1）由于工具电极和工件之间不直接接触，脉冲放电的能量密度高，便于加工机械加工难于加工或无法加工的特殊材料和复杂形状的工件。

（2）加工过程中没有宏观切削力，火花放电时，局部、瞬时爆炸力的平均值很小，不足以引起工件的变形和位移，故对电极的硬度、强度和刚度没有限制。

（3）由于电火花加工直接利用电能和热能来去除金属材料，与工件材料的强度和硬度等关系不大，因此可以用软的工具电极加工硬的工件，实现"以柔克刚"。

（4）加工过程中的电参数易于实现数字控制、自适应控制、智能化控制，能方便地进行粗、半精、精加工各工序，简化工艺过程。

9.2.3　电火花加工的适用范围

由于电火花加工有其独特的优势，其应用领域日益扩大，已经广泛地应用于机械、宇航、电子、核能、仪器、轻工等行业，成为常规切削、磨削加工的重要补充和发展。

电火花加工的适用范围（图 9-3），具体有以下方面。

（1）可以加工任何难加工的金属材料和导电材料。

（2）可以加工形状复杂的表面。

（3）可以加工薄壁、弹性、低刚度、微细小孔、异形小孔等有特殊要求的零件。

（4）型腔尖角部位加工。

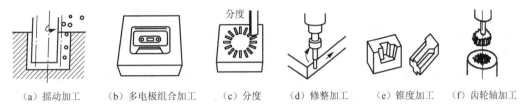

（a）摇动加工　　（b）多电极组合加工　　（c）分度　　（d）修整加工　　（e）锥度加工　　（f）齿轮轴加工

图 9-3　电火花加工的适用范围

9.2.4　电火花加工机床的组成

电火花成形加工机床主要由床身、立柱、主轴头、工作台及附件、工作液槽等部分组成，如图 9-4 所示。

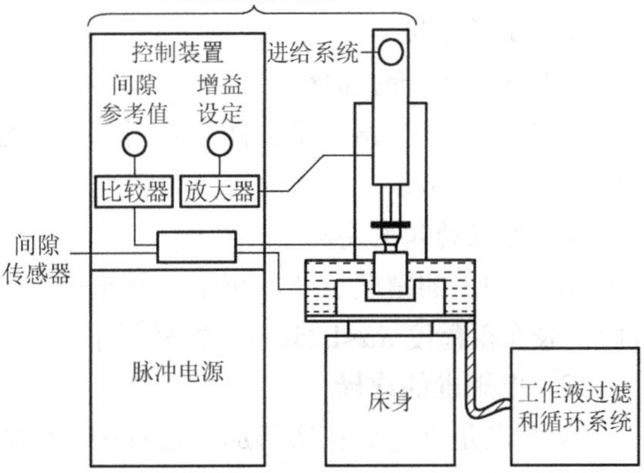

1. 床身和立柱

床身和立柱是机床的基础结构。它确保电极与工作台、工件之间的相互位置，要有较高的刚度，并能承受主轴负重和运动部件突然加速运动的惯性力。

2. 工作台

工作台主要用来支承和装夹工件。工作台上装有工作液箱，用以容纳工作液，使电极和工件浸泡在工作液里，起到绝缘、冷却和排屑的作用。工作台通过纵、横向丝杠旋转来移动上、下滑板，改变纵、横向位置，达到电极与工具件间所要求的相对位置。

图 9-4　电火花成形加工机床示意图

3. 主轴头

主轴头是成形加工机床的关键部件。它由伺服进给机构、导向和防扭机构、辅助机构三部分组成。它控制工件与工具电极之间的放电间隙，因此必须保证工作稳定，具有足够的速度和灵敏度。

4. 脉冲电源柜

脉冲电源柜包括脉冲电源、伺服进给系统及其他电气系统。脉冲电源在加工时提供蚀除金属的能量，其性能直接影响加工速度、加工精度、表面质量和电极损耗等工艺指标。

9.2.5　电火花加工工艺

1. 电火花加工的条件

1）材料

电导率好于 0.1s/cm，且材料不能与工作液发生强烈的化学反应（非易燃品），并能够被紧固（硬、刚性、可塑性）。

2）放电间隙

使工具电极与工件被加工表面之间始终保持一定的放电间隙，这一间隙随加工用量而定，通常为几微米至几百微米。间隙过大，极间电压不能击穿极间介质，将不会产生火花放电；如间隙过小，很容易形成短路接触，同样也不能产生火花放电。因此，电火花成形加工过程必须有一个使工具电极和工件之间的放电间隙能自动进给和调节的装置。

3）放电间歇时间

火花放电为瞬时的脉冲性放电，间歇时间为 10～1000ms，这样才能使放电所产生的热来不及传导扩散到其余部分，把每次放电点分别作用在很小的范围内，否则会像电焊那样持续电弧放电，放电点大量发热并使工件表面烧成不规则形状。因此，电火花机床必须有一套高频电源。

4）工作液

火花放电需在有一定绝缘性能的液体介质中进行，如煤油、皂化液或去离子水等，具有较高的绝缘强度，以利于产生脉冲性火花放电，同时起排屑和冷却作用。

2. 工具电极

1）电极材料的选择

电极材料应根据加工工件的材料和要求合理选择，要求导电和热物理性好、耐蚀性高、易于加工及成本低。常用的材料为纯铜、石墨和铜钨合金等。

2）电极的精度要求

由于加工的精度主要取决于工具电极的精度，一般要求工具电极的尺寸公差等级不低于 IT7，表面粗糙度 $Ra<1.25\mu m$。如采用平动法加工，还应考虑所选用的平动量。

3. 电规准的选择

电规准是指电火花成形加工过程中一组电参数，如电压、电流、脉宽和脉冲间隙等。电规准选择正确与否，将直接影响工件加工工艺指标。电火花成形加工中，常选择粗、中、精三种规准。

1）粗规准

对粗规准的要求是生产率高，工具电极的损耗小，主要采用较大的电流和较宽的脉冲宽度。

2）中规准

用于过渡性加工，以减少精加工时的加工余量，提高加工速度，故采用的脉冲宽度一般为 10～100μs。

3）精规准

用来最终保证工件所要求的配合间隙、表面粗糙度、刃口斜度等质量指标，并在此前提下尽可能地提高其生产率，故应采用小电流、高频率、窄脉冲宽度，一般为 2～6μs。

4. 成形方法简介

1）单电极直接成形法

此法主要用于加工浅型腔模，如各种证章、花纹模，在模具表面加工商标、厂标和中文、外文字等。

2）单电极平动法和摇动法

单电极平动法在型腔模电火花加工中应用最广泛。它是用一个电极完成形腔的粗、中、精加工的，如图9-5所示。与此同时，依次加大电极的平动量，以补偿前后两个加工规准之间型腔侧面放电间隙差和表面微观不平度差，可以实现型腔侧面仿形修光，完成整个型腔模的加工。

数控电火花成形机床加工时，利用工作台按一定轨迹做微量移动，称为摇动。摇动加工能适应复杂形状的侧面修光的需

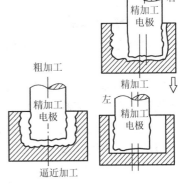

图9-5 平面加工

要，尤其可以做到尖角处的"清根"。图9-6（a）为基本摇动模式；图9-6（b）为工作台变锥变摇动模式，主轴上下数控联动，可以修光或加工出锥面、球面。

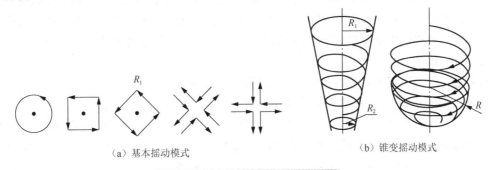

（a）基本摇动模式 （b）锥变摇动模式

图9-6 几种典型的摇动模式和加工

另外，可以利用数控功能加工出以往普通机床难以或不能加工的工件。例如，利用简单电极配合侧向（X、Y方向）移动、转动和分度等进行多轴控制，可加工复杂曲面、螺旋面、坐标孔、侧向孔和分度槽等，如图9-7所示。

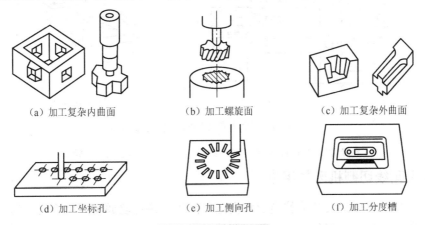

（a）加工复杂内曲面 （b）加工螺旋面 （c）加工复杂外曲面

（d）加工坐标孔 （e）加工侧向孔 （f）加工分度槽

图9-7 数控联动加工

3）多电极更换法

在没有平动或摇动加工的条件时，常采用多电极更换法，它是采用多个工具电极依次更

换加工同一个型腔。这要求电极制造精度高、电极的一致性好。此外，更换电极时要求定位装夹精度高。

4）分解电极法

分解电极法是单工具电极平动法和多工具电极更换法的综合应用。它工艺灵活性强、仿形精度高，适用于尖角窄缝、沉孔、深槽多的复杂型腔模具加工。近年来，国外已广泛采用像加工中心那样具有电极库的 3～5 坐标数控电火花机床，先把复杂型腔分解为简单表面和相应的简单电极，编制好程序，加工过程中自动更换电极和转换规准，实现复杂型腔的加工；同时配合一套高精度辅助工具、夹具系统，可以大大提高电极的装夹定位精度，使采用分解电极法加工的模具精度显著提高。

9.3　电火花线切割加工

9.3.1　电火花线切割加工原理

电火花线切割加工（wire cut electrical discharge machining，WEDM）是在电火花加工基础上发展起来的一种新的工艺形式。它是利用线状钼丝或铜丝作为电极，通过火花放电对工件进行切割，故称为电火花线切割，现已得到广泛应用。目前国内外的线切割机床已占电加工机床的 60%以上。

电火花线切割加工是利用移动的细金属导线（钼丝或铜丝）作为电极，对工件进行脉冲火花放电，靠放电时局部瞬间产生的高温来除去工件材料，以此进行切割加工的方法。如图 9-8 所示，为工具电极的钼丝 4 或铜丝，在储丝筒 7 带动下做正反向交替移动；脉冲电源 3 的负极连接电极丝，正极连接工件 2，在电极丝和工件之间喷注工作液；工作台在水平面的两个坐标方向上各自按预定的控制程序，由数控系统驱动做伺服进给移动，完成工件的切割加工。

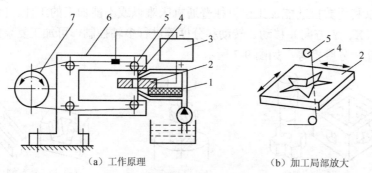

（a）工作原理　　　　　　　　　　（b）加工局部放大

图 9-8　电火花线切割加工原理

1-绝缘底板；2-工件；3-脉冲电源；4-钼丝；5-导向轮；6-支架；7-储丝筒

9.3.2　电火花线切割机床的组成

电火花线切割机床通常分为快走丝和慢走丝两类，快走丝通常采用钼丝作为电极丝，慢走丝通常采用铜丝作为电极丝。快走丝机床的电极丝做高速往复运动，电极丝可以多次重复使用，走丝速度为 8～10m/s；慢走丝机床的电极丝做单向运动，只能使用一次，走丝速度一般低于 0.2m/s，我国生产和使用的多为快走丝电火花线切割机床。

如图 9-9 所示，数控快走丝电火花线切割机床主要由机床本体、控制系统、脉冲电源、工作液循环系统和机床附件等部分组成。

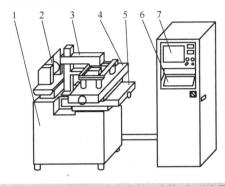

数控线切割

图 9-9 数控快走丝电火花线切割机床示意图

1-床身；2-运丝机构；3-导丝架；4-Y 向工作台；5-X 向工作台；6-键盘；7-显示屏

1. 机床本体

机床本体又称切割台，是线切割机床的机械部分，由床身、工作台、走丝机构、锥度切割装置、丝架和夹具等部分组成。

（1）工作台：由电动机、滚动丝杠和导轨组成，带动工件实现 X、Y 方向的直线运动。

（2）走丝机构：由走丝电机带动储丝筒做正反向旋转，使电极丝往复运动并保持一定的张力。储丝筒在旋转的同时做轴向移动。

（3）锥度切割装置：由偏移导轮或采用坐标联动机构，可实现锥度切割加工和上下异形截面加工。

2. 控制系统

控制系统是进行电火花线切割的重要环节。它的主要作用是在加工过程中，按加工要求自动控制电极丝相对工件的运动轨迹，自动控制伺服进给速度，以获得所需工件的形状和尺寸。

3. 脉冲电源

脉冲电源是机床的核心部件，其作用是把工频交流电转换成频率较高的单向脉冲电流供给火花放电所需的能量。它正极接在工件上，负极接在电极丝上，当两极靠近时，在它们之间产生脉冲放电腐蚀工件，进行切割。

4. 工作液循环系统

工作液循环系统由工作液、液箱、液泵、过滤装置、循环导管和流量控制阀组成。一般高速走丝线切割机床加工采用专用乳化液作为工作液，其主要作用有以下三个方面。

（1）绝缘作用：两电极之间必须有绝缘的介质才能产生火花击穿和脉冲放电，脉冲放电后要迅速恢复绝缘状态，否则转换成稳定持续的电弧放电会影响加工表面精度，烧断电极丝。

（2）排屑作用：把加工过程中产生的金属颗粒及介质分解物通过局部高压迅速从电极间排出，否则易出现短路现象，使加工无法进行。

（3）冷却作用：冷却电极丝和工件，防止工件热变形，保证表面质量。

9.3.3 电火花线切割加工的特点及应用

电火花线切割加工具有电火花加工的共性，金属材料的硬度和韧性并不影响加工速度，常用来加工淬火钢、合金钢、模具钢、硬质合金等；对于非金属材料的加工，也正在开展研究。目前绝大多数的线切割机床，都采用数字程序控制，其特点如下。

（1）加工特性：主要取决于材料的导电性和热学特性，几乎与材料的力学性能无关。

（2）加工成形工具及复杂形状：由于靠放电加工，电极丝很细（小于 0.3mm），可以加工微细异形孔、窄缝和形状复杂的工件，如带锥度型腔的电极、微细复杂形状的电极和各种样板、成形刀具等；用于各种模具制造，如凸模、凹模及各种形状的冲模等。采用移动的长电极丝进行加工，单位长度上的损耗很少，从而提高了加工精度。利用计算机辅助制造软件，可方便地加工复杂的平面形状。

（3）适合加工的材料：适合加工各种稀有、贵重金属材料，用机械加工方法不能加工的导电材料，高硬度、高脆性等难加工材料以及低刚度工件。

（4）电极丝在加工中是移动的，不断更新（低速走丝）或往复使用（高速走丝），可以完全或短时间不考虑电极丝损耗对加工精度的影响。

（5）电极标准：不需要像电火花成形加工那样制造特定形状的工具电极，而是采用直径不等的细金属丝（铜丝或钼丝等）作工具电极，因此切割用的工具简单，降低了成本，缩短了加工周期。

（6）加工安全：采用水或水基工作液不会引燃起火，容易实现安全无人运转。

9.3.4　电火花线切割加工的主要工艺指标及影响因素

1. 电火花线切割加工的主要工艺指标

1）切割速度

在保持一定的表面粗糙度的前提下，单位时间内电极丝中心线在工件上切过的面积总和称为切割速度，单位为 mm^2/min。通常低速走丝线切割速度为 $20\sim240mm^2/min$，高速走丝线切割速度可达 $20\sim160mm^2/min$。最高切割速度与加工电流大小有关，为比较电流输出不同的脉冲电源的切割效果，将每安培电流的切割速度称为切割效率，一般切割效率为 $20mm^2$（min·A）。

2）表面粗糙度

高速走丝线切割的表面粗糙度一般为 $Ra1.6\sim3.2\mu m$。低速走丝线切割的表面粗糙度一般可达 $Ra0.1\sim1.6\mu m$。

3）电极丝损耗量

对高速走丝线切割机床，用电极丝在切割 $10000mm^2$ 面积后电极丝直径的减少量来表示。一般每切割 $10000mm^2$ 后，钼丝直径减小不应大于 0.01mm。

4）加工精度

加工精度是指所加工工件的尺寸精度、形状精度（如直线度、平面度、圆度等）和位置精度（如平行度、垂直度、倾斜度等）的总称。高速走丝线切割的可控加工精度为 $0.01\sim0.04mm$，低速走丝线切割的可控加工精度可达 $0.002\sim0.01mm$。

2. 影响数控线切割加工工艺指标的主要因素

1）电参数对线切割加工指标的影响

（1）脉冲宽度：通常脉冲宽度越宽，单个脉冲的能量就越大，切割效率也越高，加工越稳定，但表面粗糙度就差。若要表面粗糙度好，则应选用小脉宽，这样单个脉冲的能量就小，但由于放电间隙较小，加工的稳定性也就差一点。因此，根据工件的不同要求，按照上述特点选择合适的脉冲宽度。

（2）脉冲间隔：脉冲间隔减小时平均电流增大，切割速度加快，但间隔不能过小，以免引起电弧和断丝。在刚切入时或加工较厚零件时，应取较大的脉冲间隔。

（3）极性：线切割加工因脉宽较窄，所以都用正极性接法，工件接脉冲电源的正极，否则切割速度变低而电极丝损耗增大。

（4）进给速度：进给速度的调节，对切割速度、加工精度和表面质量的影响很大，进给速度过低会降低切割效率，过高会引起短路频繁甚至烧丝。当进给速度适当时，控制机面板上电压表和电流表指针稳定。一般来说，当系统的加工电流达到加工短路电流的 75%～80%时，加工进给速度比较恰当。

2）非电参数对线切割加工指标的影响

电极丝直径、电极丝松紧程度、电极丝垂直度、电极丝走丝速度及工作液等对加工指标都有影响。

9.4 激 光 加 工

9.4.1 激光加工简介

激光加工（laser beam machining，LBM）是用高强度、高亮度、方向性好、单色性好的相干光，通过一系列的光学系统聚焦成平行度很高的微细光束（直径几微米至几十微米），获得极高的能量密度（$10^8 \sim 10^{10}$W/cm^2）和 10000℃以上的高温，使材料在极短的时间内（千分之几秒甚至更短）熔化甚至气化，以达到去除材料的目的。

1. 激光加工的原理

激光是一种受激辐射而得到的加强光。其基本特征是：强度高，亮度大；波长频率确定，单色性好；相干性好，相干长度长；方向性好，几乎是一束平行光。

如图 9-10 所示，当激光束照射到工件表面时，光电源能被吸收，转化成热能，使照射斑点处的温度迅速升高、熔化、气化而形成小坑，由于热扩散，使斑点周围金属熔化，小坑内金属蒸气迅速膨胀，产生微型爆炸，将熔融物高速喷出并产生一个方向性很强的反冲击波，于是在被加工表面上打出一个上大下小的孔。

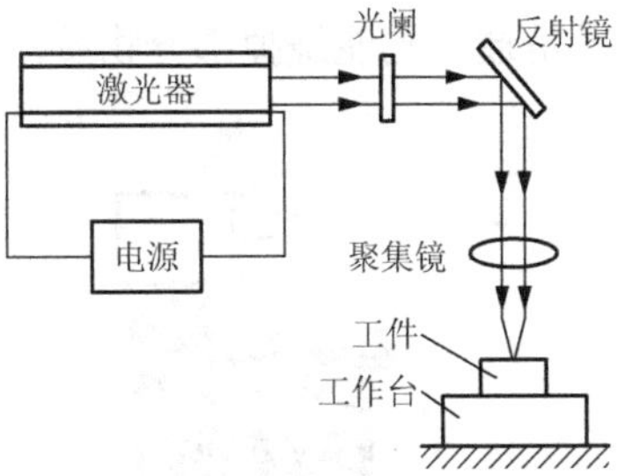

图 9-10 激光加工原理示意图

2. 激光加工的特点

（1）对材料的适应性强。激光加工的功率密度是各种加工方法中最高的一种，激光加工几乎可以用于任何金属材料和非金属材料，如高熔点材料、耐热合金及陶瓷、宝石、金刚石等硬脆性材料。

（2）打孔速度极快，热影响区小。通常打一个孔只需 0.001s，易于实现加工自动化和流水作业。

（3）激光加工不需要加工工具。由于它属于非接触加工，工件无变形，对刚性差的零件可实现高精度加工。

（4）激光能聚焦成极细的光束，能加工深而小的微孔和窄缝（直径几微米，深度与直径比可达 10 以上），适于精微加工。

（5）可穿越介质进行加工。可以透过由玻璃等光学透明介质制成的窗口对隔离室或真空室内的工件进行加工。

3．激光加工的应用

激光加工的应用包括切割、焊接、表面处理、打孔、打标、划线、微调等各种加工工艺，已经在生产实践中越来越多地显示了它的优越性，受到广泛的重视。

（1）激光焊接：用于汽车车身厚薄板、汽车零件、锂电池、心脏起搏器、继电器等密封器件以及各种不允许焊接污染和变形的器件。

（2）激光切割：用于汽车行业、电气机壳制造、木刀模业、各种金属零件和特殊材料的切割、圆形锯片、亚克力、弹簧垫片、2nm 以下的电子机件用铜板、一些金属网板、钢管、镀锡铁板、镀亚铅钢板、磷青铜、电木板、石英玻璃、硅橡胶、1mm 以下氧化铝陶瓷片、航天工业使用的钛合金等。

（3）激光打标：在各种材料和几乎所有行业均得到广泛应用。

（4）激光打孔：主要应用在航空、航天、汽车制造、电子仪表、化工等行业。

（5）激光热处理：在汽车工业中应用广泛，如缸套、曲轴、活塞环、换向器、齿轮等零部件的热处理，同时在航空、航天、机床行业和其他机械行业也应用广泛。我国激光热处理应用远比国外广泛得多。

（6）激光快速成形：将激光加工技术和计算机数控技术及柔性制造技术相结合而形成，多用于模具和模型行业。

（7）激光涂覆：在航空、航天、模具及机电行业应用广泛。

9.4.2　激光打标机

1．激光打标机的原理

激光打标是用激光束在各种不同的物质表面打上永久的标记。打标的效应是通过表层物质的蒸发露出深层物质，或者是通过光能导致表层物质的化学物理变化而"刻"出痕迹，或者是通过光能烧掉部分物质，显出所需刻的图案、文字，如图 9-11 和图 9-12 所示。

图 9-11　激光打标机实物图　　　　　　　图 9-12　激光打标产品图

目前，激光打标公认的原理有以下两种。

（1）"热加工"：当激光束照射到物体表面时，引起快速加热，热能把对象的特性改变或把物料熔解蒸发。具有较高能量密度的激光束（它是集中的能量流），照射在被加工材料表面上，材料表面吸收激光能量，在照射区域内产生热激发过程，从而使材料表面（或涂层）温度上升，产生变态、熔融、烧蚀、蒸发等现象。

（2）"冷加工"：又称光化学加工，指当激光束加于物体时，高密度能量光子引发或控制光化学反应的加工过程。具有很高负荷能量的（紫外）光子，能够打断材料（特别是有机材料）或周围介质内的化学键，致使材料发生非热过程破坏。这种冷加工在激光标记加工中具有特殊的意义。它不是热烧蚀，而是不产生"热损伤"副作用的、打断化学键的冷剥离，因而对被加工表面的里层和附近区域不产生加热或热变形等作用。例如，电子工业中使用准分子激光器在基底材料上沉积化学物质薄膜，在半导体芯片上开出狭窄的槽等。

相对于气动打标、电腐蚀、丝印、喷码机、机械雕刻等传统的标记方式，微光标识具有以下优势。

（1）激光加工为光接触，是非机械接触，没有机械应力，所以特别适合在高硬度（如硬质合金）、高脆性（如太阳能硅片）、高熔点及高精度（如精密轴承）要求的场合使用。

（2）激光加工的能量密度很大，时间短，热影响区小，热变形小，热应力小，不会影响内部电气机能。特别是 $532\mu m$、$355\mu m$、$266\mu m$ 激光的冷加工，适合特殊材质的精密加工。

（3）激光直接灼烧蚀刻，为永久性的标记，不可擦除，不会失效变形脱落。

（4）激光加工系统是计算机控制系统，可以方便地编排、修改，有跳号、随机码等功能，实现产品独一编码的要求，适于个性化加工，对小批量多批次的加工更有优势。

（5）激光打标机标记效果精美，工艺美观，精度较高，可提升产品档次，提高产品附加值。

（6）线宽可小到 $10\mu m$，深度可达 $10\mu m$ 以下，可对"毫米级"尺寸大小的零件表面进行标记。

（7）低耗材，无污染，节能环保符合欧洲环保标准，符合医药行业 GMP 要求。

（8）加工成本低。设备的一次性投资较贵，但连续的大量加工使单个零件的加工成本降低。

（9）加工方式灵活，可通过透明介质对内部工件进行加工，易于导向、聚焦，实现方向变换，极易与数控系统配合。

2. 激光打标机的分类

根据不同材料对不同波长的激光吸收不同的特性，一般把激光打标机分为两大类。一类采用 YAG 激光器，适合加工金属材质和大部分的非金属材质，如铁、铜、铝、金、银等金属和各类合金，还有 ABS 料、油墨覆层、环氧树脂等。另一类采用 CO_2 激光器，只能加工非金属材质，如木头、纸张、亚克力、玻璃等。有些材料同时适用于两种类型的激光打标机，但标识的工艺效果会有差异。

YAG 激光打标机包括灯泵浦、半导体和光纤三大类；CO_2 激光打标机包括射频管和玻璃管两大类，这五种产品构成了激光打标机的标准机型。

1）灯泵浦 YAG 激光打标机

YAG 激光器是红外光频段波长为 $1.064\mu m$ 的固体激光器，采用氪灯作为能量源（激励源），Nd:YAG 作为产生激光的介质，激励源发出特定波长的入射光，促使工作物质发生居量反转，通过能级跃迁释放出激光，将激光能量放大并整形聚焦后形成可使用的激光束，通过计算机控制振镜头改变激光束光路实现自动打标。

Nd:YAG 微光器：Nd（钕）是一种稀土族元素，YAG 代表钇铝石榴石，晶体结构与红宝石相似。

灯泵浦 YAG 激光打标机的优点是使用面广，价格较低；缺点是三个月左右要换一次灯，光斑大，不适合做精细加工。

2）半导体泵浦 YAG 激光打标机

半导体泵浦 YAG 激光打标机是使用半导体激光二极管（侧面或端面）泵浦，将 Nd:YAG 作为产生激光的介质，使介质产生大量的反转粒子在 Q 开关的作用下形成巨脉冲激光输出，电光转换效率高。

半导体泵浦 YAG 激光打标机与灯泵浦 YAG 激光打标机相比具有较好的稳定性、省电、不用换灯等优点，但价格相对较高。

3）光纤激光打标机

光纤激光打标机主要由激光器、振镜头、打标卡三部分组成，采用光纤激光器生产激光的打标机，光束质量好，其输出中心为 1064nm。其整机寿命在 10 万 h 左右，相对于其他类型激光打标机寿命更长；其电光转换效率为 28% 以上，相对于其他类型激光打标机 2%～10% 的转换效率优势很大；在节能环保等方面性能卓著。

光纤激光打标机的优点：比较灵活方便，体积较小；光斑小，适合做精细加工；采用风冷，减少水冷所需耗材成本。

光纤激光打标机的缺点：价格较高，功率较小，不适合做激光深加工。

4）CO_2 激光打标机

CO_2 激光打标机是红外光频段波长为 10.64nm 的气体激光器，采用 CO_2 气体充入放电管作为产生激光的介质，在电极上加高电压，放电管中产生辉光放电，就可使气体分子释放出激光，将激光能量放大后就形成对材料加工的澈光束，通过计算机控制振镜头改变激光束光路实现自动打标。

CO_2 激光打标机的优点：用于非金属打标切割，速度快，价格比灯泵浦 YAG 激光打标机便宜，技术成熟。

CO_2 激光打标机的缺点：功率小，不适合做精细加工，不能打金属，切割时有一定的斜度。

3. 激光打标机的应用

（1）激光打标机可用于雕刻多种金属及非金属材料。例如，普通金属及合金（铁、铜铝、镁、锌等所有金属），稀有金属及合金（金、银、钛），金属氧化物（各种金属氧化物均可），特殊表面处理（磷化、铝阳极化、电镀表面），ABS 料（电器用品外壳、日用品），油墨（透光按键、印刷制品），环氧树脂（电子元件的封装、绝缘层）。

（2）激光打标机可用于机械制造汽车配件、五金制品、工具配件、精密器械、电子元器件、集成电路（IC）、电工电器、手机通信、眼镜钟表、首饰饰品、塑胶按键、建材、PVC 管材、医疗器械、服装辅料、医药包装、酒类包装、建筑陶瓷、饮料包装、橡胶制品、工艺礼品、皮革等行业。

9.4.3　激光切割

激光切割是一种应用最广泛的激光加工技术，主要用于各种金属板材和非金属板材的切割。

图 9-13 是激光切割头示意图，透镜将激光聚焦至一个很小的光斑，光斑的直径通常为 0.1～0.5mm，焦斑位于加工表面附近，用以熔化和气化被切割材料。与此同时，一股与光束同轴气流由切割头出，将熔化或气化的材料由切口的底部吹出。随着激光切割头与被切材料

的相对运动，切口生成。如果吹出的气体和被切材料产生
放热反应，则此反应将提供切割所需要的附加能源。气流
还有冷却已切割表面、减少热影响区和保护聚焦透镜不受
污染的作用。

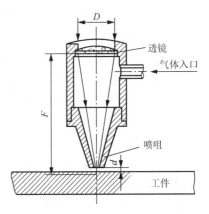

图 9-13　激光切割头示意图

1. 激光切割方式

（1）气化切割：在气化切割过程中，切口部分的材料
以蒸汽和渣的形式排出，这是切割不熔化材料（如木材、
碳和某些塑料）的基本形式。采用脉冲激光，其峰值功率
密度高达 $10^8W/cm^2$ 以上。

（2）熔化切割：当切割功率密度较低（$10^7W/cm^2$）时，
切口部分的材料主要发生熔化而不是气化，然后用惰性气
流把熔融材料吹走，这就是熔化切割。

（3）反应熔化切割：如果不采用惰性气体而采用氧气或其他反应气体吹气，与被切材料
产生放热反应，则在激光能量之外，提供了另一个切割所需的能源。例如，在吹氧切割钢板
时，放热反应可提供 60%的能量，而在吹氧切割钛合金板时，放热反应可提供 90%的能量。

反应熔化切割是金属板材切割的基本形式，只有在禁止氧化反应发生的情况下（如切割
航空工业用的钛合金板时），才使用惰性气体作熔化切割。

2. 激光切割特点

（1）切口狭窄，一般为 0.1～1.0mm。切口光洁，断面不平度平均高度 Rz 仅为数十微米，
无圆角及毛刺。

（2）激光切割属于非接触加工，无机械冲裁时的冲压力，无须机械冲裁下料时的搭边，
工件可以紧密排列，因此可节省 15%～30%的材料。

（3）热影响区小，其深度为 0.1mm 数量级，热应力和热变形均小。

（4）切割速度快，用激光切割钢板，生产率可达到冲模下料的 30%左右。

（5）切割范围广，几乎能切割任何金属和非金属材料。

（6）无须刀具、模具，在计算机控制下可以切割任意形状、尺寸的板材，特别适合多品
种小批量板材的切割。

3. 激光切割工艺参数

1）切割用激光

切割用激光首先要有高的光束质量。为了得到高功率密度和精细切口，聚焦光斑的直径
要小。为了保证沿不同方向切割时有同一效果，激光束应有良好的绕光轴旋转对称性和圆偏
振性。此外，激光束还应有高发射方向稳定性，以保证聚焦光斑位置稳定不变。

切割用激光器应具有连续输出和高重复频率输出两种功能，并可在两者之间快速切换，
应保证复杂轮廓的高质量切割。

激光切割所用的激光器绝大多数是 CO_2 激光器，YAG 激光器只占一小部分。激光功率多
在 2kW 以下，常用功率为 500～1500W。

2）聚焦透镜

透镜焦距应根据被切材料的厚度来选取，兼顾聚焦光直径和焦深两个方面。被切材料厚，
焦距宜选大些，对于几毫米的厚板材，常用聚焦透镜焦距为 50mm、100mm 和 125mm。

激光切割的聚焦光斑位置应靠近工件表面，并略在工件表面以下。

3）气流和喷嘴

气体在激光切割中通常与光轴同心。常用气体种类有氧气、空气和惰性气体。气流压力应选择合适。喷嘴气流压力过低，吹不走切口处的熔融材料；压力过高，又容易在工件表面形成涡流，同样削弱了气流去除熔融材料的作用。喷嘴的压力常在 300kPa 以下。为了保证大的切割压力，应该控制喷嘴出口至工件表面的距离为 0.3～1.3mm。

4）切割速度

切割速度取决于激光的功率密度以及被切材料的性质、厚度等。在一定的切割条件下，有最佳的切割速度范围。若切割速度过低，则材料发生过烧，切口宽度和材料热影响区扩大；若切割速度过高，则切口清渣不净。

在切割复杂轮廓时，切割速度应可调。为了避免在廓拐弯处因切割速度过低而产生过烧，激光器应由连续输出转为脉冲输出，脉冲峰值功率维持为原连续输出功率值不变，但脉宽可调，平均功率下降。

对于不同的材料，激光切割的难易程度也不同。碳钢、钛合金和大多数合金钢都能很好地用激光切割，不锈钢也能用激光切割，只是切割速度稍慢些，切割所需要的气流压力高些，铝合金和钢对 CO_2 激光具有高的反射率，属难切材料，应采用高重复频率、高峰值功率的增强冲 CO_2 激光切割。大多数非金属材料也能用激光切割板，某些脆性较大的材料，如陶瓷等易产生裂纹，宜采用划痕切割。

金属板材的切割厚度一般小于 10mm，为保证高的切割质量和切割效率，切割厚度常小于 6mm。

复习思考题

9-1　常用的特种加工方法有哪些？说明各自的应用范围。

9-2　简述电火花加工的工作原理、特点及应用。

9-3　简述电火花线切割的工作原理、特点及应用。

9-4　简述电火花线切割的工艺指标和影响因素。

9-5　简述激光加工的工作原理、特点及应用。

9-6　激光打标的原理有哪些？

9-7　简述激光切割的方式和工艺参数。

第 10 章 车 削 加 工

★ 本章基本要求 ★

（1）掌握车床的组成及各部分功能。
（2）了解车刀结构及刀具的安装。
（3）了解车床夹具及使用方法。
（4）掌握典型表面及轴类零件车削方法。

10.1 概　　述

车削加工是在车床上利用工件的旋转运动和车刀的进给运动改变毛坯的形状与尺寸，将其加工成符合要求的零件的加工方式。

车削加工是机械加工中应用最为广泛的加工方法之一，它工艺范围广，适于加工轴类、盘套类等回转体零件，能车削内外圆柱面和圆锥面、车槽、车端面、车螺纹及多种类型成形面，利用车床还可以完成钻孔、铰孔、钻中心孔、滚花等工作。车削可以加工碳钢、铸铁、有色金属等常见金属材料，也可以加工塑料、尼龙、橡胶等非金属材料。车削加工效率高，切削过程较平稳，加工精度一般可达到 IT10～IT7，表面粗糙度可达到 $Ra6.3～0.8\mu m$。车床占机床总数的 20%～30%，在机械制造中的地位十分重要。车床的种类很多，按其用途和结构不同，可分为卧式车床、立式车床、转塔车床、仿形车床、仪表车床、自动和半自动车床等，根据是否装备数控系统可分为数控车床和普通车床。本节以常见的普通卧式车床CY6232B（图 10-1）为例进行介绍。

图 10-1 CY6232B 卧式车床

CY6232B 卧式车床主要包括床身、主轴箱、进给箱、溜板箱、光杠、丝杠、刀架、尾座和操纵杆。

1．床身

床身是车床的基础件，有足够的强度和刚度，用于支撑和安装车床的各部件，并保证部件之间具有正确的相对位置。

2．主轴箱

主轴箱是车床的重要部件，用于布置车床主轴及其传动零部件和相应的附加机构，包括主轴组件、换向机构、传动机构、制动装置、操纵机构及润滑密封装置等。

通过主轴箱操作面板的手柄和旋钮能够调节主轴转速，如图10-2所示，高低速旋钮用来选择车床每个挡位的高（H）低（L）转速，挡位选择手柄可选择四种（Ⅰ/Ⅱ/Ⅲ/Ⅳ）不同的档位，扳动右侧的转速调节手柄能够获得对应不同挡位的高/低转速。CY6232B卧式车床提供了16种不同转速。

主轴前端装有夹具，图10-3为常用的三爪卡盘。使用时，利用专用卡盘扳手顺时针方向转动，工件被夹紧，反之工件被松开。工件夹紧后一定要及时取下卡盘扳手并放到指定位置，防止主轴启动时卡盘扳手高速飞出造成人员伤害。

图10-2　主轴箱操作面板

图10-3　三爪卡盘

3．进给箱

进给箱内装有进给运动的变换机构，用于改变横向/纵向进给量或加工螺纹的导程。

图10-4　进给箱操作面板

图10-4为进给箱操作面板。进给箱的作用是将主轴的旋转运动通过进给传动链传递给光杠或丝杠。

4．溜板箱

溜板箱也称拖板箱，是车床进给运动的操纵机构。通过箱内的齿轮变换，将光杠传来的旋转运动变为车刀的直线运动；也可操纵对开螺母，由丝杠带动车刀实现螺纹车削。

如图10-5所示，逆时针转动纵向进给手柄为纵向前进，反之为纵向后退；逆时针转动横向进给手柄为横向前进，反之为横向后退。将自动进给手柄扳至右侧并向上抬起可实现纵向自动进给；将自动进给手柄扳至左侧并向下按压可实现横向自动进给。将螺纹加工手柄向下按压可实现螺纹加工；将螺纹加工手柄抬起可实现一般外圆面的加工。小溜板主要用于加工圆锥面。

5．光杠和丝杠

光杠和丝杠用于将进给箱的运动传递给溜板箱，光杠用于一般车削，丝杠用于螺纹车削。

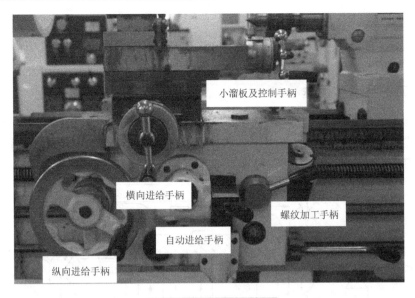

图 10-5　溜板箱操作结构

6. 刀架

刀架由大拖板、中拖板、转盘、小拖板和方刀架组成，用于装夹车刀并可做纵向、横向和斜向运动。

如图 10-6 所示，安装刀具时先将刀架与刀具的接触表面擦拭干净，然后将刀具安装至指定位置，最后使用紧固扳手将锁紧螺母锁紧固定。若使用刀架上的其他刀具进行加工，可松开底座后逆时针转动刀架，将需要使用的刀具调整至工作位置，再将刀架底座锁紧即可。

7. 尾座

尾座位于床身右侧导轨上，可用于支撑工件，也可用于安装孔加工刀具，如图 10-7 所示。尾座可根据需要在导轨上纵向滑动并锁紧至所需位置上。

图 10-6　刀架

8. 操纵杆

操纵杆是车床的控制机构，如图 10-8 所示，通过操纵手柄可以方便地控制车床主轴正转、反转或停车。

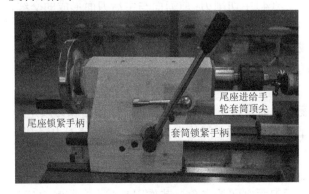

图 10-7　尾座

图 10-8　操纵杆

10.2　车　　刀

10.2.1　车刀的种类和用途

车刀种类多样，按加工表面特征可分为外圆车刀、内孔车刀、端面车刀、切断车刀、螺纹车刀等形式，如图 10-9 所示，能够车削多种成形面。车刀按结构可分为整体车刀、焊接车刀、机夹车刀、可转位车刀和成形车刀等。

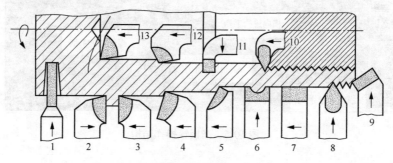

图 10-9　车刀类型

1-切断刀；2-右偏刀；3-左偏刀；4-弯头车刀；5-直头车刀；6-成形车刀；7-宽刃精车刀；8-外螺纹车刀；9-端面车刀；
10-内螺纹车刀；11-内槽车刀；12-通孔车刀；13-盲孔车刀

10.2.2　车刀的组成和几何角度

车刀由刀头和刀体（也称为刀杆）两部分组成。刀头用于切削，故称切削部分，刀体用

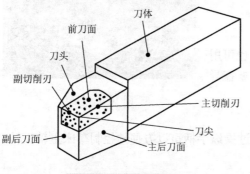

图 10-10　车刀的组成

来将车刀夹固在刀架或刀座上。刀头一般由三面、两刃、一刀尖组成，如图 10-10 所示。

1. 切削面和刀

（1）前刀面：刀具上切屑流出的表面。

（2）主后刀面：刀具上与工件过渡表面相对的刀面。

（3）副后刀面：刀具上与已加工表面相对的刀面。

（4）主切削刃：前刀面与主后刀面形成的交线，在切削中承担主要的切削任务。

（5）副切削刃：前刀面与副后刀面形成的交线，参与部分的切削任务。

（6）刀尖：主切削刃与副切削刃汇交的交点或一小段切削刃。

2. 切削角

在正交平面内测量的车刀主要几何角度包括前角、主后角、主偏角、副偏角和刃倾角。

（1）前角：在车刀主剖面中测量的水平面与前刀面之间的夹角。其作用是使刀刃锋利，便于切削。但前角过大会削弱刀刃的强度。前角一般为 5°～20°，加工塑性材料选较大值，加工脆性材料选较小值。

（2）主后角：包含切削刃的铅垂面与主后刀面之间的夹角。其作用是减小车削时主后刀

面与工件的摩擦。主后角一般为 3°～12°，粗加工时选较小值，精加工时选较大值。

（3）主偏角：进给方向与主切削刃之间的夹角。主偏角减小，刀尖强度增加，切削条件得到改善。但主偏角减小，工件的径向力增大。因此，车削细长轴时，为减少径向力，常用主偏角为 75°或 90°的车刀。车刀常用的主偏角有 30°、45°、60°、75°、90°几种。

（4）副偏角：进给运动的反方向与副切削刃之间的夹角。其主要作用是减小副切削刃与已加工表面之间的摩擦，以改善加工表面的粗糙度。在同样吃刀深度和进给量的情况下，减小副偏角，可以减少车削后的残留面积，使表面粗糙度降低。副偏角一般为 5°～15°。

（5）刃倾角：主切削刃与水平面之间的夹角。其作用是控制屑片流动的方向及改变刀尖强度。刃倾角一般为-5°～5°。

10.2.3　刀具材料

金属切削刀具工作时，其切削部分承受高压、高温、剧烈摩擦、冲击和振动。要在这样恶劣的条件下工作的刀具材料必须具有下列性能：高强度和高耐磨性；高耐热性；足够的强度和韧性。

常用的刀具材料有以下几种。

1. 碳素工具钢

这类材料淬火处理后硬度可达 59～64HRC，但耐热性差。当切削工作温度达到 200～250℃时，材料硬度就明显下降。

2. 合金工具钢

这类材料含有一定量的合金元素，如 Cr、W、Mn 等。其耐磨性能、热处理性能比碳素工具钢有所提高，但耐热性能仍然不高，为 350～450℃。

3. 高速钢

这类材料是以 W、Cr、V、Mo 为主要合金元素的高合金钢。经热处理后，高速钢的硬度可达 62～67HRC，特别是耐热性能，比碳素工具钢有显著提高，在 500～600℃的切削工作温度下，仍能保持常温下具有的硬度和耐磨性。

4. 硬质合金

这类材料是利用具有高耐磨性、高耐热性的 WC、TiC 等金属粉末，以 Co 作为黏合剂，采取粉末冶金的方法制得的合金。硬质合金的硬度可达 93～109HRA，相当于 74～102HRC，耐热性很好，切削工作温度高达 1000～1050℃时，仍能保持切削能力。但是，硬质合金的抗弯强度低，冲击韧性差，多制成各种形状的刀片，焊接或夹固在刀杆上使用。

此外，还有陶瓷材料、人造金刚石材料、立方氮化硼材料等。这些材料在相应的切削加工条件下，具有更为优良的性能。但因成本较高，所以使用较少。

10.2.4　车刀安装

车刀安装在机床刀架上，如图 10-11 所示。刀尖一般应与车床中心等高。车螺纹和车锥面时，刀尖和工件中心线一定要精确对中，以保证加工表面的形状准确；切槽和切断加工时，也必须精确对中，以保证切削加工能够顺利完成。强力切削时，可适当把车刀刀尖调高于

图 10-11　车刀安装示意图

工件中心线，调高量的最大值约为工件直径的 2%。

　　另外，车刀安装时要使其伸出部分尽可能短，以增加刚性，减少弹性变形，防止因弹性变形过大造成主、副偏角变化大，使已加工表面的表面粗糙度增加。还要注意，刀头必须加紧，以防加工中刀具的角度改变过大，造成扎刀事故，甚至危及人身安全。

10.3　车床夹具

　　定位准确、夹紧可靠是机床夹具的基本要求。车床主要用于加工回转表面，安装工件时，通常使被要加工表面回转中心与车床主轴的回转中心重合，以保证工件定位准确；同时还要施加足够的夹紧力，确保在受到切削力的情况下既能保证正确的位置不丧失，又能保证切削过程的安全。车床上常用的夹具有三爪卡盘、四爪卡盘、顶尖、中心架、跟刀架、心轴、花盘和弯板等。

1. 三爪卡盘

　　三爪卡盘是车床上最常用的夹具，如图 10-12 所示。当转动三爪卡盘上的小锥齿轮 3 时，可使与它相啮合的大锥齿轮 2 随之转动，大锥齿轮背面的平面螺纹使三个卡爪同时等速收缩或张开，以夹紧不同直径工件的同时保证自定心功能。三爪卡盘适于快速夹持截面为圆形、正三边形、正六边形的中小型轴类工件，夹持长度一般不小于 10mm。三爪卡盘通常还附带三个"反爪"，换到卡盘体上即可用来夹持直径较大的工件。

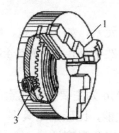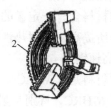

图 10-12　三爪卡盘

1-卡盘体；2-大锥齿轮；3-小锥齿轮

2. 顶尖

　　在车床上加工较长或工序较多的轴类工件时，常采用顶尖来安装，如图 10-13 所示。根据位置不同，顶尖分为前顶尖和后顶尖。在使用时，轴类零件毛坯装前后两个顶尖上，

图 10-13　车床顶尖

前顶尖装在主轴的锥孔内或直接用三爪卡盘卡紧，并与主轴一起旋转，后顶尖装在尾座套筒中，前后顶尖就确定了轴的位置。将卡箍卡紧在轴端上，卡箍的尾部深入拨盘的槽中，拨盘安装在主轴上并随主轴一起转动，通过拨盘带动卡箍即可使轴转动。

　　常用的顶尖有死顶尖和活顶尖两种。前顶尖常采用死顶尖；在高速切削时，为了防止后顶尖与中心孔摩擦发热量过大而过度磨损或烧伤，常采用活顶尖。活顶尖的精度通常低于死顶尖，一般用于轴的粗加工或半精加工。轴的加工精度要求比较高时，后顶尖也可选择死顶尖，但要合理选择切削速度。

10.4 车削加工方法

车床的加工范围很广,能够用于车外圆、车端面、切断和切槽、钻中心孔、车孔、铰孔、车各种螺纹、车圆锥面、车成形面、滚花和盘绕弹簧等,它们的共同特点为都是回转体表面。车削加工时,工件的旋转运动为主运动,车刀相对工件的移动为进给运动,两者合成车削运动。

10.4.1 车削操作要点

1. 刻度盘手柄的使用

在车削工件时,要准确、迅速地掌握切深,必须熟练地使用纵刀架、横刀架和小刀架的刻度盘。对于 CY6232B 卧式车床,如图 10-14 所示,刀架纵向进给手柄每转动一格,刀架纵向移动 0.2mm;刀架横向进给手柄每转动一格,刀架在直径上实现横向移动 0.02mm,小刀架每转动一格刀架移动 0.02mm。

图 10-14 手柄刻度盘

普通车床操作

数控车床操作

2. 试切

工件在车床上安装以后,要根据工件的加工余量确定走刀次数和每次走刀的切深。半精车和精车时,为了准确地确定切深,保证工件加工的尺寸精度,只靠刻度盘来进刀是不行的。因为刻度盘和丝杠都有误差,往往不能满足半精车和精车的要求,这就需要采用试切的方法。

3. 粗车

粗车的目的是尽快地从工件上切去大部分加工余量,使工件接近最后的形状和尺寸。粗车要给精车留有合适的加工余量,而精度和表面质量要求都很低。在生产中,加大切深对提高生产率最有利,而对车刀的寿命影响又最小。

4. 精车

粗车给精车或半精车留的加工余量一般为 0.5～2mm,加大切深对精车来说并不重要。精车的目的是要保证零件的尺寸精度和表面粗糙度的要求。

精车的公差等级一般为 IT10～IT7,其尺寸精度主要是依靠准确的度量、准确的进刻度并加以试切来保证的。因此,操作时要细心、认真。

精车时表面粗糙度的数值一般为 $Ra3.2～1.6\mu m$。

10.4.2 典型表面的车削加工

1. 车外圆

车外圆是车床的基本工作。长轴类工件一般用两顶尖装夹,有时为了增加工件的共性,可以用卡盘夹紧一端，另一端用顶尖支承。短轴和盘类工件常用卡盘装夹，如图 10-15 所示。带孔的套类工件常用心轴装夹。

粗车外圆应选用大前角和大主偏角的车刀，能保证刃口锐利，减小加工中的振动。精车外圆是要选用具有较大的前角、后角和正的刃倾角，刀刃较锋利，加工质量较高。

2. 车端面

在车床上的平面加工主要是车端面。端面是测量长度的基准，通常首先加工出来。车端面时，常用卡盘装夹工件，如图 10-16 所示。使用右偏刀车端面，由外圆向中心进给时，起主要切削作用的切削刃不是车外圆时的主切削刃，而是副切削刃。由于副切削刃的前角较小，所以切削不能顺利进行。另外，车刀受切削力方向的影响，刀尖容易扎入工件，形成凹面。要克服这个缺点，可从中心向外走刀。

图 10-15　车外圆

图 10-16　车端面

3. 切槽和切断

回转体零件内、外表面上的沟槽一般由相应的成形车刀，通过横向进给切成，如图 10-17

图 10-17　切槽加工

所示。对于较宽的槽，可按顺序分几次横向进给切至接近槽深，留下较小的余量再用纵向进给的方法切去，使槽底表面达到规定的深度和表面粗糙度。

切槽至极限深度就是切断。切窄槽与切断的情况相似。切断时，切断车刀受工件和切屑的包围，散热条件很差，排屑困难。切断车刀本身的结构特点是窄而长，强度和刚性较差，容易引起振动，损坏刀具，影响加工表面的质量。因此，切断比车外圆要困难得多，也比一般切槽工作困难。

10.4.3　车削质量与缺陷分析

车削加工时，常见的质量问题主要有尺寸精度达不到要求、产生锥度、圆度超差和表面粗糙度达不到要求。

1. 尺寸精度达不到要求的主要原因及预防

（1）看错图样或刻度盘使用不当。预防方法：认真看清图样尺寸要求，正确使用刻度盘，看清刻度值。

（2）没有进行试切。预防方法：根据加工余量算出切削深度，进行试切削，然后修正切削深度。

（3）由于切削热的影响，工件尺寸发生变化。预防方法：不能在工件温度较高时测量。

（4）量具有误差或测量不正确。预防方法：量具使用前，必须检查和调整零位；掌握正确的测量方法。

2. 产生锥度的主要原因及预防

（1）用小滑板车外圆时产生锥度是由于小滑板的位置不正，即小滑板刻线与中滑板的刻线没有对准零线。预防方法：必须事先检查小滑板的刻线是否与中滑板刻线的零线对准。

（2）用一夹一顶或两顶尖装夹工件时，由于后顶尖轴线不在主轴轴线上。预防方法：车削前必须找正锥度。

（3）工件装夹时悬伸较长，车削时因切削力影响使前端让开，产生锥度。预防方法：尽量减少工件的伸出长度，或另一端用顶尖支顶，增加装夹刚性。

（4）车刀中途逐渐磨损。预防方法：选用合适的刀具材料，或适当降低切削速度。

3. 圆度超差的主要原因及预防

（1）车床主轴间隙太大。预防方法：车削前检查主轴间隙，并调整合适，如因主轴轴承磨损太多，则需要更换轴承。

（2）毛坯余量不均匀，切削过程中切削深度发生变化。预防方法：分粗车和精车。

（3）工件用两顶尖装夹时，中心孔接触不良，或后顶尖顶得不紧，或前后顶尖产生径向圆跳动。预防方法：工件用两顶尖装夹必须松紧适当，若回转顶尖产生径向圆跳动，必须及时修理或更换。

4. 表面粗糙度达不到要求的主要原因及预防

（1）车刀刚性不足或伸出太长引起振动。预防方法：增加车刀刚性和正确装夹车刀。

（2）工件刚性不足引起振动。预防方法：增加工件的直径刚性。

（3）车刀几何参数不合理，如选用过小的前角、后角和主偏角。预防方法：选择合理的车刀角度（如适当增大前角，选择合理的后角和主偏角）。

（4）切削用量选用不当。预防方法：进给量不宜太大，精车余量和切削速度应选择恰当。

复习思考题

10-1 普通卧式车床主要组成部分及其作用。

10-2 普通车刀切削部分的组成部分及其定义。

10-3 轴类零件的加工方法。

10-4 影响车削加工质量的因素。

第11章 铣削加工

★本章基本要求★

（1）了解铣床的基本知识。
（2）熟悉常用铣刀的基本知识。
（3）熟悉铣削加工的基本知识。
（4）掌握铣削零件的定位和装夹。
（5）掌握平面铣削零件、沟槽铣削零件的加工工艺。
（6）掌握铣削零件常用量具的正确使用。

11.1 概　述

铣削是利用铣刀的旋转运动和工作台或铣刀的进给运动改变毛坯的形状和尺寸，将其加工成符合要求的零件的加工方式。

铣削是典型的多刃加工，加工效率较高。铣削加工的范围较广，可以铣削平面、台阶、沟槽、螺旋面、齿轮及空间曲面，如图 11-1 所示。铣削加工精度一般可以达到 IT10～IT8，表面粗糙度可以达到 $Ra6.3～0.8\mu m$。

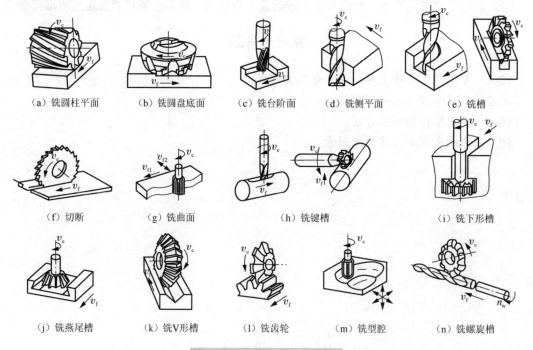

（a）铣圆柱平面　（b）铣圆盘底面　（c）铣台阶面　（d）铣侧平面　（e）铣槽

（f）切断　（g）铣曲面　（h）铣键槽　（i）铣下形槽

（j）铣燕尾槽　（k）铣V形槽　（l）铣齿轮　（m）铣型腔　（n）铣螺旋槽

图 11-1　铣削加工的主要内容

铣床是目前机械制造行业广泛采用的金属切削机床。按机床结构，铣床包括台式铣床、悬臂式铣床、滑枕式铣床、龙门式铣床、平面铣床、仿形铣床、升降台铣床、摇臂铣床、床身式铣床、专用铣床等。

以下通过万能卧式铣床和立式升降台铣床为例介绍铣床的基本结构。

1. 万能卧式铣床

万能卧式铣床的主要特点是主轴轴线与工作台平面平行，呈水平配置。工作台可沿纵向、横向、垂直方向等三个方向移动，并可在水平面内转动一定的角度，以适应不同的铣削加工需要。X6132 万能卧式铣床结构如图 11-2 所示，它的主要组成部分及作用如下。

（1）床身：床身用来支承和固定铣床各部件。床身内部装有主轴、变速机构和电动机等；顶面有水平导轨，供横梁移动；前端面有垂直导轨，供升降台上下移动。

（2）横梁：上面装有吊架，用以支承刀杆外伸端；横梁可沿水平导轨移动，按加工需要调整其伸出长度。

（3）主轴：主轴为空心轴，前端有 7：24 的精密锥孔，用以安装铣刀刀杆并带动铣刀旋转。

（4）纵向工作台：通过 T 形槽来装夹工件或夹具；下部通过螺母与丝杆连接，可在转台的导轨上纵向移动。

（5）转台：转台下部与横向工作台用螺栓连接，松开螺栓，可使纵向工作台在水平平面内旋转±45°，以实现斜向进给，铣削螺旋槽等。

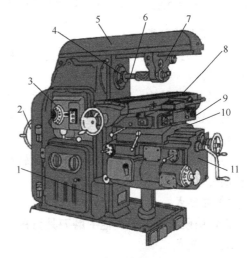

图 11-2　X6132 万能卧式铣床示意图

1-床身；2-电动机；3-主轴变速机构；4-主轴；5-横梁；6-刀杆；7-吊架；8-纵向工作台；9-转台；10-横向工作台；11-升降台

（6）横向工作台：位于升降台上面的水平导轨上，可带动纵向工作台做横向移动。

（7）升降台：使整个工作台沿床身的垂直导轨上下移动，以调整工作台面至铣刀的距离，并可做垂直进给。升降台内部装有进给电机和进给变速机构。

2. 立式升降台铣床

立式升降台铣床的主要特点是主轴轴线与工作台台面垂直，立式铣床上能装夹镶有硬质合金刀片的盘铣刀进行高速切削，因而生产率高、应用广泛。图 11-3 为 X5020 立式升降台铣床结构。

立式铣床主要的构造分为 1-铣头，2-主轴，3-工作台，4-床鞍，5-升降台，6-底座等。在铣床上可以加工平面（水平面、垂直面）、沟槽（键槽、T

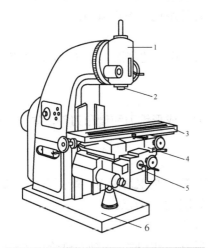

图 11-3　X5020 立式升降台铣床示意图

1-铣头；2-主轴；3-工作台；4-床鞍；5-升降台；6-底座

形槽、燕尾槽等)、分齿零件(齿轮、花键轴、螺旋形表面)及各种曲面。此外,还可用于对回转体表面、内孔加工及进行切断工作等。立式铣床立铣头可在垂直平面内顺、逆回转调整±45°,拓展机床的加工范围。立式铣床工作台 X/Y/Z 向有手动进给、机动进给和机动快进三种。

11.2　铣　　刀

11.2.1　常用铣刀的种类、结构和应用

1．铣刀的种类

常用铣刀可分为立铣刀、面铣刀、圆柱形铣刀、三面刃铣刀、角度铣刀、锯片铣刀和 T 形铣刀等。

2．铣刀的结构

常用铣刀有四种结构:整体式、焊接式、镶嵌式和可转位式。

1)整体式

刀体和刀齿是制成一体的,制造比较简便,但是大型的铣刀一般不做成整体式的,因为比较浪费材料。

2)焊接式

刀齿用硬质合金或其他耐磨刀具材料制成,并钎焊在刀体上。

3)镶嵌式

这种铣刀的刀体是普通钢料做成的,而把工具钢的刀片镶到刀身上去。大型的铣刀多半采用这种方法。用镶齿法制造铣刀可以节省工具钢材料,同时若有一个刀齿用坏,还可以拆下来重新换一个好的,不必牺牲整个铣刀。但是小尺寸的铣刀因为地位有限,不能利用镶齿法制造。

4)可转位式

将能转位使用的多边形刀片用机械方法夹固在刀杆或刀体上的铣刀。在切削加工中,当一个刃尖磨钝后,将刀片转位后使用另外的刃尖,这种刀片用钝后不再重磨。

3．铣刀的应用

不同的铣刀铣削的部位各有差异,选择适当的铣刀加工相应的型面,可以提高加工效率。下面介绍本中心实习常用的铣刀。

1)立铣刀

立铣刀可分为平底铣刀、球头铣刀、带倒角平底铣刀、成形铣刀和倒角刀等,如图 11-4 所示。

2)面铣刀

面铣刀的主切削刃分布在圆柱或圆锥表面上,端部切削刃是主切削刃,端面上分布着副切削刃。它主要用于加工台阶面和平面,生产效率高,如图 11-5 所示。

3)键槽铣刀

键槽铣刀一般只有两个刀瓣,圆柱面和端面都有切削刃。加工时,先轴向进给达到槽深,然后沿键槽方向铣出键槽全长,如图 11-6 所示。

图 11-4 立铣刀

图 11-5 面铣刀

图 11-6 键槽铣刀

11.2.2 铣刀安装

下面介绍本中心实习用铣刀的安装方法。

1. 立铣刀

立铣刀是圆周面及底部带有切削刃的柄式铣刀，适合加工小平面、侧平面、沟槽、铣孔和曲面等，如图 11-7 所示。

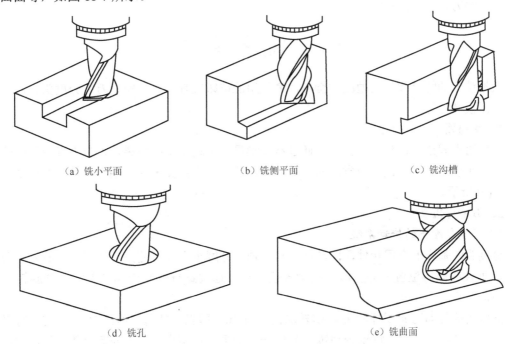

（a）铣小平面　　　　　　（b）铣侧平面　　　　　　（c）铣沟槽

（d）铣孔　　　　　　　　　（e）铣曲面

图 11-7 立铣刀常用的加工方法

立铣刀均为带柄的铣刀，其中锥柄立铣刀可通过变锥套安装在锥度为 7∶24 锥孔的刀轴上再将刀轴安装在主轴上；直柄立铣刀多用专用弹性夹头进行安装，一般直径不超过 20mm，如图 11-8 所示。

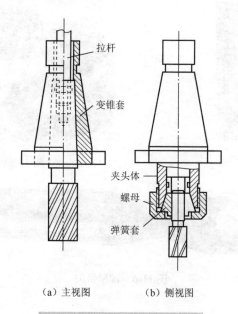

（a）主视图　　　　　　（b）侧视图

图 11-8　直柄立铣刀安装结构图

2. 面铣刀

面铣刀按刀片形状，可分为 110°、45°、11° 和圆刀片面铣刀，如图 11-5 所示。

面铣刀由于结构差异，在出厂时就配有相应的刀柄。因此，面铣刀一般视为是带柄的铣刀，与立铣刀安装方法一样。

11.3　铣床夹具

根据铣床的特点和加工型面的特点，最常用的铣床夹具有平口钳、万能分度头、回转工作台、压扳螺钉等。

1. 平口钳

平口钳有固定钳口和活动钳口，通过丝杆螺母，传动钳口间距离，可装夹直径不同的工件。平口钳装夹工件方便，节省时间，效率高，适合装夹板类零件、轴类零件、方体零件，如图 11-9 所示。

2. 万能分度头

1）万能分度头的传动系统

分度头的基座上有回转件，回转件上有主轴，分度头主轴可随回转件在铅垂面内振动或水平、垂直或倾斜位置、分度时、摆动分度手柄，通过蜗杆蜗轮带动分度头主轴旋转，如图 11-10 所示。

分度头的传动比 i=蜗杆的头数/蜗轮的齿数=1/40，即当手柄通过速比为 1：1 的一对直齿轮带动蜗杆转动一周时，蜗轮带动转过 1/40 周，如果工件整个圆周上的等分数 Z 为已知，则每一等分要求分度头主轴 $1/Z$ 圈，这时分度头手柄所需转动的圈数 n 可计算为

$$1：40=n·1/Z \text{ 即 } n=40/Z$$

图 11-9　平口钳

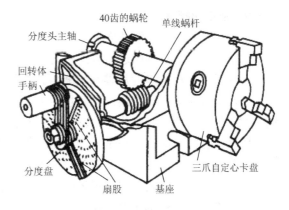

图 11-10　万能分度头的示意图

2）简单分度方法

（1）简单分度公式。

（2）角度分度公式。

分度头具有两块分度盘，盘两面钻有许多孔以被分度时用（图 11-10）

实例：加工一齿轮齿数为 Z=50 的工件，手柄应怎么转动？（分度盘孔数为 24、25、28、30、34）

根据公式 $n=40/Z=40/50=20/25$，每次分度时分度手柄应在 25 孔圈上转过 20 个孔距。

3）分度头的加工范围

分度头应用广泛，可加工圆锥形状零件，可将圆形的或是直线的工件精确地分割成各种等份，还可以加工刀具、沟槽、齿轮、渐升线凸轮以及螺旋线零件等。

11.4　铣削的加工方法

11.4.1　铣削操作要点

1. 周铣和端铣

用刀齿分布在圆周表面的铣刀而进行铣削的方式称为周铣；用刀齿分布在圆柱端面上的铣刀而进行铣削的方式称为端铣，如图 11-11 所示。

与周铣相比，端铣铣平面时较为有利，原因如下。

（1）端铣刀的副切削刃对已加工表面有修光作用，能使粗糙度降低。周铣的工件表面则有波纹状残留面积。

（2）同时参加切削的端铣刀齿数较多，切削力的变化程度较小，因此工作时振动比周铣小。

（3）端铣刀的主切削刃刚接触工件时，切屑厚度不等于零，使刀刃不易磨损。

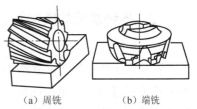

（a）周铣　　　　（b）端铣

图 11-11　周铣和端铣

（4）端铣刀的刀杆伸出较短，刚性好，刀杆不易变形，可用较大的切削用量。

端铣法的加工质量较好，生产率较高，所以铣削平面大多采用端铣。但是，周铣对加工各种形面的适应性较广，有些形面无法使用端铣。

2. 逆铣和顺铣

周铣有逆铣法和顺铣法之分。逆铣时，铣刀的旋转方向与工件的进给方向相反；顺铣时，铣刀的旋转方向与工件的进给方向相同。

逆铣时，切屑的厚度从零开始渐增。实际上，铣刀的刀刃开始接触工件后，将在表面滑行一段距离才真正切入金属。这就使得刀刃容易磨损，并增加加工表面的粗糙度。逆铣时，铣刀对工件有上抬的切削分力，影响工件安装在工作台上的稳固性。

顺铣没有上述缺点。但是，顺铣时工件的进给会受工作台传动丝杠与螺母之间间隙的影响。因为铣削的水平分力与工件的进给方向相同，铣削力忽大忽小，就会使工作台窜动和进给量不均匀，甚至引起打刀或损坏机床。因此，必须在纵向进给丝杠处有消除间隙的装置才能采用顺铣。但一般铣床上是没有消除丝杠螺母间隙的装置，只能采用逆铣法。另外，对铸锻件表面的粗加工，顺铣因刀齿首先接触黑皮，将加剧刀具的磨损，此时，也是以逆铣为妥，如图 11-12 所示。

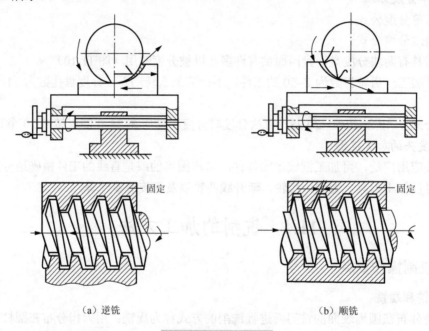

（a）逆铣　　　　　　　　　　　　　　　　　　（b）顺铣

图 11-12　逆铣和顺铣

11.4.2　各种表面的铣削加工

1. 铣平面

在铣床上用端铣刀、立铣刀和圆柱铣刀都可进行平面加工。如图 11-13 所示，用端铣刀和立铣刀可进行垂直平面的加工。用端铣刀加工平面，因其刀杆刚性好，同时参加切削刀齿较多，切削较平稳，加上端面刀齿副切削刃有修光作用，所以切削效率高，刀具耐用，工件表面粗糙度较低。端铣平面是平面加工的最主要方法。而用圆柱铣刀加工平面，因其在卧式铣床上使用方便，单件小批量的小平面加工仍广泛使用。

2. 铣台阶面

在卧式铣床上铣台阶，如图 11-14 所示，尺寸不大的台阶面可用三面刃铣刀铣削，尺寸较大的台阶面用组合铣刀铣削。台阶的铣削也可以在立式铣床上加工。在立式铣床加工时常采用直径较大的立铣刀。

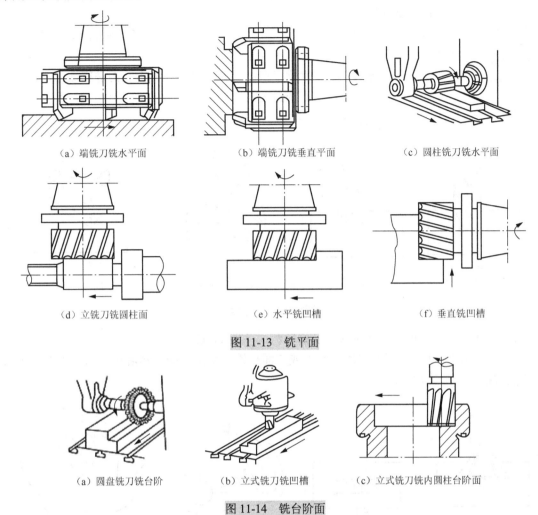

(a) 端铣刀铣水平面　　　　(b) 端铣刀铣垂直平面　　　　(c) 圆柱铣刀铣水平面

(d) 立铣刀铣圆柱面　　　　(e) 水平铣凹槽　　　　(f) 垂直铣凹槽

图 11-13　铣平面

(a) 圆盘铣刀铣台阶　　　　(b) 立式铣刀铣凹槽　　　　(c) 立式铣刀铣内圆柱台阶面

图 11-14　铣台阶面

3. 铣斜面

铣斜面的方法一般取决于所能提供的机床附件条件，通常有倾斜工件法、倾斜主轴法以及角度铣刀法三种方法，如图 11-15 所示。

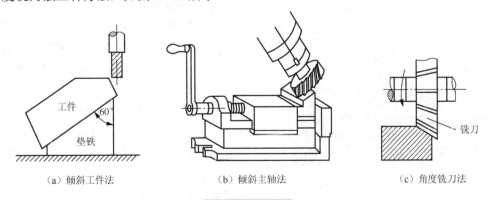

(a) 倾斜工件法　　　　(b) 倾斜主轴法　　　　(c) 角度铣刀法

图 11-15　铣斜面

4. 铣沟槽

1）铣键槽

铣削操作

可用钻头铣刀、卧式铣刀、螺旋刃铣刀、三面刃铣刀来铣键槽，如图 11-16 所示。

铣敞开式键槽：这种键槽多在卧式铣床上用三面刃铣刀进行加工。

铣封闭式键槽：在轴上铣封闭式键槽，一般用立式铣刀加工。因键槽铣刀一次轴向进给不能太大，切削时要注意逐层切下。

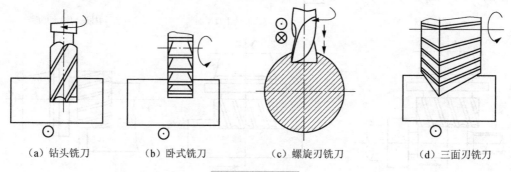

（a）钻头铣刀　　（b）卧式铣刀　　（c）螺旋刃铣刀　　（d）三面刃铣刀

图 11-16　铣键槽

2）燕尾槽、T形槽、圆弧槽以及齿槽的加工（图 11-17）

铣 T 形槽应分两步进行，先用立铣刀或三面刃铣刀铣出直槽，然后在立式铣床上用 T 形槽或燕尾槽铣刀最终加工成形。

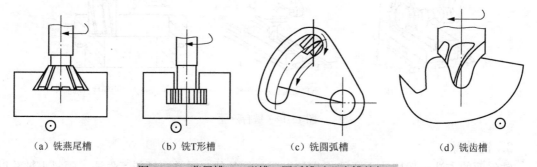

（a）铣燕尾槽　　（b）铣T形槽　　（c）铣圆弧槽　　（d）铣齿槽

图 11-17　燕尾槽、T形槽、圆弧槽以及齿槽的加工

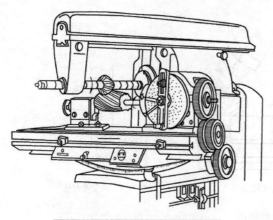

图 11-18　铣螺旋槽的铣床示意图

3）铣螺旋槽

分布在圆柱面上的螺旋槽可以用卧式万能铣床加工。这里以使用 X62W 来加工举例。将工作台旋转一个螺旋升角的角度，在工作台上固定一个分度头，将分度头与纵向工作台的丝杠利用挂轮进行连接，挂轮的具体使用需要根据加工要求进行计算后选择（可以查书）。然后根据螺旋槽的截面形状选择盘铣刀，调整好进给量就可以加工了。由于主轴的旋转，加上工作台和分度头的复合运动，就切削出螺旋槽。使用此方法也可以加工螺旋齿轮，如图 11-18 所示。

11.5 铣削质量分析及对策

11.5.1 铣削质量

零件的加工质量一般包含加工精度和表面质量两个方面。零件的表面质量与加工精度一样是零件加工质量的重要组成部分，其质量好坏直接影响零件或产品的使用性能。加工精度包括尺寸精度、形状精度和位置精度。加工的表面质量是指零件加工后的表面层状态，它是判定零件质量优劣的重要依据。表面质量主要有以下两方面内容：表面的微观几何特征，即表面粗糙度；表面层物理力学性能，即指表面层加工硬化（冷作硬化）、表面层金相组织的变化和表面层残余应力三个方面。

工艺系统中的各项原始误差，都会使工件和刀具的相对位置或相互运动关系发生变化，造成加工误差。分析和产生各种原始误差的因素，积极采取措施，是保证和提高铣削加工精度的关键。对铣削加工而言，铣床本身、铣刀、夹具等铣削相关装备，以及装夹、调整、加工和测量等工艺过程都会影响加工质量。加工过程中影响加工精度的因素有：

1）装夹

活塞以止口及其端面为定位基准，在夹具中定位，并用菱形销插入经半精镗的销孔中做周向定位。固定活塞的夹紧力作用在活塞的顶部。由于设计基准（顶面）与定位基准（止口端面）不重合，及定位止口与夹具上凸台、菱形销与销孔的配合间隙会引起定位误差，若夹紧力过大会引起夹紧误差。这两项原始误差统称为工件装夹误差。

2）调整

装夹工件前后，必须对机床、刀具和夹具进行调整，并在试切几个工件后再进行精确微调，才能使工件和刀具之间保持正确的相对位置。需进行夹具在工作台上的位置调整，菱形销与主轴同轴度的调整，以及对刀调整等。由于调整不可能绝对精确，因而就会产生调整误差。另外，机床、刀具、夹具本身的制造误差在加工前就已经存在了，这类原始误差称为工艺系统的几何误差。应该注意的是，即使有夹具，在加工前也要进行一定的位置调整工作，这样才能使得待加工工件和加工刀具之间保持正确的相对位置。

3）加工

由于在加工过程中产生了切削力、切削热和摩擦，它们将引起工艺系统的受力变形、受热变形和磨损，从而影响工件与刀具之间的相对位置，造成加工误差。这类在加工过程中产生的原始误差称为工艺系统的动误差。

4）测量

在加工过程中，还必须对工件进行测量，任何测量方法和量具、量仪不可能绝对准确，由此产生的误差称为测量误差。

11.5.2 铣削误差分析

加工原理误差是指采用近似的成形运动或近似的刀刃轮廓进行加工而产生的误差。例如，在三坐标数控铣削上铣削复杂型面零件时，通常要用球头刀并采用"行切法"加工。所谓行切法，就是球头刀与零件轮廓的切点轨迹是一行一行的，而行间的距离 s 是按零件加工要求确定的，究其实质，这种方法是将空间立体型面视为众多的平面截线的集合，每次走刀加工出其中的一条截线。

1. 工艺分析产生的误差

在机械加工的每一个工序中，总是要对工艺系统进行这样或那样的调整工作。由于调整不可能绝对地准确，因此产生调整误差。

工艺系统的调整有两种基本方式。

1）试切法调整

测量误差：指量具本身的精度、测量方法或使用条件下的误差（如温度影响、操作者的细心程度）等，它们都影响调整精度，因而产生加工误差。

机床进给机构的位移误差：当试切最后一刀时，往往要按刻度盘的显示值来微量调整刀架的进给量，这时常会出现进给机构的"爬行"现象，结果使刀具的实际位移与刻度盘显示值不一致，造成加工误差。

试切与正式切削时切削层厚度不一致：不同材料刀具的刃口半径是不同的，因此，刀刃所能切除的最小切削层的极限厚度不同。

2）调整法调整

在成批、大量生产中，先根据样件（或样板）进行初调，试切若干工件，再据此做精确微调。这样既缩短了调整时间，又可得到较高的加工精度。

由于采用调整法对工艺系统进行调整时，也要以试切为依据，因此上述影响试切法调整精度的因素，同样也对调整法有影响。此外，影响调整精度的因素还有以下方面。

定程机构误差：在大批量生产中广泛采用行程挡块、靠模、凸轮等机构保证加工尺寸。此时，这些定程机构的制造精度和调整，以及与它们配合使用的离合器、电气开关、控制阀等的灵敏度就成为调整误差的主要来源。

样件或样板的误差：包括样件或样板的制造误差、安装误差和对刀误差。这些也是影响调整精度的重要因素。

测量有限试件造成的误差：工艺系统初调好以后，一般都要试切几个工件，并以其平均尺寸作为判断调整是否准确的依据：由于试切加工的工件数（称为抽样件数）不可能太多，因此不能把整批工件切削过程中各种随机误差完全反映出来。因此，试切加工几个工件的平均尺寸与总体尺寸不可能完全符合，因而造成误差。

2. 机床误差

1）机床导轨的导向精度

导轨导向精度是指机床导轨副的运动件实际运动方向与理想运动方向的符合程度，这两者之间的偏差值称为导向误差。导轨是机床中确定主要部件相对位置的基准，也是运动的基准，它的各项误差直接影响被加工工件的精度。

导轨误差对加工精度的影响，因加工方法和加工表面不同而异。在分析导轨误差对加工精度的影响时，主要应考虑导轨误差引起刀具与工件在误差敏感方向的相对位移。

影响导轨导向精度的因素主要有导轨副的制造精度、安装精度和使用过程中的磨损。机床安装不正确引起的导轨误差，往往远大于制造误差。特别是长度较长的龙门刨床、龙门铣床和导轨磨床等，它们的床身导轨是一种细长的结构，刚性较差，在本身自重的作用下就容易变形。

在设计时应从结构、材料、润滑、防护装置等方面采取措施以提高导轨的导向精度和耐磨性；在制造时应尽量提高导轨副的制造精度；在机床安装时，应校正好水平和保证地基质量；另外，使用时要注意调整导轨副的配合间隙，同时保证良好的润滑和维护。

2）机床主轴的回转误差

主轴回转误差的基本概念：机床主轴是用来装夹工件或刀具并传递主要切削运动的重要部件。它的回转精度是机床精度的一项很重要的指标，主要影响零件加工表面的几何形状精度、位置精度和表面粗糙度。

主轴回转误差对加工精度的影响：机床不同、加工表面不同，主轴回转误差所引起的加工误差也不相同。

影响主轴回转精度的主要因素：引起主轴回转轴线漂移的主要原因是轴承的误差、轴承间隙及与轴承配合零件的误差。

提高主轴回转精度的措施：①提高主轴部件的制造精度首先应提高轴承的回转精度，如选用高精度的滚动轴承，或采用高精度的多油楔动压轴承和静压轴承。其次是提高与轴承相配合零件（箱体支承孔、主轴轴颈）的加工精度。②对滚动轴承适当预紧以消除间隙，甚至产生微量过盈，由于轴承内外圈和滚动体弹性变形的相互制约，既增加了轴承刚度，又对轴承内外圈滚道和滚动体的误差起均化作用，因而可提高主轴的回转精度。③使主轴的回转误差不反映到工件上直接保证工件在加工过程中的回转精度而不依赖于主轴，是保证工件形状精度最简单而又有效的方法。

3）机床传动链的传动误差

传动链精度分析：传动链的传动误差是指内联系的传动链中首末两端传动元件之间相对运动的误差。它是螺纹、齿轮、蜗轮以及其他按展成原理加工时，影响加工精度的主要因素。例如，在滚齿机上用单头滚刀加工直齿轮时，要求滚刀与工件之间具有严格的运动关系：滚刀转一转，工件转过一个齿。

减少传动链传动误差的措施：①传动件数越少，传动链越短，传动精度就高。②提高传动件特别是末端传动副（如丝杆螺母副、蜗轮蜗杆副）的制造和装配精度。此外，可采用各种消除间隙装置以消除传动齿轮间的间隙。③尽可能采用降速传动。④采用校正装置。校正装置的实质是在原传动链中人为地加入一误差，其大小与传动链本身的误差相等而方向相反，从而使之相互抵消。

4）夹具的误差

夹具的误差主要是指定位误差以及夹具上各元件或装置的制造误差、调整误差、安装误差及磨损。夹具的误差将直接影响工件加工表面的位置精度或尺寸精度。

5）刀具的制造误差与磨损

刀具误差对加工精度的影响，根据刀具的种类不同而不同。

（1）采用定尺寸刀具（如钻头、铰刀、键槽铣刀、浮动镗刀及圆拉刀等）加工时，刀具的尺寸精度直接影响工件的尺寸精度。

（2）采用成形刀具（如成形车刀、成形铣刀、成形砂轮等）加工时，刀具的形状精度将直接影响工件的形状精度。

（3）展成刀具（如齿轮滚刀、花键滚刀、插齿刀等）的刀刃形状必须是加工表面的共轭曲线。因此，刀刃的形状误差会影响加工表面的形状精度。

（4）对于一般刀具（如车刀、镗刀、铣刀），其制造精度对加工精度无直接影响，但这类刀具的耐用度较低，刀具容易磨损。

任何工具在切削过程中都不可避免地会产生磨损，这都将引起工件的尺寸和形状误差。

6）工件残余应力引起的变形

残余应力也称内应力，是指在没有外力作用下或去除外力后工件内存留的应力。残余应力是由金属内部相邻组织发生了不均匀的体积变化而产生的。促成这种变化的因素主要来自冷、热加工。切削过程中产生的力和热，也会使被加工工件的表面层产生残余应力。

合理安排工艺过程：例如，粗精加工分开在不同工序中进行，使粗加工后有一定时间让残余应力重新分布，以减少变形对精加工的影响。在加工大型工件时，粗精加工往往在一个工序中完成，这时应在粗加工后松开工件，让工件有自由变形的可能，然后再用较小的夹紧力夹紧工件后进行精加工。对于精密零件（如精密丝杠），在加工过程中不允许采用冷校直（可用加大余量的方法）。

改善零件结构，提高零件的刚性，使壁厚均匀等均可减少残余应力的产生。

7）加工过程中的热变性

在机械加工过程中，工艺系统会受到各种热的影响而产生温度变形，一般也称为热变形，这种变形将破坏刀具与工件的正确几何关系和运动关系，造成工件的加工误差。

热变形对加工精度影响比较大，特别是在精密加工和大件加工中，热变形所引起的加工误差通常会占到工件加工总误差的 40%~70%。

引起工艺系统变形的热源可分为内部热源和外部热源两大类。内部热源主要指切削热和摩擦热，它们产生于工艺系统内部，其热量主要是以热传导的形式传递的。外部热源主要是指工艺系统外部的、以对流传热为主要形式的环境温度（它与气温变化、通风、空气对流和周围环境等有关）和各种辐射热（包括由阳光、照明、暖气设备等发出的辐射热）。

目前，对于温度场和热变形的研究，仍然着重于模型试验与实测。热电偶、热敏电阻、半导体温度计是常用的测温手段；由于测量技术落后、效率低、精度差，已不能满足现代机床热变形研究工作的要求。近年来，红外测温、激光全息照相、光导纤维等技术在机床热变形研究中已开始得到应用，成为深入研究工艺系统热变形的先进手段。

复习思考题

11-1　X5020 立式升降台铣床主要由哪几部分组成？各部分的主要作用是什么？

11-2　铣削的主运动和进给运动各是什么？

11-3　铣床的主要附件有哪几种？其主要作用是什么？

11-4　铣床能加工哪些表面？各用什么刀具？

11-5　铣床按结构分主要有哪几类？其主要区别是什么？

11-6　用来制造铣刀的材料主要是什么？

11-7　如何安装带柄铣刀和带孔铣刀？

11-8　逆铣和顺铣相比，其突出优点是什么？

11-9　在轴上铣封闭式和敞开式键槽可选用什么铣床和刀具？

11-10　铣床上工件的主要安装方法有哪几种？

第12章 磨 削 加 工

12.1 概　　　述

磨削是用磨料、磨具切除工件上多余材料的加工方法。磨削加工是应用较为广泛的切削加工方法之一。

机械加工分为粗加工、精加工、热处理等加工方式，磨削加工属于精加工，加工量少，精度高。在机械制造行业中应用比较广泛，经热处理淬火的碳素工具钢和渗碳淬火钢零件，在磨削时与磨削方向基本垂直的表面常常出现大量的较规则排列的磨削裂纹，它不但影响零件的外观，还会影响零件的质量。

磨削用于加工各种工件的内外圆柱面、圆锥面和平面，以及螺纹、齿轮和花键等特殊、复杂的成形表面。

如图 12-1 所示，由于磨粒的硬度很高，磨具具有自锐性，磨削可以用于加工各种材料，包括淬火钢、高强度合金钢、硬质合金、玻璃、陶瓷和大理石等高硬度金属和非金属材料。磨削速度是指砂轮线速度，一般为 30~35m/s，超过 45m/s 时称为高速磨削。磨削通常用于半精加工和精加工，精度可达 IT8~IT5 甚至更高，一般磨削的表面粗糙度为 $Ra1.25~0.16\mu m$，精密磨削为 $Ra0.16~0.04\mu m$，超精密磨削为 $Ra0.04~0.01\mu m$，镜面磨削可达 $Ra0.01\mu m$ 以下。磨削的比功率（或称比能耗，即切除单位体积工件材料所消耗的能量）比一般切削大，金属切除率比一般切削小，故在磨削之前工件通常都先经过其他切削方法去除大部分加工余量，仅留 0.1~1mm 或更小的磨削余量。随着缓进给磨削、高速磨削等高效率磨削的发展，已能从毛坯直接把零件磨削成形。也有用磨削作为荒加工的，如磨除铸件的浇冒口、锻件的飞边和钢锭的外皮等。

图 12-1　磨削加工

磨削与其他切削加工方式，如车削、铣削、刨削等比较，具有以下特点。

（1）磨削速度很高，可达 30~50m/s；磨削温度较高，可达 1000~1500℃；磨削过程历时很短，只有万分之一秒左右。

（2）磨削加工可以获得较高的加工精度和很小的表面粗糙度值。

（3）磨削不但可以加工软材料，如未淬火钢、铸铁等，而且可以加工淬火钢及其他刀具不能加工的硬质材料，如瓷件、硬质合金等。

（4）磨削时的切削深度很小，在一次行程中所能切除的金属层很薄。

（5）当磨削加工时，从砂轮上飞出大量细的磨屑，而从工件上飞溅出大量的金属屑。磨屑和金属屑都会使操作者的眼部遭受危害，尘末吸入肺部也会对身体有害。

（6）由于砂轮质量不良、保管不善、规格型号选择不当、安装出现偏心，或给进速度过大等，磨削时可能造成砂轮的碎裂，从而使工人遭受严重的伤害。

（7）在靠近转动的砂轮进行手工操作时，如磨工具、清洁工件或砂轮修正方法不正确时，工人的手可能碰到砂轮或磨床的其他运动部件而受到伤害。

（8）磨削加工时产生的噪声最高可达 110dB 以上，如不采取降低噪声措施，也会影响健康。

12.2　磨削加工设备

12.2.1　普通磨床的组成及其基本操作

外圆磨床（图 12-2）是加工工件圆柱形、圆锥形或其他形状素线展成的外表面和轴肩端面的磨床；使用最广泛，能加工各种圆柱形、圆锥形外表面及轴肩端面磨床。

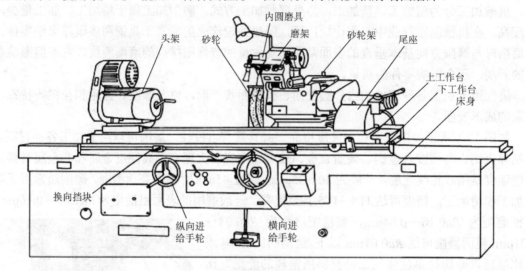

图 12-2　外圆磨床

1. 外圆磨床操作方法

（1）开机后令其空转 3～5min，之后开始检查各个系统工作情况是否正常。

（2）根据要加工的工件来确定所用夹具规格，调整夹具松紧程度，使其方便装夹又牢靠。

（3）调整机床：根据工件形状长度，调整合适的尾座位置，压紧尾座，把砂轮退远一定距离，装上工件，开启主轴，使工件旋转。检查：旋转状况是否正常，夹具与机床插销接触是否合适，停下主轴检查取下工件时是否方便快捷。

（4）修整砂轮：根据工件图纸修整砂轮成形面。（特别注意：每次修之前一定要记得先退砂轮，退到使其进刀后都能与金刚笔头有一段距离的安全点，打进给手柄使其砂轮靠近修刀座，然后缓慢摇动刻度盘，让砂轮缓慢接触金刚笔，少量进给修整。）

（5）对刀：装上工件，调整砂轮位置，使其对准要加工的工件位置，为保证安全，最好退一定距离的砂轮。进刀，缓慢接触工件进行对刀。

（6）检测，加工：切忌切削用量不可太大，一般单边不超过 10 丝，每次进刀加工都要退刻度盘，等砂轮接触工件后再缓慢摇刻度盘到加工指定位，否则有可能抵爆砂轮。砂轮爆炸犹如黑炸药爆炸。

2. 普通内圆磨床

内圆磨床（图 12-3）操作方法与外圆磨床相类似，这里略过。区别在于内圆磨床的机床主轴与工件轴心相平行，对刀是从工件内壁里面开始的。

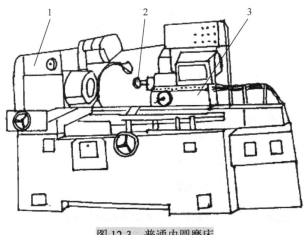

图 12-3　普通内圆磨床

1-头架；2-砂轮；3-砂轮架

3. 平面磨床操作方法

平面磨床（图 12-4）主要用砂轮旋转研磨工件以使其可达到要求的平整度，根据工作台形状可分为矩形工作台和圆形工作台两种，矩形工作台平面磨床的主参数为工作台宽度及长度，圆形工作台的主参数为工作台面直径。根据轴类的不同可分为卧轴磨床和立轴磨床，如M7432 立轴圆台平面磨床，4080 卧轴矩台平面磨床。

（1）检查机台各部位是否在正确的位置上（如左右自动控制杆是否归位、左右调距滑块是否在行程挡块两边各一个）。

（2）打开电源"启动"开关按钮。

（3）打开磁盘开关，把砂轮修整器放在吸盘上。

（4）（打开砂轮）打开主轴电动机启动开关。

（5）用左右手轮和前后手轮将砂轮修整器移到砂轮中心左前方约 5mm 处。

（6）修整砂轮，用上下手轮慢慢下刀，当听到声音后，在显示器上归零，每次下刀 0.03mm，修整器在砂轮下匀速来回，当听到声音清脆完整时，表示砂轮已修平，然后下刀 0.01mm，慢慢前后来回修整砂轮两次。

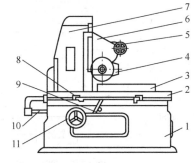

图 12-4　普通平面磨床

1-床身；2-工作台；3-电磁吸盘；4-砂轮箱；
5-砂轮箱横向移动手柄；6-滑座；7-立柱；
8-工作台转换撞块；9-工作台往复运动换向手柄；
10-活塞杆；11-砂轮箱垂直进刀手轮

（7）关掉主轴电动机，拿掉修整器。

（8）用布把磁盘擦干净，并将工件上的毛刺除掉，然后擦干净，再轻轻放在吸盘上。

（9）打开吸磁开关，打开油压电动机启动按钮。

（10）慢慢放开左右自动控制杆，使工件在砂轮下左右移动。

（11）根据工件的长短，调节左右调距滑块，使工件在砂轮下左右移动合适。

（12）开启主轴电动机。

（13）根据目视，用上下手轮慢慢下降砂轮，至砂轮与工件间的距离大约 0.1mm 时，再用手轻轻拍上下手轮，砂轮以每拍一下 0.005mm 的速度下降，当砂轮接触到工件时，在光学电子显示器上将上下坐标归零。

（14）打开冲水吸尘电动机按钮，再打开冲水电动机，用冷却水控制阀控制水的流量。

（15）用左右自动控制杆调好左右移动的速度。

（16）把前后自动进给开关打到自动进给处，然后用可变电阻调好工作台前后进给量。

（17）工作台每前或后一个行程，Z轴进刀0.03mm。

（18）当工件的一面加工好后，拿下工件，把工件和工作平台擦干净，按上面的程序再加工另一面。

（19）加工中应拿到QC处检测，直到工件加工到要求。

（20）工件加工完后，把机台各部位恢复到原位—X（中间）、Y（归内）、Z（距磁盘50～100mm处），并做好机台本身的清洁保养工作。

12.2.2 数控磨床的组成及其基本操作

传统普通磨床采用液压缸驱动，以最简单的两轴驱动外圆磨为例。用两个油缸分别控制砂轮架和工作台的进给。由工人根据刻度盘的变化手动操控磨床，加工测量也有工人运用测量仪器进行手工控制。

数控磨床采用数控系统控制（图12-5），用伺服电机驱动滚珠丝杠的方式代替了传统的油缸驱动。伺服电机内置角度编码将丝杠旋转角度反馈给伺服系统，通过角度和丝杠导程间的相互关系测算工作台和砂轮架的轴向移动距离，同时伺服系统可对磨床上多根不同的轴进行联动控制，配合在线测量仪和直线光栅对磨床实现整体闭环控制。电气控制人员编程完毕后，操作人员按下按钮即能实现磨削加工。

数控磨床（图12-6）的操作流程与普通磨床相似，区别在于系统的编程。操作人员需要将工件所需磨削表面的起始位置坐标、终止位置坐标、砂轮进给速度、砂轮进刀量、砂轮补偿量等一系列数据输入编程系统中。

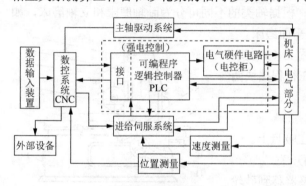

图12-5 控制系统

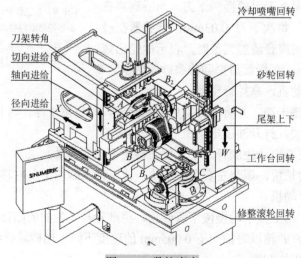

图12-6 数控磨床

12.2.3 砂轮

砂轮是用磨料和结合剂树脂等制成的中央有通孔的圆形固结磨具。砂轮是磨具中用量最大、使用面最广的一种，使用时高速旋转，可对金属或非金属工件的外圆、内圆、平面和各种型面等进行粗磨、半精磨和精磨，以及开槽和切断等。

砂轮由磨粒、结合剂、气孔三部分组成。磨粒起切削作用，结合剂起黏接作用，气孔起容屑与冷却作用。

1. 砂轮的种类

（1）按所用磨料可分为普通磨料（刚玉、碳化硅等）砂轮、天然磨料砂轮、超硬磨料（金刚石、立方氮化硼等）砂轮。

（2）按形状可分为平形砂轮、斜边砂轮、筒形砂轮、杯形砂轮、碟形砂轮等。

（3）按结合剂可分为陶瓷砂轮、树脂砂轮、橡胶砂轮、金属砂轮等。

砂轮特性参数主要有磨料、黏度、硬度、结合剂、形状、尺寸等。

由于砂轮通常高速下工作，因此使用前应进行回转试验（保证砂轮最高工作转速下，不会破裂）和静平衡试验（防止工作时引起机床振动）。砂轮工作一段时间后，应进行修整以恢复磨削性能和保持正确几何形状。

2. 砂轮使用安全要领

1）安装过程

安装时首先要对砂轮的安全质量进行检测，方法为：用尼绒锤（也可以用笔）轻敲砂轮侧面，声响清脆则没问题。

（1）定位问题：砂轮安装在什么位置，是安装过程中首先要考虑的问题，只有选定了合理又合适的位置，才能进行其他工作。砂轮禁止安装在正对着附近设备及操作人员或经常有人过往的地方，一般较大的车间应设置专用的砂轮机房。如果确因厂房地形的限制不能设置专用的砂轮机房，应在砂轮正面装设不低于 1.8m 高度的防护挡板，并且挡板要求牢固有效。

（2）平衡问题：砂轮的不平衡主要是由砂轮的制造和安装不准确，使砂轮重心与回转轴不重合而引起的。不平衡造成的危害主要表现在两个方面：一方面，在砂轮高速旋转时，引起振动，易造成工件表面产生多角形振痕；另一方面，不平衡加速了主轴的振动和轴承的磨损，严重时会造成砂轮的破裂，甚至造成事故。因此，要求值很大（大于或等于 200mm）的砂轮装上卡盘后应先进行静平衡，砂轮在经过整形修整后或在工作中发现不平衡时，应重复进行静平衡。

（3）匹配问题：匹配问题主要是指卡盘与砂轮的安装配套问题。按标准要求，砂轮卡盘直径不得小于被安装砂轮直径的 1/3，且相应规定砂轮磨损到直径比卡盘直径大 10mm 时应更换新砂轮。这样就存在一个卡盘和砂轮的匹配问题，否则会出现这样的情况，"大马拉小车"造成设备和材料的浪费；"小马拉大车"又不符合安全要求，易造成人身事故。因此，卡盘与砂轮的合理匹配，一方面可以节约设备，节省材料；另一方面又符合安全操作要求。此外，在砂轮与卡盘之间还应加装直径大于卡盘直径 2mm，厚度为 1～2mm 的软垫。

（4）防护问题：防护罩是砂轮最主要的防护装置，其作用是：当砂轮在工作中因故破坏时，能够有效地罩住砂轮碎片，保证人员的安全。砂轮防护罩的形状有圆形和方形两种，其最大开口角度不允许超过 90°；防护罩的材料为抗拉强度不低于 415N/mm² 的钢。更换新砂轮时，防护罩的安装要牢固可靠，并且防护罩不得随意拆卸或丢弃不用。挡屑屏板是砂轮的主要防护附件之一，防护罩在主轴水平面以上开口大于等于 30mm 时必须设此装置。它的主要功能是用来遮挡磨削过程中的飞屑，以免伤及操作人员。它安装于防护罩开口正端，宽度应大于砂轮防护罩宽度，并且应牢固地固定在防护罩上。此外，要求砂轮圆周表面与挡板的间隙应小于 6mm。

（5）托架问题：托架是砂轮常用的附件之一，按规定砂轮直径在 150mm 以上的砂轮必须设置可调托架。砂轮与托架之间的距离应小于被磨工件最小外形尺寸的 1/2，但最大不应超过 3mm。

（6）接地问题：砂轮使用动力线，因此设备的外壳必须有良好的接地保护装置。这也是易造成事故的重要因素之一。

2）使用过程中需要注意的问题

（1）侧面磨削问题：在砂轮的日常使用中，常常可以发现有的操作人员不分砂轮的种类，随意地就使用砂轮的侧面进行磨削，这是严重违反安全操作规程的违章操作行为。按规程用圆周表面做工作面的砂轮不宜使用侧面进行磨削，这种砂轮的径向强度较大，轴向强度很小，操作人员用力过大时会造成砂轮破碎，甚至伤人，在实际的使用过程中应禁止这种行为。

（2）正面操作问题：在日常的使用中，许多操作人员总习惯正对着砂轮进行操作，原因是这个方向上能用上劲，其实这种行为是砂轮操作中应特别禁止的行为。按操作规程，使用砂轮磨削工件时，操作人员应站在砂轮的侧面，不得在砂轮的正面进行操作，以免砂轮出故障时，砂轮飞出或砂轮破碎飞出伤人。

（3）用力操作问题：在砂轮的使用时，有些操作人员，尤其是年轻的操作人员，为求磨削的速度快，用力过大过猛，这是一种极不安全的操作行为。任何砂轮本身都有一定的强度，这样做很可能会造成砂轮的破碎，甚至是飞出伤人，也是一种应禁止的行为。

（4）共同操作问题：在实际的日常操作中，也有这样的情况发生，有人为赶生产任务、抢工作时间，两人共用一台砂轮同时操作，这是一种严重的违章操作行为，应严格禁止。一台砂轮不够用时，可以采用添加砂轮的办法解决，绝对不允许同时共用一台砂轮。

3）更换过程中的问题

（1）磨损问题：任何砂轮都有它的一定使用磨损要求，磨损情况达到一定的程度就必须重新更换新的砂轮。不能为了节约材料，就超磨损要求使用，这是一种极不安全的违章行为。一般规定，当砂轮磨损到直径比卡盘直径大 10mm 时就应更换新砂轮。

（2）有效期问题：从库房领出的新砂轮不一定是合格的砂轮，甚至从厂家买进的新砂轮也不一定是合格的砂轮。任何砂轮都有它一定的有效期限，在有效期限内使用，它是合格砂轮；超过有效期使用，就不一定是合格砂轮。GB/T 4127.1—2007《固结磨具 尺寸 第 1 部分：外圆磨砂轮》国家标准规定"砂轮应在有效期内使用，树脂和橡胶结合剂砂轮存储一年后必须经回转试验，合格者方可使用"。

（3）质地问题：在使用过程中，如果发现砂轮局部出现裂纹，应立即停止使用，重新更换新的砂轮，以免造成砂轮破碎伤人事故。

12.3 磨削加工方法

1. 外圆磨削

主要在外圆磨床上进行，用以磨削轴类工件的外圆柱、外圆锥和轴肩端面。磨削时，工件低速旋转，如果工件同时做纵向往复移动并在纵向移动的每次单行程或双行程后砂轮相对工件做横向进给，称为纵向磨削法。如果砂轮宽度大于被磨削表面的长度，则工件在磨削过程中不做纵向移动，而是砂轮相对工件连续进行横向进给，称为切入磨削法。一般切入磨削法效率高于纵向磨削法。如果将砂轮修整成成形面，切入磨削法可加工成形的外表面。

2. 内圆磨削

主要用于在内圆磨床、万能外圆磨床和坐标磨床上磨削工件的圆柱孔、圆锥孔和孔端面，如图 12-7 所示。一般采用纵向磨削法。磨削成形内表面时，可采用切入磨削法。在坐标磨床上磨削内孔时，工件固定在工作台上，砂轮除做高速旋转外，还绕所磨孔的中心线做行星运动。内圆磨削时，由于砂轮直径小，磨削速度常常低于 30m/s。

(a) 内锥面　　(b) 锥孔　　(c) 盲孔　　(d) 球面　　(e) 阶梯孔　　(f) 通孔

图 12-7 内圆磨适用范围

3. 平面磨削

主要用于在平面磨床上磨削平面、沟槽等。平面磨削有两种：用砂轮外圆表面磨削的称为周边磨削，一般使用卧轴平面磨床，如用成形砂轮也可加工各种成形面；用砂轮端面磨削的称为端面磨削，一般使用立轴平面磨床。

4. 无心磨削

一般在无心磨床上进行，用以磨削工件外圆。磨削时，工件不用顶尖定心和支承，而是放在砂轮与导轮之间，由其下方的托板支承，并由导轮带动旋转。当导轮轴线与砂轮轴线调整成斜交 1°～6° 时，工件能边旋转边自动沿轴向做纵向进给运动，这称为贯穿磨削。贯穿磨削只能用于磨削外圆柱面。采用切入式无心磨削时（图 12-8），必须把导轮轴线与砂轮轴线调整成互相平行，使工件支承在托板上不做轴向移动，砂轮相对导轮连续做横向进给。切入式无心磨削可加工成形面。无心磨削也可用于内圆磨削，加工时工件外圆支承在滚轮或支承块上定心，并用偏心电磁吸力环带动工件旋转，砂轮伸入孔内进行磨削，此时外圆作为定位基准，可保证内圆与外圆同心。无心内圆磨削常用于在轴承环专用磨床上磨削轴承环内沟道。

图 12-8 切入式无心磨削

5. 工件的装夹

外圆磨床最常用的装卡方法是采用前后双顶尖装卡工件。装卡时，利用工件两端的顶尖孔，把工件支撑在磨床的头架及尾座顶尖之间，其中尾座顶尖为液压式自动顶尖。采用这种设计能够实现一次装夹，完成全部加工，这样既保证了精度要求，也给加工带来便利。

内圆磨床通常采用三爪卡盘或四爪卡盘装卡工件。三爪卡盘适用于装卡没有中心孔的工件，四爪卡盘特别适用于夹持表面不规则的工件。

平面磨床通常利用电磁吸盘将平面类工件吸附在加工平台上。没有磁性的工件，可以利用机卡虎钳装卡工件。

另外，还有利用心轴装卡工件，适用于磨削套类零件的外圆。

6. 磨削各种表面

之所以能磨削各种表面，首先是因为砂轮形状多样（如双面凹或凸砂轮、筒形砂轮、杯形砂轮、碗形砂轮、碟形砂轮、薄片砂轮等）。再者是磨床种类繁多。

12.4　磨削的质量控制

12.4.1　影响磨削加工表面粗糙度的因素

影响磨削加工表面粗糙度的因素有很多，主要有以下方面。

1. 砂轮的影响

砂轮的粒度越细，单位面积上的磨粒数越多，在磨削表面的刻痕越细，表面粗糙度越小；但若粒度太细，加工时砂轮易被堵塞反而会使表面粗糙度增大，还容易产生波纹和引起烧伤。砂轮的硬度应大小合适，其半钝化期越长越好；砂轮的硬度太高，磨削时磨粒不易脱落，使加工表面受到的摩擦、挤压作用加剧，从而增加了塑性变形，使得表面粗糙度增大，还易引起烧伤；但砂轮太软，磨粒太易脱落，会使磨削作用减弱，导致表面粗糙度增加，所以要选择合适的砂轮硬度。砂轮的修整质量越高，砂轮表面的切削微刃数越多，各切削微刃的等高性越好，磨削表面的粗糙度越小。

2. 磨削用量的影响

增大砂轮速度，单位时间内通过加工表面的磨粒数增多，每颗磨粒磨去的金属厚度减少，工件表面的残留面积减少；同时提高砂轮速度还能减少工件材料的塑性变形，这些都可使加工表面的表面粗糙度值降低。降低工件速度，单位时间内通过加工表面的磨粒数增多，表面粗糙度值减小；但工件速度太低，工件与砂轮的接触时间长，传到工件上的热量增多，反而会增大粗糙度，还可能增加表面烧伤。增大磨削深度和纵向进给量，工件的塑性变形增大，会导致表面粗糙度值增大。径向进给量增加，磨削过程中磨削力和磨削温度都会增加，磨削表面塑性变形程度增大，从而会增大表面粗糙度值。在保证加工质量的前提下，提高磨削效率，可将要求较高的表面的粗磨和精磨分开进行，粗磨时采用较大的径向进给量，精磨时采用较小的径向进给量，最后进行无进给磨削，以获得表面粗糙度值很小的表面。

3. 工件材料

工件材料的硬度、塑性、导热性等对表面粗糙度的影响较大。塑性大的软材料容易堵塞砂轮，导热性差的耐热合金容易使磨料早期崩落，都会导致磨削表面粗糙度增大。

另外，由于磨削温度高，合理使用切削液既可以降低磨削区的温度，减少烧伤，还可以冲去脱落的磨粒和切屑，避免划伤工件，从而降低表面粗糙度值。

12.4.2　磨削表面层的残余应力-磨削裂纹问题

磨削加工比切削加工的表面残余应力更为复杂。一方面，磨粒切削刃为负前角，法向切削力一般为切向切削力的 2～3 倍，磨粒对加工表面的作用引起冷塑性变形，产生压应力；另一方面，磨削温度高，磨削热量很大，容易引起热塑性变形，表面出现拉应力。当残余拉应力超过工件材料的强度极限时，工件表面就会出现磨削裂纹。磨削裂纹有的在外表层，有的在内层下；裂纹方向常与磨削方向垂直，或呈网状；裂纹常与烧伤同现。磨削用量是影响磨削裂纹的首要因素,磨削深度和纵向走刀量大,则塑性变形大,切削温度高,拉应力过大,可能产生裂纹。此外,工件材料含碳量高者易裂纹。磨削裂纹还与淬火方式、淬火速度及操作方法等热处理工序有关。

为了消除和减少磨削裂纹,必须合理选择工件材料和砂轮;正确制定热处理工艺;逐渐减小切除量;积极改善散热条件,加强冷却效果,设法降低切削热。

12.4.3 磨削表面层金相组织变化与磨削烧伤

机械加工过程中产生的切削热会使工件的加工表面产生剧烈的温升,当温度超过工件材料金相组织变化的临界温度时,将发生金相组织转变。在磨削加工中,由于多数磨粒为负前角切削,磨削温度很高,产生的热量远远高于切削时的热量,而且磨削热有 60%~80%传给工件,所以极容易出现金相组织的转变,使得表面层金属的硬度和强度下降,产生残余应力甚至引起显微裂纹,这种现象称为磨削烧伤。产生磨削烧伤时,加工表面常会出现黄、褐、紫、青等烧伤色,这是磨削表面在瞬时高温下的氧化膜颜色。不同的烧伤色,表明工件表面受到的烧伤程度不同。

磨削淬火钢时,工件表面层由于受到瞬时高温的作用,将可能产生以下三种金相组织变化。

(1)如果磨削表面层温度未超过相变温度,但超过马氏体的转变温度,这时马氏体将转变成硬度较低的回火屈氏体或索氏体,这称为回火烧伤。

(2)如果磨削表面层温度超过相变温度,则马氏体转变为奥氏体,这时若无切削液,则磨削表面硬度急剧下降,表层被退火,这种现象称为退火烧伤。干磨时很容易产生这种现象。

(3)如果磨削表面层温度超过相变温度,但有充分的切削液对其进行冷却,则磨削表面层将急冷形成二次淬火马氏体,硬度比回火马氏体高,但是该表面层很薄,只有几微米厚,其下为硬度较低的回火索氏体和屈氏体,使表面层总的硬度仍然降低,称为淬火烧伤。

12.4.4 磨削烧伤的改善措施

影响磨削烧伤的因素主要是磨削用量、砂轮、工件材料和冷却条件。由于磨削热是造成磨削烧伤的根本原因,因此要避免磨削烧伤,就应尽可能减少磨削时产生的热量及尽量减少传入工件的热量,具体可采用下列措施。

1. 合理选择磨削用量

不能采用太大的磨削深度,因为当磨削深度增加时,工件的塑性变形会随之增加,工件表面及里层的温度都将升高,烧伤亦会增加;工件速度增加,磨削区表面温度会增高,但由于热作用时间减少,因此可减轻烧伤。

2. 工件材料

工件材料对磨削区温度的影响主要取决于它的硬度、强度、韧性和热导率。工件材料硬度、强度越高,韧性越大,磨削时耗功越多,产生的热量越多,越易产生烧伤;导热性较差的材料,在磨削时也容易出现烧伤。

3. 砂轮的选择

硬度太高的砂轮,钝化后的磨粒不易脱落,容易产生烧伤,因此用软砂轮较好;选用粗粒度砂轮磨削,砂轮不易被磨削堵塞,可减少烧伤;结合剂对磨削烧伤也有很大影响,树脂结合剂比陶瓷结合剂容易产生烧伤,橡胶结合剂比树脂结合剂更易产生烧伤。

4. 冷却条件

为降低磨削区的温度，在磨削时广泛采用切削液冷却。为了使切削液能喷注到工件表面上，通常增加切削液的流量和压力并采用特殊喷嘴，采用高压大流量切削液，并在砂轮上安装带有空气挡板的切削液喷嘴，这样既可加强冷却作用，又能减轻高速旋转砂轮表面的高压附着作用，使切削液顺利地喷注到磨削区。此外，还可采用多孔砂轮、内冷却砂轮和浸油砂轮，切削液被引入砂轮的中心腔内，由于离心力的作用，切削液再经过砂轮内部的孔隙从砂轮四周的边缘甩出，这样切削液即可直接进入磨削区，发挥有效的冷却作用。

复习思考题

12-1　如果想把外圆磨床、内圆磨床、平面磨床组合成一台综合磨床，使其能达到三台磨床的磨削效果，需要注意哪些因素？

第13章 装　配

★本章基本要求★

（1）理解装配的概念及其重要性，熟悉装配的工作内容。
（2）熟悉装配工作的基本原则和装配流程。
（3）了解装配常用工具，掌握它们的使用方法。
（4）掌握螺纹连接、键连接、销连接、轴承装配步骤和要求。

13.1　概　述

在生产过程中，按照规定的技术要求，将若干零件结合成组件或若干个零件和部件组合成机器的过程称为装配（assembly），前者称为部件装配，后者称为总装配。机械产品都是由许多零件和部件装配而成的。零件（part）是机器制造的最小单元，如一根轴、一个螺钉等。

部件（subassembly）是两个或两个以上零件结合成为机器的一部分，如车床的主轴箱、进给箱等。装配通常是产品生产过程中的最后一个阶段，处于机械制造生产链的末端，其目的是根据产品设计要求和标准，使产品达到其使用说明书的规格和性能要求。它是对机器设计和零件加工质量的一次总检验，能够发现设计和加工中存在的问题，从而不断地加以改进。因此，机器的质量不仅取决于设计质量和零件的加工质量，还与机器的装配工艺过程有关。装配不良的机器，其性能将会大为降低，增加功率消耗，使用寿命将显著缩短。现实中的大部分的装配工作都是由手工完成的，高质量的装配需要丰富的经验。图 13-1 为传动轴组件装配图。

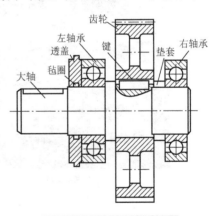

图 13-1　传动轴组件装配图

13.2　机械装配技术

13.2.1　装配工艺发展的历史

在早期，零件的制造及其选配和组装是通过手艺工人来完成的。每个零件都要经过加工处理，以便能够与其他零件进行装配。如果某零件不能与其他零件配合，那就必须在已加工的零件中去寻找合适的零件或者对其进行再加工，故生产效率非常低。

19 世纪初期，人们开始要求同一种零件之间具有互换的能力。为此，必须首先制作样件。通过这个样件，再制作各种专用的工具和量具，并利用这些工具和量具来检查加工产品的精度。20 世纪初期，人们又提出了"公差"这个概念，利用尺寸、形状及位置的公差，零件的互换性便得到了充分的保证。这样，零件的生产和装配就可以分离开来，这两项工作也就可以在不同的地点或不同的车间进行。装配中的一个重大进步是由 Henry Ford 提出的"装配线"的装配工艺，他是第一个应用这样一个概念，就是将在不同的地点生产的零件以物流供给的方式集中在一个地方，在生产线上进行最终产品的装配，这对推动工业的发展起了很重要的作用。

第二次世界大战后，随着机械制造业的飞速发展，装配工作量在产品制造中所占比例越来越大，装配技术日趋复杂和多样，装配过程的自动化技术得到了迅速发展。国外从 20 世纪 50 年代开始发展自动化装配技术；60 年代发展了数控装配机、自动装配线；70 年代机器人已应用在装配过程中；近年来，又研究应用了柔性装配系统（flexible assembling system,FAS）等。今后的趋势是把装配自动化作业与仓库自动化系统连接起来，进一步提高机器制造的质量和劳动生产率。装配工艺如图 13-2 所示。

（a）手工装配

（b）手工装配线

（c）自动装配线

（d）机器人自动装配线

图 13-2　装配工艺

13.2.2　装配工艺的基本要求

装配是把各个零部件组合成一个整体的过程，而各个零部件按照一定的程序、要求固定在一定的位置上的操作称为安装。各零部件在安装中必须达到如下要求。

（1）以正确的顺序进行安装（图 13-3（a）），即先把半圆键 1 安装到轴上，然后安装齿轮 2，最后用螺钉 3 锁紧。

（2）按图样规定的方法进行安装（图 13-3（b）），即按照装配图上的尺寸要求进行装配。

（3）按图样规定的位置进行安装。

（4）按规定的尺寸精度进行安装。

产品安装后，必须达到预定的要求或标准。同时，装配的产品必须能够拆卸，以便进行保养或维修。

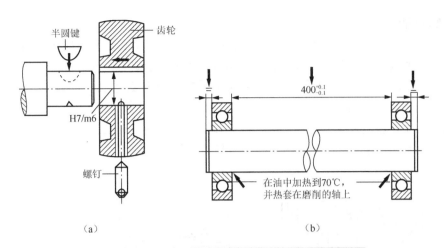

（a）　　　　　　　　　　　　　　　　　　（b）

图 13-3　按正确的顺序安装和按规定的方法及位置安装

13.2.3　装配生产的组织形式

装配生产的组织形式随生产类型和产品复杂程度而不同，可分为以下四类。

1. 单件生产的装配

单个地制造不同结构的产品，并很少重复，甚至完全不重复，这种生产方式称为单件生产。单件生产的装配工作多在固定的地点，由一个工人或一组工人，从开始到结束把产品的全部装配工作进行到底，如夹具、模具的装配就属于此类。对于大件的装配，由于装配的设备是很大的，装配时需要几组操作人员共同进行操作，如生产线的装配。这种组织形式的装配周期长，占地面积大，需要大量的工具和设备，要求修配和调整的工作较多，互换性较少。在产品十分复杂的小批量生产中，也采用这种组织形式。

2. 成批生产的装配

在一定的时期内，成批地制造相同的产品，这种生产方式称为成批生产。成批生产时装配工作通常分为部件装配和总装配，每个部件由一个或一组工人来完成，然后进行总装配，如机床的装配属于此类。

如果零件经过预先选择分组，则零件可采用部分互换法装配，因此，要有条件组织流水线生产，这种装配组织形式效率较高。

3. 大量生产的装配

产品制造数量很庞大，每个工作地点经常重复地完成某一工序，并具有严格的节奏，这种生产方式称为大量生产。在大量生产中，把产品装配过程划分为部件、组件装配，使某一工序只有一组工人来完成。同时只有当从事装配工作的全体工人，都按顺序完成了所担负的装配工序后，才能装配出产品。工作对象（部件或组件）在装配过程中，有顺序地有一个或一组工人转移给另一个或一组工人。这种转移可以是装配对象的转移，也可以是工人移动，通常把这种装配组织形式称为流水装配法。为了保证装配工作的连续性，在装配线所有工作位置上，完成某一工序的时间都应相等或互成倍数。在大量生产中，由于广泛采用互换性原理，并使装配工作程序化，因此，装配质量好、效率高、成本低，是一种先进的装配组织形式，如汽车、飞机的装配一般属于此类。

4．现场装配

现场装配共有两种。第一种是在现场进行部分制造、调整和装配，如图 13-4（a）所示，有些零部件是现成的，而有些零件需要在现场根据具体要求进行现场制造，然后才可以进行现场装配。第二种是与其他现场设备有直接关系的零部件必须在工作现场进行装配，如图 13-4（b）所示。例如，减速器的安装就包括减速器与电动机或与执行装置之间联轴器的现场校准，要保证它们之间的轴线在同一条直线上，从而使联轴器的螺母在拧紧后不会产生任何附加的载荷，否则就会引起轴承超负荷运转或轴的疲劳破坏。

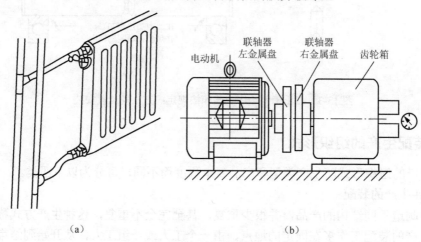

（a）　　　　　　　　　　　　　　　（b）

图 13-4　现场装配

13.2.4　装配工作的内容

产品的装配工作主要包括以下环节和内容。

（1）零件清洗、清理和检查：对所有参与装配的零件，包括加工件和标准件，均需清洗，以去除黏附在零件表面上的灰尘、切屑、油污，并涂少量的防锈油。其中轴承、配偶件、密封件、传动件、轴为重点清洗对象。清洗剂一般采用酒精、汽油、煤油或化学清洗剂。清洗完毕的零件，要进行尺寸检查，以确保参与装配的零件符合设计、制造要求。在此基础上，还要对零件数量进行清理，不得有缺失。

（2）零件的连接：利用相应工具对不同类型零件进行连接组装。

（3）校正、调整和配做：主要是调节零件或机构的相对位置、配合间隙、结合松紧等，此外还可能需要进行配钻、配铰、配磨、配刮等工作。

（4）平衡：对旋转件进行必要的动、静平衡，抵消和减小不平衡离心力，以最大限度地消除机器运转时的振动和噪声，提高设备精度。

（5）试验与验收：按装配图技术要求检验，试车验收。

13.2.5　装配的一般原则

为了提高装配质量，必须满足以下几方面要求。

（1）仔细阅读装配图和装配说明书，并明确其装配技术要求。

（2）熟悉各零部件在产品中的功能。

（3）如果没有装配说明书，则在装配前应分析装配技术要求。

（4）装配的零部件都必须在装配前进行认真的清洗。

（5）必须采用适当的措施，防止脏物或异物进入正在装配的产品内。

（6）装配时必须采用符合要求的紧固件进行紧固。

（7）当拧紧螺栓、螺钉等紧固件时，必须根据产品装配要求使用合适的装配工具。

（8）如果零件需要安装在规定的位置上，就必须在零件上做记号，安装时必须根据标记进行装配。

（9）在装配过程中，应当及时进行检查或测量，其内容包括位置是否正确，间隙是否符合规格中的要求，跳动是否符合规格中的要求，尺寸是否符合设计要求，产品的功能是否符合设计人员和客户的要求等。

13.3　机械装配的常用工具

13.3.1　常用的螺钉旋具

1. 一字槽螺钉旋具

图 13-5 为一字槽螺钉旋具，用来拆装开槽螺钉，它以刀体部分的长度代表其规格。常用规格有 100mm、150mm、200mm、300mm 和 400mm 等几种。使用时，应根据螺钉沟槽的宽度选用相应的螺钉旋具。

图 13-5　一字槽螺钉旋具

2. 弯头螺钉旋具

图 13-6 为弯头螺钉旋具，两头各有一个刃口，互成垂直位置，适用于螺钉头顶部空间受到限制的特殊装配场合。

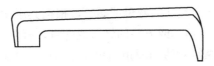

图 13-6　弯头螺钉旋具

3. 十字槽螺钉旋具

图 13-7 为十字槽螺钉旋具，它用来旋紧头部带十字槽的螺钉，其优点是旋具不易从槽中滑出。大小规格分类与一字槽螺钉旋具相同。

图 13-7　十字槽螺钉旋具

4. 快速螺钉旋具

图 13-8 为快速螺钉旋具，工作时推压手柄，使螺旋杆通过来复孔而转动，可以快速拧紧或松开小螺钉，提高拆装速度。

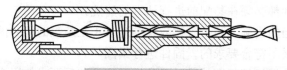

图 13-8　快速螺钉旋具

13.3.2　常用扳手

1. 通用扳手

通用扳手也称活动扳手，如图 13-9 所示。使用活动扳手时，应让其固定钳口承受主要作用力，如图 13-10 所示，否则容易损坏扳手。钳口的开度应根据螺母（或螺钉），选用相应规格的活动扳手。扳手手柄不可任意接长，以免拧紧力矩过大而损坏螺母或螺钉的头部棱角。

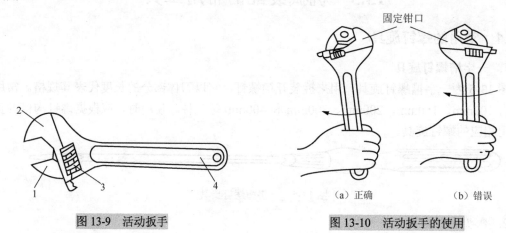

图 13-9　活动扳手　　　　　　　　　　图 13-10　活动扳手的使用

1-活动钳口；2-固定钳口；3-螺杆；4-扳手体

2. 专用扳手

（1）专用扳手：只能扳一个尺寸的螺母或螺钉，根据其用途不同可分为以下几种。

① 开口扳手。用于装拆六角形或方头的螺母或螺钉，有单头和双头之分，如图 13-11 所示。它的开口尺寸与螺母或螺钉对边间间距的尺寸相适应，并根据标准尺寸做成一套。常用十件一套的双头扳手（两端开口）尺寸分别为 5.5mm×7mm、8mm×10mm、9mm×11mm、13mm×14mm、14mm×17mm、17mm×19mm、19mm×22mm、22mm×24mm、24mm×27mm 和 30mm×32mm。

② 整体扳手：整体扳手的用途与开口扳手基本相同，但它能将螺母或螺钉的头部全部围住，不宜打滑，装拆更加可靠。整体扳手可分为正方形、六角形、十二角形（梅花扳手）等，如图 13-12 所示。梅花扳手只要转过 30°，就可以改变方向再扳，适用于工作空间狭小、不能容纳普通扳手的场合，应用较广泛。

③ 成套套筒扳手：由一套尺寸不等的梅花套筒组成，如图 13-13 所示。使用时，扳手柄方榫插入梅花套筒的方孔内，弓形手柄能连续转动，使用方便，工作效率较高。

④ 锁紧扳手：专门用来锁紧各种结构的圆螺母，其结构多种多样，常用的锁紧扳手如图 13-15 所示。

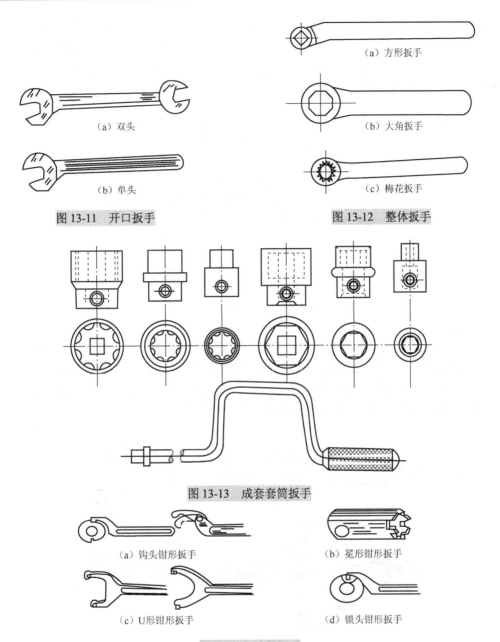

（a）方形扳手

（b）大角扳手

（c）梅花扳手

（a）双头

（b）单头

图 13-11　开口扳手　　　　　　　　　　　　图 13-12　整体扳手

图 13-13　成套套筒扳手

（a）钩头钳形扳手　　　　　　　　　　　　（b）冕形钳形扳手

（c）U形钳形扳手　　　　　　　　　　　　（d）锁头钳形扳手

图 13-14　锁紧扳手

（2）内六角扳手：如图 13-15 所示，用于装拆内六角螺钉。成套的内六角扳手，可供装拆 M4～M30 的内六角螺钉。

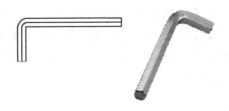

图 13-15　内六角扳手

（3）棘轮扳手：如图 13-16 所示，它使用方便，效率较高。工作时，正转手柄，棘爪 1 在弹簧 2 的作用下进入内六角套筒 3（棘轮）缺口内，套筒随之转动，拧紧螺母或螺钉。当扳手反转时，棘爪从套筒缺口的斜面上滑过去，因此，螺母或螺钉不会随着反转，通过反复摆动手柄即可逐渐拧紧螺母或螺钉。

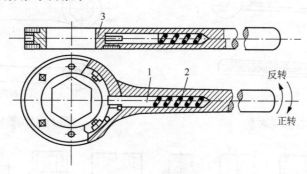

图 13-16　棘轮扳手

1-棘爪；2-弹簧；3-内六角套筒

（4）扭力扳手。

① 图 13-17 所示为测力矩扳手，它有一个长的弹性扳手柄 3，一端装有手柄 6，另一端装有带方头的柱体 2。方头上套装一个可更换的梅花套筒（可用于拧紧螺钉或螺母）。柱体 2 上装有一个长指针 4，刻度盘 7 固定在柄座上。工作时，由于扳手杆和刻度盘一起向旋转的方向弯曲，因此，指针就可在刻度盘上指出拧紧力矩的大小。

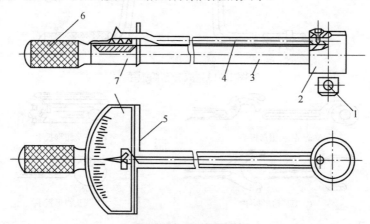

图 13-17　测力矩扳手

1-套筒方头；2-柱体；3-弹性扳手柄；4-长指针；5-保护架；6-手柄；7-刻度盘

② 图 13-18 所示为定力矩扳手：在测量前，事先需要通过旋转扳手手柄轴尾端上的销子设定所需的转矩值，且通过手柄上的刻度可以读出扭矩值。扳手的另一端装有带方头的柱体，可以安装套筒。拧紧时，当转矩达到设定值时，操作人员会听到扳手发出响声且有所感觉，从而停止操作。这种扳手的优点是预先可以设定拧紧力矩，且在操作过程中不需要操作人员读数，但操作完毕后，应将定力矩扳手的扭矩设为零。

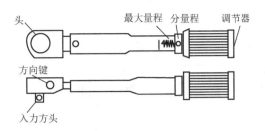

图 13-18　定力矩扳手

13.3.3　钳子

（1）钢丝钳（图 13-19）：用于夹持或弯折金属件、剪断金属丝，主要规格有 160mm、180mm 和 200mm。

（a）带塑料套钢丝钳　　　　（b）不带塑料套钢丝钳

图 13-19　钢丝钳

（2）尖嘴钳和弯嘴钳（图 13-20）：用于狭窄空间夹持零件。

（a）尖嘴钳　　　　　　　（b）弯嘴钳

图 13-20　尖嘴钳和弯嘴钳

（3）挡圈钳（图 13-21）：用于装拆弹性挡圈，挡圈钳分为轴用和孔用两种。

（a）直嘴式孔用挡圈钳　　　　　　　　　　　（b）弯嘴式孔用挡圈钳

（c）直嘴式轴用挡圈钳　　　　　　　　　　　（d）弯嘴式轴用挡圈钳

图 13-21　挡圈钳

13.3.4　顶拔器（拉模）

图 13-22 所示为顶拔器，它分为两爪及三爪两种，顶拔器一般用于拆卸配合较紧的轴承、齿轮等零件，使用方法：根据轴端与被拉工件的距离转动顶拔器的丝杠，至丝杠顶端顶住轴端，拉爪钩住工件（轴承或齿轮）的边缘，然后慢慢转动丝杠将工件拉出，使用注意事项如下。

（1）拉工件时，不能在手柄上随意加装套筒，更不能用锤子敲击手柄，以免损坏顶拔器。

（2）顶拔器工作时，其中心线应与被拉件轴线保持同轴，以免损坏顶拔器。如被拉件过紧，可边转动丝杠，便用木槌轴向轻轻敲击丝杠尾端，将其拉出。

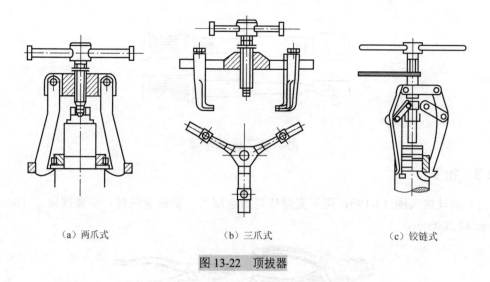

    （a）两爪式   （b）三爪式   （c）铰链式

图 13-22　顶拔器

13.4　装配工艺过程

13.4.1　产品的装配工艺

1. 准备工作

准备工作包括产品资料的阅读和装配工具与设备的准备等，应当在正式装配之前完成。充分的准备可以避免装配时出错，缩短装配时间，有利于提高装配的质量和效率。准备工作包括下列几个步骤。

（1）熟悉和研究产品装配图、工艺文件和技术要求，了解产品的结构、零件的作用以及相互连接关系。

（2）检查装配用的资料与零件是否齐全。

（3）确定正确的装配方法和顺序。

（4）准备装配所需要的工具、量具和辅具。

（5）对照装配图清点零件、外购件和标准件等。

（6）整理装配用工作场地，对装配零件进行清洗，去掉零件上的毛刺、铁锈、切屑和油污，归类并放置好装配用零部件，调整好装配平台基准。

2. 装配工作

在装配装备工作完成之后，才开始进行正式装配。结构复杂的产品，其装配工作一般分为部件装配和总装配。

（1）部件装配：指产品在进入总装配以前的装配工作。凡是将两个以上的零件组合在一起或将零件与几个组件结合在一起，成为一个装配单元的工作，称为部件装配。

（2）总装配：指将零件和部件组装成一部完整产品的过程。

在装配工作中需要注意的是：一定要先检查零件的尺寸是否符合图样的尺寸精度要求，只有合格的零件才能运用连接、校准、防松等技术进行装配。

3. 调整、精度检验和试车

（1）调整工作是指调节零件或机构的相互位置、配合间隙、结合程度等，目的是使机构或机器工作协调，如轴承间隙、镶条位置、蜗轮轴向位置的调整。

（2）精度检验包括尺寸精度检验和几何精度检验等，以保证满足设计要求。

（3）试车是检验机构或机器运转的灵活性、振动、工件温升、噪声、转速、功率等性能是否符合要求。

4．喷漆、涂油和装箱

机器装配好之后，为了使其美观、防锈和便于运输，还要做好喷漆、涂油和装箱工作。

13.4.2　装配工艺系统图

在装配工艺规程制定过程中，表明产品零部件间相互装配关系及装配流程的示意图称为装配工艺系统图。每一个零件用一个方格来表示，在表格上表明零件名称、编号及数量，如图 13-23 所示。这种方框图不仅可以表示零件，也可以表示套件、组件和部件等装配单元。图 13-24 和图 13-25 分别表示套件、组件、部件和机器的装配工艺系统图。

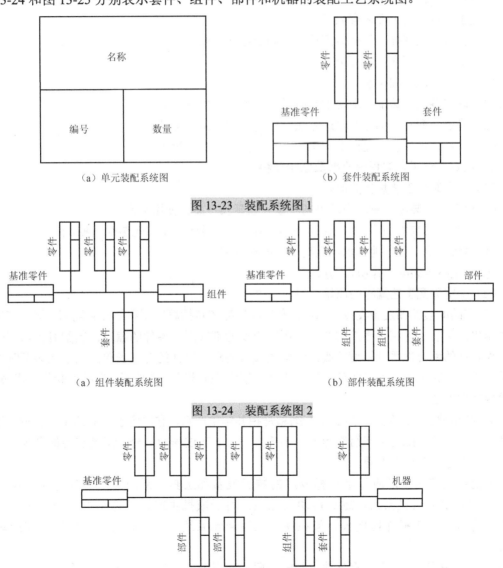

（a）单元装配系统图　　　　　　（b）套件装配系统图

图 13-23　装配系统图 1

（a）组件装配系统图　　　　　　（b）部件装配系统图

图 13-24　装配系统图 2

图 13-25　机器装配系统图

　　绘制装配单元系统图时，首先画一条横线，在横线左端画出代表基准件的长方格，在横线右端画出代表产品的长方格。然后按装配顺序从左向右将代表直接装到产品上的零件或组件的长方格从水平线引出，从上述图中可以看出，装配时由基准零件开始，沿水平线自左向右进行，一般将零件画在上方，套件、组件和部件画在下方，其排列次序表示了装配的次序。图中零件、套件、组件和部件的数量，由实际装配结构来确定。

　　在生产中，装配工艺系统图用于指导装配工艺流程。它主要应用于大批量生产中，以便指导组织平行流水装配、分析装配工艺问题，但在单件小批主产中很少使用。

13.4.3　装配工艺规程的制定

　　装配工艺规程是指导装配生产的主要技术文件，制定装配工艺规程是生产技术准备工作的主要内容之一。

　　装配工艺规程的主要内容如下。

　　（1）分析产品图样，划分装配单元，确定装配方法。

　　（2）拟定装配顺序、划分装配工序。

　　（3）计算装配时间定额。

　　（4）确定各工序装配技术要求、质量检查方法和检查工具。

　　（5）确定装配时零部件的输送方法及所需要的设备和工具。

　　（6）选择和设计装配过程中所需的工具、夹具和专用设备。

1.　制定装配工艺规程的原则及原始资料

　　（1）制定装配工艺规程的原则。

　　① 保证产品装配质量：力求提高质量，以延长产品的使用寿命。

　　② 合理安排装配顺序和工序：尽量减少钳工手工劳动量，缩短装配周期，提高装配效率。

　　③ 尽量减少装配占地面积，提高单位面积的生产率。

　　④ 尽量减少装配工作所占的成本。

　　（2）制定装配工艺规程的原始资料。

　　① 产品的装配图及验收技术标准：产品的装配图包括总装图和部件装配图，图中应清楚地表示出：所有零件相互连接的结构视图和必要的剖视图；零件的编号；装配时应保证的尺寸；配合件的配合性质及精度等级；装配的技术要求；零件的明细表等。为了在装配时对某些零件进行补充机械加工和核算装配尺寸链，有时还需要某些零件图，产品的验收技术条件、检验内容和方法。

　　② 产品的生产纲领：产品的生产纲领是指其年生产量，它决定了产品的生产类型。生产类型不同，致使装配的生产组织形式、工艺方法、工艺过程的划分、工艺装备的多少、手工劳动的比例等均有很大不同。

　　大批量生产的产品应尽量选择专用的装配设备和工具，采用流水装配方法，现代装配生产中大量采用机器人，组成自动装配线。对于成批生产、单件小批生产，多采用固定装配方式，手工操作比例大，但在现代柔性装配系统中，已开始采用机器人装配单件小批产品。

　　③ 生产条件：如果在现有条件下制定装配工艺规程，则应了解现有工厂的装配工艺设备、工人技术水平、装配车间面积等；如果在新建厂，则应适当选择先进的装备和工艺方法。

2. 制定装配工艺规程的步骤

根据上述原则和原始资料，可以按下列步骤制定装配工艺流程。

1）研究产品的装配图及验收技术条件

包括审核产品图样的完整性、正确性；分析产品的结构工艺性；审核产品装配的技术要求和验收标准；分析与计算产品装配尺寸链。

2）确定装配方法与组织形式

装配方法和组织形式主要取决于产品的结构特点（尺寸和重量等）和生产纲领，并应考虑现有的生产技术条件和设备。装配组织形式主要分为固定式和移动式两种。

固定式装配是全部装配工作在一固定的地点完成，多用于单件小批量生产，或重量大、体积大批量生产中。

移动式装配是将零部件用输送带或输送小车按装配顺序从一个装配地点移动到下一装配地点，各装配地点分别完成一部分装配工作，装配工作的总和就是产品的全部装配工作。根据零部件移动的方式不同，移动式装配又分为连续移动、间歇移动和变节奏移动三种方式。这种装配组织形式常用于产品的大批量生产中，以组成流水作业线和自动作业线。

3）划分装配单元，确定装配顺序

将产品划分为套件、组件及部件等装配单元是制定工艺规程中最重要的一个步骤，这对大批量生产结构复杂的产品尤为重要。无论哪一级装配单元，都要选定某一零件或比它低一级的装配单元作为装配基准件。装配基准件通常应是产品的基体或主干零部件，应有较大的体积和重量，有足够的支承面，以满足陆续装入零部件时的作业要求和稳定要求。例如，床身零件是床身组件的装配基准零件；床身组件是床身部件的装配基准组件；床身部件是机床产品的装配基准部件。

在划分装配单元、确定装配基准零件以后，即可安排装配顺序，并以装配系统图的形式表示出来。具体来说，一般是先难后易、先内后外、先下后上，预处理工序在前。

4）划分装配工序

装配顺序确定后，就可将装配工艺过程划分为若干工序，其主要工作如下。

（1）确定工序集中与分散的程度。

（2）划分装配工序，确定工序内容。

（3）确定各工序所需的设备和工具，如需专用夹具与设备，则应拟定设计任务书。

（4）制定各工序装配操作规范，如过盈配合的压入力、变温装配的装配温度以及紧固件的力矩等。

（5）制定各工序装配质量要求与检测方法。

（6）确定工序时间定额，平衡各工序节拍。

5）编制装配工艺文件

单件小批生产时，通常只绘制装配系统图。装配时，按产品装配图及装配系统图工作。

成批生产时，通常还制定部件、总装的装配工艺卡，写明工序次序、简要工序内容、设备名称、工夹具名称与编号、工人技术等级和时间定额等项。

在大批量生产中，不仅要制定装配工艺卡，而且要制定装配工序卡，以直接指导工人进行产品装配。此外，还应按产品图样要求，制定装配检验及试验卡片。

图 13-26（a）为某种型号减速器中的锥齿轮轴组件的装配图，其装配顺序如图 13-26（b）

所示，其装配系统单元图如图 13-27 所示。据此制定的装配工艺规程如表 13-1 所示。

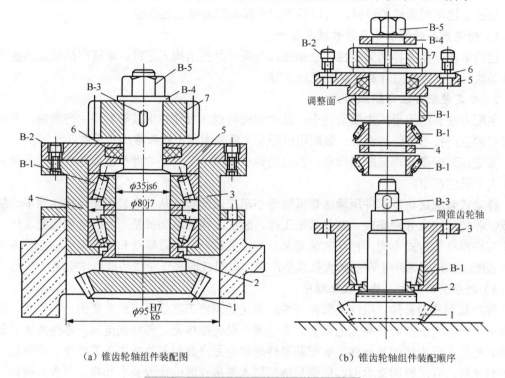

（a）锥齿轮轴组件装配图　　　　　　（b）锥齿轮轴组件装配顺序

图 13-26　锥齿轮轴组件装配图和装配顺序

1-锥齿轮轴；2-衬垫；3-轴承套；4-隔圈；5-轴承盖；6-毛毡圈；7-圆柱齿轮；
B-1-轴承外圈；B-2-螺钉；B-3-键；B-4-垫圈；B-5-螺母

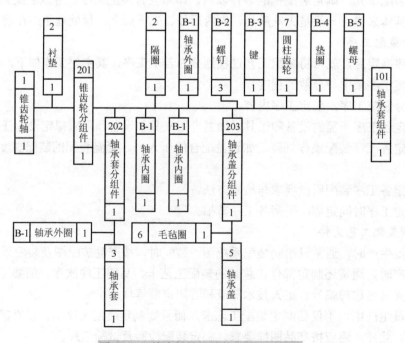

图 13-27　锥齿轮轴组件装配单元系统图

表 13-1　锥齿轮轴组件装配工艺规程

装配目标: 通过本实践操作后,应能够: ① 学会编制产品的装配工艺规程; ② 学会圆锥滚子轴承的装配方法		工具与量具:压力机、塞尺、塑料锤、开口扳手、内六角扳手
备注		
操作步骤	标准操作	解释
工作准备	熟悉任务	图纸和零件清单
	装配任务	装配任务
	初检	检查文件和零件的完备情况
	选择工、量具	见工、量具列表
	整理工作场地	选择工作场地,备齐工具和材料
	清洗	用清洁布清洗零件
装配衬垫(2)	定位	将衬垫套装在锥齿轮轴上
装配毛毡圈(6)	定位	将已剪好的毛毡圈塞入轴承盖槽内
装配轴承外圈(B-1)	润滑	在配合面上涂上润滑油
	压入	以轴承套为基准,将轴承外圈压入孔内至底面
装配轴承套(3)	定位	以锥齿轮轴组件为基准,将轴承套分组件套装在轴上
装配轴承内圈(B-1)	润滑	在配合面上涂上润滑油
	压入	将轴承内圈压装在轴上,并紧贴衬垫(2)
装配隔圈(4)	定位	将隔圈(4)装在轴上
装配轴承内圈(B-1)	润滑	在配合面上涂上润滑油
	压入	将另一轴承内圈压装在轴上,直至与隔圈接触
装配轴承外圈(B-1)	润滑	在轴承外圈涂油
	压入	将轴承外圈压至轴承套内
装配轴承盖(5)	定位	将轴承盖放置在轴承套上
	紧固	用手拧紧3个螺钉(B-2)
	调整	调整端面的高度,使轴承间隙符合要求
	固定	用内六角扳手拧紧3个螺钉(B-2)
装配圆柱齿轮(7)	压入	将键(B-3)压入锥齿轮轴键槽内
	压入	将圆柱齿轮压至轴肩
	检查	用塞尺检查齿轮与轴肩的接触情况
	定位	套装垫圈(B-4)
	紧固	用手拧紧螺母(B-5)
	固定	用扳手拧紧螺母(B-5)
检查	最后检查	检查锥齿轮转动的灵活性及轴向窜动

13.5　典型零件的装配

13.5.1　螺纹连接的装配

1. 螺纹连接的种类

螺纹连接是一种可拆的固定连接,具有结构简单、连接可靠、装拆方便等优点,在机械中应用广泛。螺纹连接分普通螺纹连接和特殊螺纹连接两大类,由螺栓、双头螺柱或螺钉构成的连接称为普通螺纹连接,除此以外的螺纹连接称为特殊螺纹连接,如图13-28所示。

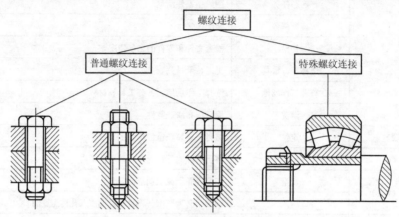

图13-28　螺纹连接的类型

2. 螺纹连接的拧紧力矩

螺纹连接为达到连接可靠和紧固的目的,要求纹牙间有一定的摩擦力矩,所以螺纹连接装配时应有一定的拧紧力矩,纹牙间产生足够的预紧力。

1）拧紧力矩的确定

在旋紧螺母时总是要克服摩擦力,一类是螺母的内螺纹和螺栓的外螺纹之间螺纹牙间摩擦力,另一类是在螺母与垫圈（washer）、垫圈与零件以及零件与螺栓头的接触表面之间的螺栓头部摩擦力 f_K。因此,拧紧力矩 M_A 取决于其摩擦因数 f_G 和 f_K 大小,其值可通过表13-2和表13-3确定。然后从表13-4装配时预紧力和拧紧力矩的确定中可查到装配时的预紧力和拧紧力矩的大小。表13-2和表13-3中考虑材料的种类、表面处理状况、表面条件（与制造方法有关）以及润滑情况等各种因素。

例如,某一连接使用M20镀锌（Zn6）钢制螺栓,性能等级是8.8,此螺栓经润滑油润滑,且用镀锌螺母旋紧。被连接材料是表面经铣削加工的铸钢。请查表确定其预紧力及拧紧力矩。

首先,根据表13-2可查出 f_G 的值为0.10～0.18。由于优先选用粗体字的值,因此 f_G 的值为0.10。用同样的方法根据表13-3可确定 f_K 的值,其值为0.10。

然后,根据螺栓公称直径、性能等级以及已经确定的摩擦因数 f_G 和 f_K,从表13-4中可查到：

预紧力为　　　　　　　　　　　　　$F_M=126000N$

拧紧力矩为　　　　　　　　　　　　$M_A=350N \cdot m$

表 13-2　摩擦因数 f_G

内螺纹				外螺纹（螺栓）— 钢								
材料	表面	螺纹制造方法	润滑	发黑或用磷酸处理				镀锌（Zn6）		镀镉（Cd6）		
				滚压			切削	切削或滚压		切削或滚压	黏结处理	
				干燥	加油	MoS_2	加油	干燥	加油	干燥	加油	干燥
钢	光亮	切削	润滑	0.12~0.18	0.10~0.16	0.08~0.12	0.10~0.16	—	0.10~0.18	—	0.08~0.14	0.16~0.25
钢	镀锌		干燥	0.10~0.16	0.10~0.18		0.10~0.18	0.12~0.20	0.10~0.18	0.12~0.16	0.12~0.14	0.14~0.25
钢	镀镉		干燥	0.08~0.14	0.08~0.20				0.10~0.18		0.08~0.16	—
GG/GTS	光亮	切削	干燥									
AlMg	光亮		干燥									

表 13-3　摩擦因数 f_K

被连接件			螺栓头 — 钢									
材料	接触面 表面	螺纹制造方法	发黑或用磷酸处理					镀锌（Zn6）		镀镉（Cd6）		
			磨削		切削			切削或滚压		切削或滚压		
			加油	干燥	加油	MoS_2	干燥	加油	干燥	加油	干燥	
钢	光亮	磨削	0.16~0.22	0.16~0.22	0.10~0.18	0.08~0.12	0.08~0.16	0.10~0.18	0.10~0.18	0.08~0.14	0.08~0.16	
钢	镀锌	金属切削	0.10~0.18	0.10~0.18	0.10~0.18		0.08~0.20	0.10~0.18	0.10~0.18	0.08~0.14	0.08~0.16	
钢	镀镉			0.10~0.16	0.10~0.16			0.16~0.20		0.12~0.14	0.12~0.20	
GG/GTS	光亮	磨削	0.14~0.22	0.14~0.20	0.10~0.18			0.10~0.18			0.08~0.16	
AlMg	光亮	金属切削		0.08~0.20							0.08~0.16	

表 13-4　装配时预紧力和拧紧力矩的确定

确定螺栓装配预紧力 F_M 和拧紧力矩 M_A（设 f_G=0.10）时，设定螺杆式全螺纹的，且是粗牙的普通螺纹六角头螺栓或内六角圆柱形螺钉

螺纹直径	性能等级	装配预紧力 F_M/N，当 f_G=							拧紧力矩 M_A/N·m，当 f_K=						
		0.08	0.1	0.12	0.14	0.16	0.2	0.24	0.08	0.1	0.12	0.14	0.16	0.2	0.24
M4	8.8	4400	4200	4050	3900	3700	3400	3150	2.2	2.5	2.8	3.1	3.3	3.7	4.0
	10.9	6400	6200	6000	5700	5500	5000	4600	3.2	3.7	4.1	4.5	4.9	5.4	5.9
	12.9	7500	7300	7000	6700	6400	5900	5400	3.8	4.3	4.8	5.3	5.7	6.4	6.9
M5	8.8	7200	6900	6600	6400	6100	5600	5100	4.3	4.9	5.5	6.1	6.5	7.3	7.9
	10.9	10500	10100	9700	9300	9000	8200	7500	6.3	7.3	8.1	8.9	9.6	10.7	11.6
	12.9	12300	11900	11400	10900	10500	9600	8800	7.4	8.5	9.5	10.4	11.2	12.5	13.5
M6	8.8	10100	9700	9400	9000	8600	7900	7200	7.4	8.5	9.5	10.4	11.2	12.5	13.5
	10.9	14900	14300	13700	13200	12600	11600	10600	10.9	12.5	14.0	15.5	16.5	18.5	20.0
	12.9	17400	16700	16100	15400	14800	13500	12400	12.5	14.5	16.5	18.0	19.5	21.5	23.5
M7	8.8	14800	14200	13700	13100	12600	11600	10600	12.0	14.0	15.5	17.0	18.5	21.0	22.5
	10.9	21700	20900	20100	19300	18500	17000	15600	17.5	20.5	23.0	25	27	31	33
	12.9	25500	24500	23500	22600	21700	19900	18300	20.5	24.0	27	30	32	36	39
M8	8.8	18500	17900	17200	16500	15800	14500	13300	18	20.5	23	25	27	31	33
	10.9	27000	26000	25000	24200	23200	21300	19500	26	30	34	37	40	45	49
	12.9	32000	30500	29500	28500	27000	24900	22800	31	35	40	43	47	53	57
M10	8.8	29500	28500	27500	26000	25000	23100	21200	36	41	46	51	55	62	67
	10.9	43500	42000	40000	38500	37000	34000	31000	52	60	68	75	80	90	98
	12.9	50000	49000	47000	45000	43000	40000	36500	61	71	79	87	94	106	115
M12	8.8	43000	41500	40000	38500	36500	33500	31000	61	71	79	87	94	106	155
	10.9	63000	61000	59000	56000	54000	49500	45500	90	104	117	130	140	155	170
	12.9	74000	71000	69000	66000	63000	58000	53000	105	121	135	150	160	180	195
M14	8.8	59000	57000	55000	53000	50000	46500	42500	97	113	125	140	150	170	185
	10.9	87000	84000	80000	77000	74000	68000	62000	145	165	185	205	220	250	270
	12.9	101000	98000	94000	90000	87000	80000	73000	165	195	215	240	260	290	320
M16	8.8	81000	78000	75000	72000	70000	64000	59000	145	170	195	215	230	260	280
	10.9	119000	115000	111000	106000	102000	94000	86000	215	250	280	310	340	380	420
	12.9	139000	134000	130000	124000	119000	110000	101000	250	300	330	370	400	450	490

续表

螺纹直径	性能等级	装配预紧力 F_M/N，当 $f_G=$							拧紧力矩 M_A/N·m，当 $f_K=$						
		0.08	0.1	0.12	0.14	0.16	0.2	0.24	0.08	0.1	0.12	0.14	0.16	0.2	0.24
M18	8.8	102000	98000	94000	91000	87000	80000	73000	210	245	280	300	330	370	400
	10.9	145000	140000	135000	129000	124000	114000	104000	300	350	390	430	470	530	570
	12.9	170000	164000	157000	151000	145000	133000	122000	350	410	460	510	550	620	670
M20	8.8	131000	126000	121000	117000	112000	103000	95000	300	350	390	430	470	530	570
	10.9	186000	180000	173000	166000	159000	147000	135000	420	490	560	620	670	750	820
	12.9	218000	210000	202000	194000	187000	171000	158000	500	580	650	720	780	880	960
M22	8.8	163000	157000	152000	146000	140000	129000	118000	400	470	530	580	630	710	780
	10.9	232000	224000	216000	208000	200000	183000	169000	570	670	750	830	900	1020	1110
	12.9	270000	260000	250000	243000	233000	215000	197000	670	780	880	970	1050	1190	1300
M24	8.8	188000	182000	175000	168000	161000	148000	136000	510	600	670	740	800	910	990
	10.9	270000	260000	249000	239000	230000	211000	194000	730	850	960	1060	1140	1300	1400
	12.9	315000	305000	290000	280000	270000	247000	227000	850	1000	1120	1240	1350	1500	1650
M27	8.8	247000	239000	230000	221000	213000	196000	180000	750	880	1000	1100	1200	1350	1450
	10.9	350000	340000	330000	315000	305000	280000	255000	1070	1250	1400	1550	1700	1900	2100
	12.9	410000	400000	385000	370000	355000	325000	300000	1250	1450	1650	1850	2000	2250	2450
M30	8.8	300000	290000	280000	270000	260000	237000	218000	1000	1190	1350	1500	1600	1800	2000
	10.9	430000	415000	400000	385000	370000	340000	310000	1450	1700	1900	2100	2300	2600	2800
	12.9	500000	485000	465000	450000	430000	395000	365000	1700	2000	2250	2500	2700	3000	3300
M33	8.8	375000	360000	350000	335000	320000	295000	275000	1400	1600	1850	2000	2200	2500	2700
	10.9	530000	520000	495000	480000	460000	420000	390000	1950	2300	2600	2800	3100	3500	3900
	12.9	620000	600000	580000	560000	540000	495000	455000	2300	2700	3000	3400	3700	4100	4500
M36	8.8	440000	425000	410000	395000	380000	350000	320000	1750	2100	2350	2600	2800	3200	3500
	10.9	630000	600000	580000	560000	540000	495000	455000	2500	3000	3300	3700	4000	4500	4900
	12.9	730000	710000	680000	660000	630000	580000	530000	3000	3500	3900	4300	4700	5300	5800
M39	8.8	530000	510000	490000	475000	455000	420000	385000	2300	2700	3000	3400	3700	4100	4500
	10.9	750000	730000	700000	670000	650000	600000	550000	3300	3800	4300	4800	5200	5900	6400
	12.9	880000	850000	820000	790000	760000	700000	640000	3800	4500	5100	5600	6100	6900	7500

注：螺栓或螺钉的性能等级由两个数字组成，数字之间有一个点，该数值反映了螺栓或螺钉的拉伸强度和屈服点，拉伸强度＝第一个数字×100＝800（N/mm），屈服点＝第一个数字×第二个数字×10（N/mm）。

2）拧紧力矩的控制

拧紧力矩或预紧力的大小是根据要求确定的。一般紧固螺纹连接无预紧力要求，采用普通扳手、风动或电动扳手拧紧。规定预紧力的螺纹连接，常用控制扭矩法、控制螺母扭角法、控制螺栓伸长法等来保证准确的预紧力。

（1）控制扭矩法。用测力扳手或定扭矩扳手控制拧紧力矩的大小，使预紧力达到给定值，方法简便，但误差较大，适用于中、小型螺栓的紧固。

定扭矩扳手需要事先对扭矩进行设置。通过旋转扳手手柄轴尾端上的销子可以设定所需的扭矩值，且通过手柄上的刻度可以读出扭矩值。扳手的另一端装有带方头的柱体，可以安装套筒。拧紧时，当扭矩达到设定值时，操作人员会听到扳手发出响声且有所感觉，从而停止操作。这种扳手的优点是预先可以设定拧紧力矩，且在操作过程中不需要操作人员读数，但操作完毕后，应将定扭矩扳手的扭矩设为零。

（2）控制螺母扭角法。控制扭矩法的两种扭矩扳手的缺点在于，大部分的扭矩都是用来克服螺纹摩擦力和螺栓、螺母及零件之间接触面的摩擦力。使用定扭角扳手，通过控制螺母拧时应转过的角度来控制预紧力。在操作时，先用定扭角扳手对螺母施加一定的预紧力矩，使夹紧零件紧密地接触，然后在角度刻度盘上将角度设定为零，再将螺母扭转一定角度来控制预紧力。使用这种扳手时，螺母和螺栓之间的摩擦力已经不会对操作产生影响了。这种扳手主要用于汽车制造以及钢制结构中预紧螺栓的应用。

（3）控制螺栓伸长法。用液压拉伸器使螺栓达到规定的伸长量以控制预紧力，螺栓不承受附加力矩，误差较小。

（4）扭断螺母法。在螺母上切一定深度的环形槽，扳手套在环形槽上部，以螺母环形槽处扭断来控制预紧力。这种方法误差较小，操作方便，但螺母本身的制造和修理重装时不太方便。

以上四种控制预紧力的方法仅适用于中、小型螺栓。对于大型螺栓，可采用加热拉伸法。

（5）加热拉伸法。用加热法（加热温度一般小于 400℃）使螺栓伸长，然后采用一定厚度的垫圈（常为对开式）或螺母扭紧弧长来控制螺栓的伸长量，从而控制预紧力。这种方法误差较小。其加热方法有如下四种。

① 火焰加热用喷灯或氧乙炔加热器加热，操作方便。

② 电阻加热：电阻加热器放在螺栓轴向深孔或通孔中，加热螺栓的光杆部分。常采用低电压（小于 45V）大电流（大于 300A）。

③ 电感加热：将导线绕在螺栓光杆部分进行加热。

④ 蒸汽加热：将蒸汽通入螺栓轴向通孔中进行加热。

3. 螺纹连接装配工艺

1）螺母和螺钉的装配要点

螺母和螺钉装配除了要按一定的拧紧力矩来拧紧以外，还要注意以下几点。

（1）螺钉或螺母与工件贴合的表面要光洁、平整。

（2）要保持螺钉或螺母与接触表面的清洁。

（3）螺孔内的脏物要清理干净。

（4）成组螺栓或螺母在拧紧时，应根据零件形状、螺栓的分布情况，按一定的顺序拧紧螺母。在拧紧长方形布置的成组螺母时，应从中间开始，逐步向两边对称地扩展；在拧紧圆形或方形布置的成组螺母时，必须对称地进行（如有定位销，应从靠近定位销的螺栓开始），以防止螺栓受力不一致，甚至变形。螺纹连接的拧紧顺序见表 13-5。

表 13-5　螺纹连接拧紧顺序

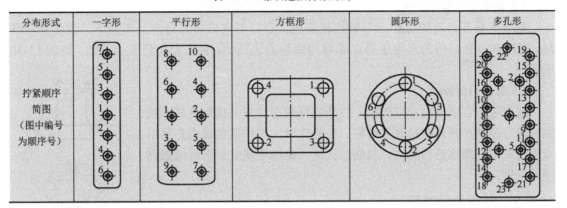

分布形式	一字形	平行形	方框形	圆环形	多孔形
拧紧顺序简图（图中编号为顺序号）					

（5）拧紧成组螺母时要做到分次逐步拧紧（一般不少于三次）。

（6）必须按一定的拧紧力矩拧紧。

（7）凡有振动或受冲击力的螺纹连接，都必须采用防松装置。

2）螺纹防松装置的装配要点

（1）弹簧垫圈和有齿弹簧垫圈。不要用力将弹簧垫圈的斜口拉开，否则在重复使用时会加剧划伤零件表面；根据结构选择适用类型的弹簧垫圈，如圆柱形沉头螺栓连接所用的弹簧垫圈和圆锥形沉头螺栓连接所用的弹簧垫圈是不同的；有齿弹簧垫圈的齿应与连接零件表面相接触，如对于较大的螺栓孔，应使用具有内齿或外齿的平型有齿弹簧垫圈。

（2）DUBO 弹性垫圈。

① 必须将螺钉旋紧直至 DUBO 弹性垫圈的外侧厚度已变形并包围在螺钉头四周，如图 13-29 所示。这样，螺栓连接就产生足够的预紧力，螺钉就被完全锁紧，但过度地旋紧螺钉是错误的。

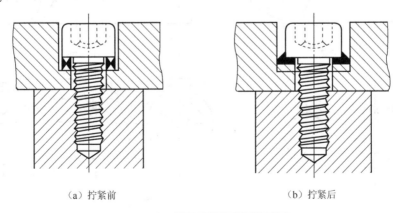

（a）拧紧前　　　　　　　　　　（b）拧紧后

图 13-29　DUBO 弹性垫圈的使用

② 零件表面必须平整，这将有助于形成良好的密封效果。

③ 应根据螺栓接头的类型，使用正确的 DUBO 弹性垫圈，有关其直径力方面的资料由供应商提供。

④ 为增强密封效果，螺栓孔应越小越好。如果对连接的要求很高，则建议将 DUBO 弹性垫圈和杯形弹性垫圈或锁紧螺母配套使用。

⑤ 装配后，还必须将螺母再旋紧四分之一圈。

3）带槽螺母和开口销

重要的是开口销的直径应与销孔相适应，开口销端部必须光滑且无损坏。装配开口销时，应注意将开口销的末端压靠在螺母和螺栓的表面上，否则会出现安全事故，如图 13-30 所示。

4）胶黏剂防松

通过液态合成树脂进行防松，如果零件表面相互间接触良好，胶黏剂涂层越薄，则此防松效果越好。在操作时，零件接触表面必须用专用清洗剂仔细地进行清洗、脱脂，同时，稍微粗糙的表面可增强黏接的强度。

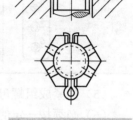

图 13-30　开口销的装配

13.5.2　键连接的装配

机械设备中往往用键将齿轮、皮带轮、联轴器等轴上零件与轴连接起来传递扭矩。常用的键结构主要有平键、楔键（钩头楔键）、花键等。

1. 松键连接的装配过程

1）松键连接的种类

依靠键的两侧面作为工作表面来传递扭矩的方法称为松键连接，其只能作为周向固定，具有工作可靠、结构简单等优点。松键连接所采用的键有平键、滑键、半圆键和导向平键四种，其结构如图 13-31 所示。

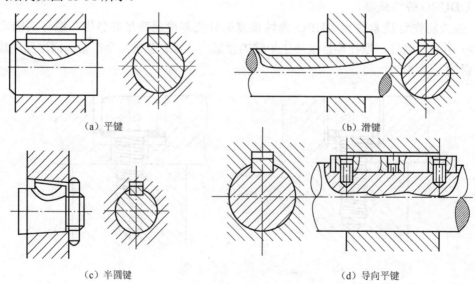

(a) 平键　　　　　　　　　　　　　　　　(b) 滑键

(c) 半圆键　　　　　　　　　　　　　　(d) 导向平键

图 13-31　松键连接的种类

2）松键连接的装配要点

（1）必须清理键与键槽的毛刺，以免影响配合的可靠性。

（2）对重要的键在装配前应检查键槽对轴线的对称度和键侧的直线度。

（3）锉配键长和键头时，应保留 0.1mm 的间隙。

（4）配合面上加机油后将键装入轴槽中，使键与槽底接触良好。

（5）用键头与轴槽试配，应保证其配合性质。

3）松键装配的技术要求

（1）平键不准配置成错牙形。

（2）修配平键一般以一侧为基准，修配另一侧，使键与槽均匀接触。

（3）对于双键槽，按上述要求配好一个键，然后以其为基准，检测修整另一键槽孔槽与轴槽的相对位置，最后按上述要求配好另一键。

（4）平键装配时，检测键的顶面与孔槽底面间隙，应符合图样要求。

（5）键与孔槽修配，使两侧应均匀接触，配合尺寸符合图样要求。

（6）键与轴槽修配，使两侧面均匀接触，配合面间不得有间隙，底面与轴槽底面接触良好，键的两端不准翘起。

2．紧键连接的装配过程

紧键连接一般是指楔键连接，是利用键的上、下两表面作为工作表面来传递扭矩，其结构如图 13-32 所示。

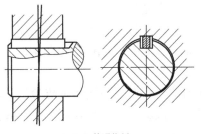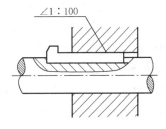

（a）普通楔键　　　　　　　　　　（b）带钩楔键

图 13-32　紧键连接的结构

紧键连接的装配要点如下。

（1）键的上、下工作表面与轮槽、轴槽底部应贴紧，但两侧应留有一定的间隙。

（2）键的斜度与轮毂的斜度应一致，否则工件会发生歪斜。

（3）钩头楔键装配后，工作面上的接触率应在 69% 以上。

（4）钩头楔键装配后，钩头和工件之间必须留有一定的距离，以便于拆卸。

13.5.3　滚动轴承的装配

1．滚动轴承的结构

如图 13-33 所示，滚动轴承一般由外圈 1、内圈 2、滚动体 3 和保持架 4 组成。内、外圈上通常都制有沟槽，用来限制滚动体轴向位移。保持架可以保证滚动体等距分布，并减少滚动体间的摩擦和磨损。轴承工作时，内圈装在轴颈上、外圈装在机架的轴承孔内。通常内圈随轴颈转动，而外圈固定；也有的轴承外圈转动而内圈固定的。内、外圈相对转动

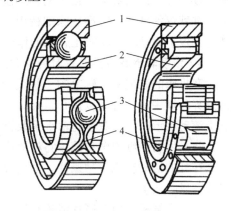

图 13-33　滚动轴承

1-外圈；2-内圈；3-滚动体；4-保持架

时，滚动体就在内、外圈的滚道间滚动。

滚动轴承是标准件，它的内圈与轴径的配合为基孔制，外圈与孔座的配合为基轴制，配合的性质及松紧程度由设计图样给定。

2. 滚动轴承装配前的准备工作

滚动轴承是一种精密部件，认真做好装配前的准备工作，对装配质量和提高装配效率是十分重要的。

1）轴承装配前的检查与防护措施

（1）按图样要求检查与滚动轴承相配的零件，如轴颈、箱体孔、端盖等表面的尺寸是否符合图样要求，是否有凹陷、毛刺、锈蚀和固体微粒等，并用汽油或煤油清洗，仔细擦净，然后涂上一层薄薄的油。

（2）检查密封件并更换损坏的密封件，对于橡胶密封圈则每次拆卸时都必须更换。

（3）在滚动轴承装配操作开始前，才能将新的滚动轴承从包装盒中取出，必须尽可能使它们不受灰尘污染。

（4）检查滚动轴承型号与图样是否一致，并清洗滚动轴承。如滚动轴承是用防锈油封存的，可用汽油或煤油擦洗滚动轴承内孔和外圈表面，并用软布擦净；对于用厚油和防锈油脂封存的大型轴承，则需在装配前采用加热清洗的方法清洗。

（5）装配环境中不得有金属微粒、锯屑、沙子等。最好在无尘室中装配滚动轴承，如果不可能，则用东西遮盖住所装配的设备，以保护滚动轴承免于周围灰尘的污染。

2）滚动轴承的清洗

使用过的滚动轴承，必须在装配前进行彻底清洗，而对于两端面带防尘盖、密封圈或涂有防锈和润滑两用油脂的滚动轴承，则不需要进行清洗。但对于已损坏、很脏或塞满碳化油脂的滚动轴承，一般不再值得清洗，直接更换一个新的滚动轴承则更为经济与安全。

滚动轴承的清洗方法有两种：常温清洗和加热清洗。

（1）常温清洗：常温清洗是用汽油、煤油等油性溶剂清洗滚动轴承。清洗时要使用干净的清洗剂和工具，首先在一个大容器中进行清洗，然后在另一个容器中进行漂洗。干燥后即用油脂或油涂抹滚动轴承，并采取保护措施防止灰尘污染滚动轴承。

（2）加热清洗：加热滚动清洗使用的清洗剂是闪点至少为250℃的轻质矿物油。清洗时，油必须加热至约120℃。把滚动轴承浸入油内，待防锈油脂溶化后即从油中取出，冷却后再用汽油或煤油清洗，擦净后涂油待用。加热清洗方法效果很好，且保留在滚动轴承内的油还能起到保护滚动轴承和防止腐蚀的作用。

3）滚动轴承在自然时效时的保护方法

在机床的装配中，轴上的一些滚动轴承的装配程序往往比较复杂，滚动轴承往往要暴露在外界环境中很长时间以进行自然时效处理，从而可能破坏以前的保护措施。因此，在装配这类滚动轴承时，要对滚动轴承采取相应的保护措施。

（1）用防油纸或塑料薄膜将机器完全罩住是最佳的保护措施。如果不能罩住，则可以将暴露在外的滚动轴承单独遮住，如果没有防油纸或塑料薄膜，则可用软布将滚动轴承紧紧地包裹住以防灰尘。

（2）由纸板、薄金属片或塑料制成的圆板可以有效地保护滚动轴承。这类圆板可以按尺寸定做并安装在壳体中，但此时要给已安装好的滚动轴承涂上油脂并保证它们不与圆板接触，且拿掉圆板的时候，要擦掉最外层的油脂并涂上相同数量的新油脂。在剖分式的壳体中，可以将圆盘放在凹槽中作密封用。

（3）对于整体式的壳体，最佳的保护方法是用一个螺栓穿过圆板中间将圆板固定在壳体孔两端。当采用木制圆板时，由于木头中的酸性物质会产生腐蚀作用，这些木制圆板不能直接与壳体中的滚动轴承接触，但可在接触面之间放置防油纸或塑料纸。

3. 圆柱孔滚动轴承的装配方法

1）滚动轴承装配方法的选择

滚动轴承装配方法根据滚动轴承装配方式、尺寸大小及滚动轴承的配合性质来确定。

（1）滚动轴承的装配方法。

根据滚动轴承与轴颈的结构，通常有四种滚动轴承的装配方式。

① 滚动轴承直接装在圆锥轴径上，如图 13-34（a）所示，这是圆柱孔滚动轴承的常见装配形式。

② 滚动轴承直接装在圆锥轴径上，如图 13-34（b）所示，这类装配形式适用于轴颈和轴承孔均为圆锥形的场合。

③ 滚动轴承装在紧定套上，如图 13-34（c）所示。

④ 滚动轴承装在退卸套上，如图 13-34（d）所示。

后两种装配形式适用于滚动轴承为圆锥孔，而轴颈为圆柱孔的场合。

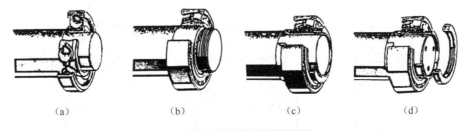

| (a) | (b) | (c) | (d) |

图 13-34 滚动轴承的装配方式

（2）滚动轴承的尺寸。

根据滚动轴承内孔的尺寸，可将滚动轴承分为以下三类。

① 小轴承，指孔径小于 80mm 的滚动轴承。

② 中等轴承，指孔径大于 80mm、小于 200mm 的滚动轴承。

③ 大型轴承，指孔径大于 200mm 的滚动轴承。

（3）滚动轴承的装配方法。

根据滚动轴承装配方式和尺寸大小及其配合的性质，通常有四种装配方法：机械装配法、液压装配法、压油法和温差法。

2）圆柱孔滚动轴承的装配

（1）滚动轴承装配的基本原则。

① 装配滚动轴承时，不得直接敲击滚动轴承内外圈、保持架和滚动体。否则，会破坏滚动轴承的精度，缩短滚动轴承的使用寿命。

② 装配的压力应直接加在待配合的套圈端面上，绝不能通过滚动体传递压力。如图 13-35 所示，图 13-35（a）与图 13-35（b）均使装配压力通过滚动体传递载荷，而使滚动轴承变形，故为错误的装配施力方法，而图 13-35（c）和图 13-35（d）中装配力直接作用在需装配的套

圈上，从而保证滚动轴承的精度不致破坏，故为正确的装配方法。

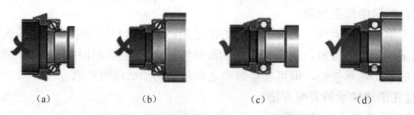

图 13-35　滚动轴承后装配压力与套圈的关系

（2）座圈的安装顺序。

① 不可分离型滚动轴承（如深沟球轴承等）。这种轴承应按座圈配合松紧程度决定其安装顺序。当内圈与轴颈配合为较紧的过盈配合且外圈与壳体孔配合为较松的过渡配合时，应先将滚动轴承装在轴上，压装时，将套筒垫在滚动轴承内圈上，如图 13-36（a）所示，然后连同轴一起装入壳体孔中。当滚动轴承外圈与壳体孔为过盈配合时，应将滚动轴承先压入壳体孔中，如图 13-36（b）所示，这时所用套筒的外径应略小于壳体孔直径。当滚动轴承内圈与轴、外圈与壳体孔都是过盈配合时，应把滚动轴承同时压在轴上和壳体孔中，如图 13-36（c）所示，这种套筒的端面具有同时压紧滚动轴承内外圈的圆环。

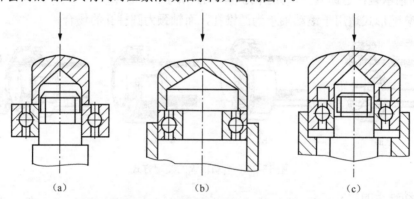

图 13-36　滚动轴承套圈的装配顺序

② 分离型滚动轴承（如圆锥滚子轴承）。这种轴承由于外圈可以自由脱开，装配时内圈和滚动体一起装在轴上，外圈装在壳体孔内，然后再调整它们的游隙。

3）滚动轴承套圈的压入方法

压入滚动轴承套圈时，应按具体情况不同采取相应的措施。

（1）当内圈与轴颈配合较紧，外圈与壳体配合较松时，应先将轴承装在轴上，反之，则应先将轴承压入壳体中。

（2）当轴承内圈与轴、外圈与壳体孔都是过盈配合时，应将轴承同时压入轴与壳体中。

（3）压入时应采用专用套筒。

（4）过盈量较大时可考虑用杠杆式、螺旋式压入机或液压机安装。

当用压入法装配时，常用的方法有以下几种。

（1）套筒压入法。这种方法仅适用于装配小滚动轴承。其配合过盈量较小时，常用工具为冲击套筒与手锤，以保证滚动轴承套圈在压入时均匀敲入，如图 13-37（a）所示。

（2）压力机压入法。这种方法仅适用于装配中等滚动轴承。其配合过盈较大时，常用杠杆齿条式或螺旋式压力机，如图 13-37（b）所示。若压力不能满足还可以采用液压机压装滚动轴承，但均必须对轴或安装滚动轴承的壳体提供一个可靠的支承。

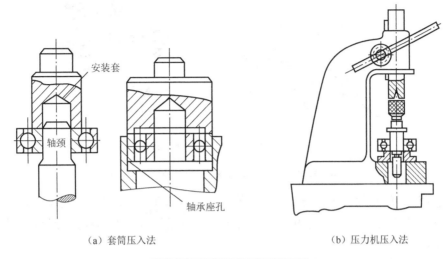

（a）套筒压入法　　　　　　　　　　　　（b）压力机压入法

图 13-37　套筒和压力机压入法

　　（3）温差法装配。这种方法一般适用于大型滚动轴承。随着滚动轴承尺寸的增大，其配合过盈量也增大，其所需装配力也随之增大，因此，可以将滚动轴承加热，然后与常温轴配合。滚动轴承和轴颈之间的温差取决于配合过盈量的大小和滚动轴承尺寸。当滚动轴承温度高于轴颈 80～90℃时就可以安装了。一般滚动轴承加热温度为 110℃，不能将滚动轴承加热至 135℃以上，因为这将会引起材料性能的变化。更不能利用明火对滚动轴承进行加热，因为这样会导致滚动轴承材料中产生应力而变形，而破坏滚动轴承的精度。安装时，应戴干净的专用防护手套搬运滚动轴承，将滚动轴承装至轴上与轴肩可靠接触，并始终按压滚动轴承直至滚动轴承与轴颈紧密配合，以防止滚动轴承冷却时套圈与轴肩分离。

**　　4. 圆柱孔滚动轴承的拆卸方法**

　　滚动轴承的拆卸方法与其结构有关。对于拆卸后还要重复使用的滚动轴承，拆卸时不能损坏滚动轴承的配合表面，不能将拆卸的作用力加在滚动体上，要将力作用在紧配合的套圈上。为了使拆卸后的滚动轴承能够按照原先的位置和方向进行安装，建议拆卸时对滚动轴承的位置和方向做好标记。

　　拆卸圆柱孔滚动轴承的方法有四种：机械拆卸法、液压法、压油法和温差法。

**　　1）机械拆卸法**

　　机械拆卸法适用于具有紧（过盈）配合的小滚动轴承和中等滚动轴承的拆卸，拆卸工具为拉出器，也称拉马。

　　（1）轴上滚动轴承的拆卸：将滚动轴承从轴上拆卸时，拉马的爪应作用于滚动轴承的内圈，使拆卸力直接作用在滚动轴承的内圈上（图 13-38（a））。当没有足够的空间使拉马的爪作用于滚动轴承的内圈时，可以将拉马的爪作用于外圈上。必须注意的是，为了使滚动轴承不致损坏，在拆卸时应固定扳手并旋转整个拉马，以旋转滚动轴承的外圈，如图 13-38（b）所示，从而保证拆卸力不会作用在同一点上。

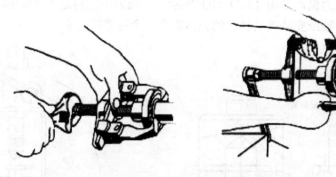

(a) 拉马作用于滚动轴承内圈　　　　　(b) 旋转拉马进行拆卸

图 13-38　拉马作用于滚动轴承内圈和旋转拉马进行拆卸

（2）孔中滚动轴承的拆卸：当滚动轴承紧配合在壳体孔中时，拆卸力必须作用在外圈上。由于调心滚动轴承经常通过旋转内圈与滚动体，从而便于拉马作用在外圈上进行拆卸，如图 13-39（a）所示。

对于安装滚动轴承的孔中无轴肩的情况，可以采用手锤锤击套筒的方法，如图 13-39（b）所示，从而通过拆卸外圈的方法拆卸整个滚动轴承。但要注意，不能取用有尘粒存在处的锤子，否则，这些尘粒会落在滚动轴承上，从而会导致轴承损坏。

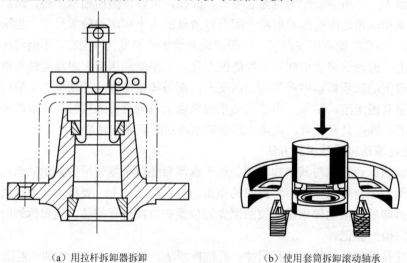

(a) 用拉杆拆卸器拆卸　　　　　　(b) 使用套筒拆卸滚动轴承

图 13-39　拆卸滚动轴承

2）液压法

液压法适用于具有紧配合的中等滚动轴承的拆卸。拆卸这类滚动轴承需要相当大的力，常用拆卸工具为液压拉马，其拆卸力可达 500kN。

3）压油法

压油法适用于中等滚动轴承和大型滚动轴承的拆卸，常用的拆卸工具为油压机。用这种方法操作时，油在高压作用下通过油路和轴承孔与轴颈之间的油槽挤压在轴孔之间，直至形成油膜，并将配合表面完全分开，从而使轴承孔与轴颈之间的摩擦力变得相当小，此时只需要很小的力就可以拆卸滚动轴承了。由于拆卸力很小，且拉马直接作用在滚动轴承的外圈上，因此必须使用具有自定心的拉马。

使用压油法拆卸滚动轴承，拆卸方便，且可以节约大量的劳动力。

4）温差法

温差法主要适用于圆柱滚子轴承内圈的拆卸，加热设备通常采用铝环。首先必须拆去圆柱滚子轴承外圈，在内圈滚道上涂上一层抗氧化油，然后将铝环加热至 225℃左右，并将铝环包住圆柱滚子轴承的内圈，再夹紧铝环的两个手柄，使其紧紧夹着圆柱滚子轴承的内圈，直到圆柱滚子轴承拆卸后才将铝环移去。

如果圆柱滚子轴承内圈有不同的尺寸且必须经常拆卸，则使用感应加热器比较好，如图 13-40 所示。将感应加热器套在圆柱滚子轴承内圈上并通电，感应加热器会自动抱紧圆柱滚子轴承内圈，且感应加热，握紧两边手柄，直至将圆柱滚子轴承拆卸下来。

5. 滚动轴承的材料

滚动轴承的性能和可靠性在很大程度上取决于制造轴承零件的材料；滚动轴承在载荷下高速旋转时，套圈滚道和滚动体接触部分反复承受较大的接触应力，长时间运转容易产生材料的疲劳剥落，导致轴承损坏，因此滚动轴承套圈和滚动体的材料必须具备硬度高、抗疲劳性强、耐磨损、尺寸稳定性好等优点。

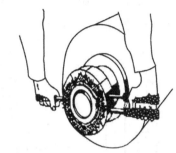

图 13-40　用铝环加热拆卸滚动轴承

1）套圈和滚动体的材料

套圈和滚动体通常采用高碳铬轴承钢。多数轴承采用 GCr15，对于截面较大的轴承套圈和直径较大的滚动体采用淬透性好的 GCr155SiMn。高碳铬轴承钢为整体淬硬钢，其表层和心部均可硬化，是滚动轴承的最佳材料。

由于使用场合不同，某些轴承要求材料具有特殊的性能，如耐冲击、耐高温、耐腐蚀等。

对工作时承受冲击载荷的轴承或大型、特大型轴承的套圈和滚动体通常采用渗碳轴承钢。渗碳轴承钢是在铬钼钢、铬镍钼钢或铬锰钼钢等材料表层适当深度范围内进行渗碳，使其具有致密的组织，并形成硬化层，而中心部位硬度较低，具有较好的心部冲击韧度，由于渗碳轴承钢的使用性能很好，其寿命计算与高碳铬轴承钢相同。

对于高温下工作的轴承采用耐热性好的高温轴承钢制造。

对于工作中接触腐蚀媒介的轴承采用不锈轴承钢制造。

值得注意的是，轴承钢的清洁度越高，非金属夹杂物越少，含氧越低，则轴承疲劳寿命越长，真空脱气或真空重熔钢能满足这一要求。对于要求高可靠性的轴承应采用电渣重熔钢制造。

2）保持架的材料

保持架对滚动轴承的使用性能和寿命有很大影响，其材料的选择尤为重要。保持架材料应具有机械强度高、耐磨性好、抗冲击载荷及尺寸稳定性好等特点，保持架一般分冲压保持架和实体保持架两种。

中小型轴承用冲压保持架一般采用优质碳素结构钢钢带或钢板，如 08 或 10 钢。根据不同用途，也有采用黄铜及不锈钢板的。

大型轴承及生产批量小的轴承一般采用机制实体保持架，材料有黄铜、青铜、铝合金及结构碳素钢等。

精密角接触球轴承保持架通常采用酚醛层压布管制造。

近年来，我国又开发了工程塑料保持架，其典型材料为玻璃纤维增强聚酰胺 6（GRPA66-25），工作温度为−30～+120℃。该种材料重量轻、密度低、耐摩擦、耐腐蚀、弹性好，滑动性亦好，易于直接注射成形、制造成本低，已用于制造多种轴承的保持架。

13.5.4　销连接的装配

销连接主要用于零件的连接、定位和防松，也可起到过载保护作用。常用的有圆柱销和圆锥销两种。

1. 圆柱销的装配要点

（1）在装配中，销孔中应涂上黄油，把铜棒垫在销子上，用手锤轻轻地敲入或用夹子压装销子，如图 13-41 所示。

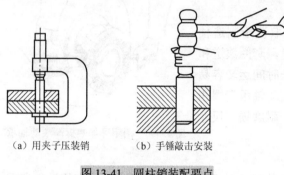

（a）用夹子压装销　　（b）手锤敲击安装

图 13-41　圆柱销装配要点

（2）各连接件的销孔一般要同时加工，以保证各孔的同轴度。

（3）要控制过盈量，保证准确的数值，以保证紧固性和准确性。

2. 圆锥销的装配要点

（1）各连接件的销孔一般要同时加工。

（2）试装法确定孔径时，以圆锥销自由插入全长的 80%～90%为宜，如图 13-42 所示。

（3）合理地选用钻头，选择时应根据圆锥销的小端直径和长度来选用。

3. 过盈连接装配方法

过盈连接是利用相互配合的零件间的过盈量来实现连接的，属于永久性连接。过盈连接的装配方法主要有以下两种。

1）压装法

（1）压装法的概念：压装法是将有过盈配合的两个零件压到配合位置的装配过程。压装法分为压力机压装和手工锤击压装两种，如图 13-43 所示。

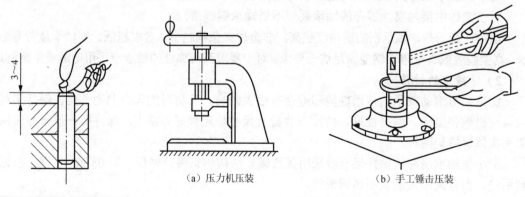

（a）压力机压装　　　　（b）手工锤击压装

图 13-42　试装法确定孔径　　　　图 13-43　压装法

（2）压装法的特点：压力机压装的导向性好，压装质量和效率较高，一般多用于各种盘类零件内的衬套、轴、轴承等过盈配合连接；锤击压装一般多于销、键、短轴等的过渡配合连接，以及单件小批量生产中的滚动轴承、轴承的装配。锤击压装的质量一般不易保证。

2）温差法

温差法是利用热胀冷缩的原理进行装配的，主要有冷装和热装两种。冷装指具有过盈量的两个零件，装配时先将被包容件用冷却剂冷却，使其尺寸收缩，在装入包容件中使其达到配合位置的过程；热装是指具有过盈量的两个零件，装配时先将包容件加热胀大，再将被包容件装配到配合位置。

13.6　减速器的装配

13.6.1　齿轮传动部件的装配

齿轮传动部件的装配工序包括两步：先将齿轮装到轴上；再将齿轮及轴组件装入箱体。

1. 齿轮在轴上的装配方法

（1）在轴上空套或滑移的齿轮，与轴一般为间隙配合，装配精度主要取决于零件本身的制造精度，装配时要注意检查轴、孔的尺寸。

（2）在轴上固定的齿轮与轴一般为过渡配合或过盈量较小的过盈配合。当过盈量较小时，可用手工工具敲入；过盈量较大时可用压入装配。对旋转方向经常变化、低速重载的齿轮，一般过盈量很大，可用热装法或液压套合法装配。

齿轮装到轴上时要避免偏心、歪斜及端面未贴紧轴肩等安装误差。装到轴上后，对于精度要求高的要检查径向跳动和端面跳动。

2. 齿轮、轴组件装入箱体

齿轮、轴组件在箱体上的装配精度除受齿轮在轴上的装配精度影响外，还与箱体的几何精度，如箱体孔的同轴度、轴线间的平行度及孔的中心距等有关，同时还可能与相邻轴中的齿轮相对方位有关。

（1）装配齿轮、轴组件前对箱体的检验。装配前要检查箱体上的孔距、孔系平行度、轴线与基准面的尺寸距离及平行度、孔轴线与端面的垂直度、孔轴线的同轴度等精度要求。为了保证齿轮副装配精度，在装配时要进行调整，必要时还要进行修配。使用滑动轴承时，箱体等零件的有关加工误差可用刮研轴瓦孔来补偿。使用滚动轴承时，必须严格控制箱体加工精度，有时也可用偏心套调整或加配衬板法来提高齿轮的接触精度。

（2）运动精度的装配调整。对于运动精度要求高的齿轮传动，首先要保证齿轮的加工精度，并可以通过定向装配法来得到高装配精度。在装配传动比为 1 或其他整数的一对啮合齿轮时，应根据其齿距累积误差的分布状况，将一个齿轮的累积误差最大相位与另一个齿轮的累积误差最小相位相对应，使齿轮的加工误差得到一定程度的补偿。对于齿轮的径向跳动误差和端面跳动误差，可以分别测定齿轮定位面、轴承定位面及其他相关零件的误差相位，装配时通过相位调整以适当抵消有关零件的误差。

（3）接触精度的检验和调整。接触精度通常通过接触斑点的大小和位置来评定，装配齿轮副时齿面接触斑点的要求如表 13-6 所示。

表 13-6　　渐开线圆柱齿轮副接触斑点要求　　　　　　　（单位：%）

精度等级	1	2	3	4	5	6	7	8	9	10	11	12
按高度不小于	65	65	65	60	55	50	45	40	30	25	20	15
按长度不小于	95	95	95	90	80	70	60	60	40	30	30	30

接触斑点一般用涂色法检查。在大齿轮啮合面上均匀地涂以 0.003～0.006mm 的少量 L-AN 油的红丹粉或普鲁士油，在轻微的制动下转动齿轮副，再观察转动后齿面上接触擦亮痕迹的分布位置，在齿面展开图上计算百分数。齿轮副常见的接触斑点分布及调整方法见表 13-7。

（4）齿侧间隙的检测和调整。 GB/Z 18620.2—2008 规定渐开线圆柱齿轮副的间隙应根据工作条件，用最大极限侧隙与最小极限侧隙来限制。齿轮副的侧隙常用压铅丝法或打表法来检验。

表 13-7　　渐开线圆柱齿轮接触斑点及调整方法

接触斑点	接触状况与原因	调整方法
	正常接触	
	单向角接触，两个齿轮轴线不平行	在中心距公差范围内，刮削轴瓦或调整轴承座
	对角接触，两齿轮轴线歪斜	在中心距公差范围内，刮削轴瓦或调整轴承座
	偏齿顶接触，两齿轮中心距过大	在中心距公差范围内，刮削轴瓦或调整轴承座
	偏齿顶接触，两齿轮中心距过小	在中心距公差范围内，刮削轴瓦或调整轴承座
	一面接触正常，一面接触不好，两面齿向不统一	调整齿轮或对齿轮进行研齿
	分散接触，齿面有波纹、毛刺	去毛刺、硬点，对齿轮进行研齿或电火花跑合
在整个齿圈上接触区由一边逐渐移至另一边	沿齿向游离接触，齿轮端面与回转轴线不垂直	检查、校正齿轮端面与回转轴线的垂直度

13.6.2　减速器装配工艺流程举例

以一级减速器为例介绍装配工艺流程，各组件装配过程如图 13-44～图 13-48 所示。

1. 安装准备工作

（1）去毛刺、修正：组成减速器的所有零件，在组装前必须将零件所存在的毛刺清除干净；各零件的配合及齿轮、蜗轮蜗杆啮合处不得有碰伤、损伤的情况，如有轻微擦伤，在不影响使用性能的情况下允许用细锉刀、刮刀、油石等进行修正。

（2）清洗与防锈：所有零部件的外表面的灰尘、切屑、油污等脏物必须清除干净，对有未加工表面的箱体、齿轮、蜗杆、蜗轮、压盖等零件，需将表面残余物清除干净，并在未加工表面涂以防锈漆。所有齿轮啮合、轴承配合、轴销与孔配合处，在装配时必须在其表面上涂干净的润滑油。

减速器装配

（3）准备工具：锉刀、刮刀、油石、加热器、铜棒、铜锤、力矩扳手。

（4）所需耗材：防锈漆、润滑油、密封胶。

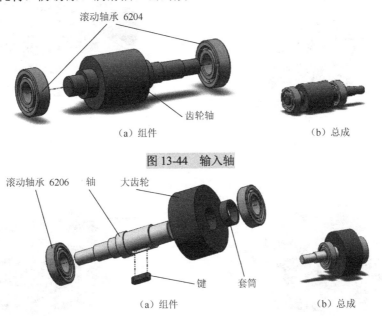

滚动轴承 6204

齿轮轴

（a）组件　　　　　　　　　（b）总成

图 13-44　输入轴

滚动轴承 6206　轴　大齿轮

键　套筒

（a）组件　　　　　　　　　（b）总成

图 13-45　输出轴

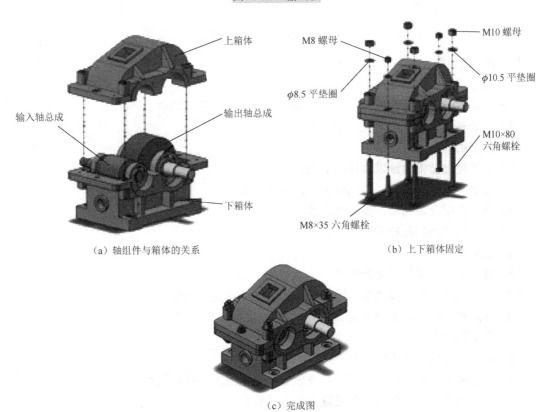

上箱体

输入轴总成　　　　　　　　　输出轴总成

下箱体

（a）轴组件与箱体的关系

M8 螺母　　　　M10 螺母

ϕ10.5 平垫圈

ϕ8.5 平垫圈

M10×80
六角螺栓

M8×35 六角螺栓

（b）上下箱体固定

（c）完成图

图 13-46　安装箱体

（a）安装胶垫圈

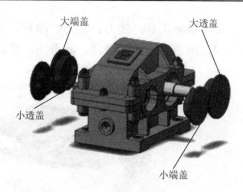

（b）安装端盖和透盖

（c）固定端盖和透盖

（d）完成图

图 13-47　安装轴承端盖和透盖

2. 输入轴装配

（1）将轴承放入加热器进行加热。

（2）将轴承装在小齿轮轴两端，用铜棒小心敲打使其安装到位。

（3）安装轴承的注意事项见 13.5.3 节。

3. 输出轴装配

（1）将齿轮轴键槽内涂以少量润滑油。

（2）将平键放入键槽内，用铜锤将平键安装到位。

（3）将齿轮配合表面涂以少量润滑油。

（4）将齿轮装到齿轮轴正确位置。

（5）安装套筒。

（6）将轴承放入加热器进行加热。

（7）将轴承装在齿轮轴两端，用铜棒小心敲打使其安装到位。

（8）安装轴承的注意事项见 13.5.3 节。

4. 箱体的装配

（1）将下箱体放置在工作台上。

（2）将装配好的输入轴与输出轴总成放置在箱体中并调整好位置。

（3）在下箱体与上箱体的配合位置涂抹密封胶。

（4）将上箱体吊装在下箱体上，调整并固定。

（5）将箱体用螺栓固定，使用力矩扳手将螺栓拧紧到指定力矩大小。

5．轴承端盖与透盖的安装

（1）将调整垫片正确安装在齿轮轴上。

（2）在端盖/透盖与箱体配合处安装密封圈或涂抹密封胶。

（3）将端盖/透盖安装在箱体上，并用螺钉固定，使用力矩扳手将螺钉拧紧到指定力矩大小。

6．其他配件安装

将油表、油封、放油螺栓等配件正确安装在箱体上，如图 13-48 所示。

7．调试与检测

按照 13.6.1 节介绍的方法及相关技术手册对组装好的减速器（图 13-49）进行调试并检测验收。

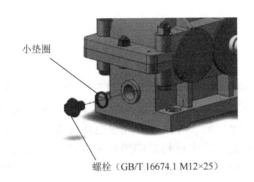

小垫圈

螺栓（GB/T 16674.1 M12×25）

图 13-48　其他配件安装

图 13-49　减速器装配图

复习思考题

13-1　什么是装配？装配工作有哪些要求？装配前应做好哪些准备工作？

13-2　装配的组织形式有哪几种，各有什么特点？

13-3　装配的常用工具有哪些？

13-4　装配工作的基本内容和一般原则有哪些？

13-5　螺纹连接的装配技术要求有哪些？螺纹连接装配应注意哪些事项？

13-6　销连接有哪些基本类型？装配圆柱销应注意哪些事项？

13-7　怎样装配滚动轴承？

13-8　键连接有哪些类型？松键连接的装配技术要求有哪些？松键连接装配应注意哪些事项？

第 14 章　3D 打 印

14.1　概　　述

3D 打印学术上称为增材制造（additive manufacturing，AM），是从 20 世纪 70 年代末 80 年代初，由快速原型（rapid prototype，RP）、快速制造（rapid manufacturing，RM）技术发展起来的。快速成型或快速成形（rapid prototyping，RP）是一种快速生成模型或者零件的制造技术。在计算机控制与管理下，依据已有的 CAD 数据，采用材料精确堆积的方式，即由点堆积成面，由面堆积成三维，最终生成实体。依靠此技术可以生成非常复杂的实体，而且成形的过程中无须模具的辅助。

随着计算机技术的发展，计算机辅助设计技术在产品开发中扮演越来越重要的角色，产品开发的周期越来越短，人们对快速制造技术的需求越来越迫切，与传统的去除材料的制造技术相比，RP、RM 技术通过层层堆积，快速获得设计的产品原型，大大提高了产品成形的速度。据不完全统计，目前使用增材制造技术的 3D 打印方法有 30 多种，每一种方法都有其独特的特点，从打印材料看，有的使用液体打印材料，有的使用粉末材料，还有的使用固态丝材。从打印方式看，有的使用喷嘴，有的使用激光，有的使用投影等，还没有一种通用的 3D 打印方法满足所有 3D 打印的需要。

根据美国材料与试验协会（American society for testing and materials，ASTM）2009 年成立的 3D 打印技术委员会（F42 委员会）公布的定义，3D 打印是一种与传统的材料去除加工方法截然相反的材料添加成形技术，它基于三维 CAD 模型数据，通过增加材料逐层制造的方式，采用直接制造与相应数学模型完全一致的三维模型的制造方法来成形三维物体。3D 打印技术内容涵盖了产品生命周期前端的"快速原型"和全生产周期的"快速制造"相关的所有打印工艺、技术、设备类别和应用。3D 打印涉及的技术包括 CAD 建模、测量、接口软件、数控、精密机械、激光、材料等多种学科。

3D 打印技术的发展起源可追溯至 20 世纪 70 年代末到 80 年代初，美国 3M 公司的 Alan Hebert（1978）、日本的小玉秀男（1980）、美国 UVP 公司的 Charles Hull（1982）和日本的丸谷洋二（1983）四人各自独立提出了一种成形的新概念，即材料层层叠加成形。1986 年，美国的 Charles Hull 率先推出光固化成形（SLA），利用光照射到液态光敏树脂上，使树脂层层凝固成形，这是 3D 打印技术发展的一个里程碑。同年，他创立了世界上第一家生产 3D 打印设备的 3D Systems 公司。该公司于 1988 年生产出了世界上第一台基于光固化成形的 3D 打印机 SLA-250。1988 年，美国的 Scott Crump 发明了另一种 3D 打印技术——熔融沉积制造（FDM），该技术是将塑料丝熔化后通过打印头挤出，层层堆积成形，之后他成立了 Stratasys 公司。目前，这两家公司已在纳斯达克上市，是最早上市的 3D 打印设备制造企业。1989 年，美国得克萨斯州大学奥斯汀分校的 Carl Deckard 发明了选区激光烧结（SLS）法，其原理是利用高强度激光将材料粉末烧结直至成形。由于使用这一技术生产的零件强度高、韧性好，可以直接当产品使用，因此迅速发展成为全球应用最广的 3D 打印技术，因此又被誉为"Texas idea Global Industry"。1995 年，德国 Frauhofer 激光研究所，又在 SLS 技术基础之上，开发成功选区激光熔化（SLM）技术。1993 年，美国麻省理工学院教授 Emanual Sachs 发明了一种全新的 3D 打印技术。这种技术类似于喷墨打印机，通过向金属、陶瓷等粉末喷射黏结剂的方式将材料黏结逐层成形，然后进行烧结制成最终产品。这种技术的优点在于制作速度快、价格低廉。随后，Z Corporation 公司获得麻省理工学院的许可，利用该技术来生产 3D 打印机，"3D 打印机"的称谓由此而来。此后，以色列的 Hanan Gothait 于 1998 年创办了 Objet Geometries 公司，并于 2000 年在北美推出了可用于办公室环境的商品化 3D 打印机，该打印机不是喷射黏结剂，而是将一种液态的光敏树脂喷射在一个基板上，随后紫外灯将树脂固化，层层叠加获得三维模型，这种技术又称为三维印刷（3DP）。

14.2　3D 数据获取

随着工业技术的进步以及经济的发展，在消费者对产品高质量的要求下，产品不仅要具有先进的功能，还要有流畅、造型富有个性的产品外观，以吸引消费者的注意。流畅、美观、造型富有个性的产品外观必然会使得产品外观由复杂的自由曲面组成。但是，在设计和制造过程中，传统的产品开发模式（基于产品或构件的功能和外形，由设计师在计算机辅助设计软件中构造，即正向工程）很难用严密、统一的数学言语来描述这些自由曲面。为适应现代先进制造技术的发展，需要将实物样件或手工模型转化为 CAD 数据，以便利用快速成形系统（RP）、计算机辅助制造（computer aided manufacture，CAM）系统、产品数据管理（produet data management，PDM）等先进技术对其进行处理和管理，并进行进一步修改和再设计优化。

获取真实物体的三维模型是计算机视觉、机器人学、计算机图形学等领域的一个重要研究课题，在计算机图形应用、计算机辅助设计和数字化模拟等方面都有广泛的应用。对于客观真实世界在计算机中的再现，也称为三维重建，一直是诸多领域热门研究之一。长久以来，由于受到科学技术发展水平的限制，人们所能够得到并能对之进行有效处理及分析的绝大多数是二维数据，如目前应用最广的照相机、录像机、CDC 及图像采集卡、平面扫描仪等。然而，随着现代信息技术的飞速发展以及图形图像应用领域的扩大，如何能将现实世界的立体信息快速地转换为计算机可以处理的数据成为人类的梦想。

三维扫描仪就是针对三维信息领域的发展而研制开发的计算机信息输入的前端设备。人们只需对任意实际物体进行扫描，就能在计算机上得到实物的三维立体图像。它还原度好，精度高，为人们的创意设计、仿型加工提供了广阔的大地。即使是一个没有任何经验的用户，也能通过扫描实体模型，较容易地制作出专业品质的计算机三维图像与三维动画。

三维扫描仪，其实还包括三维数字化转换仪、激光扫描仪、白光扫描仪、工业 CT 系统、Rider 等不同的称呼方式。所有设备的共同目的就是捕捉实物，然后用点云和面片再现出来。在中国南方，三维扫描俗称抄数。三维扫描仪大体分为接触式三维扫描仪和非接触式三维扫描仪。其中非接触式三维扫描仪又分为光栅三维扫描仪（也称拍照式三维描仪）和激光扫描仪。而光栅三维扫描仪又有白光扫描或蓝光扫描等，激光扫描仪又有点激光、线激光、面激光的区别。

三维扫描原理如下。

1. 立体视觉三维形态测量方法

立体视觉三维形态测量属于被动式三维形态测量方法，它通过对空间物体从不同角度进行拍摄，根据物体在不同图像平面坐标系中对应匹配以及摄像机之间的空间标定关系，基于三角变换原理即可对空间物体进行三维重构，如图 14-1 所示。在该测量方法中，图像传感器依据物体本身反射光线对其深度信息进行恢复；其中，需要解决的根本问题是三维世界中的点在不同图像平面坐标系中的对应点匹配问题（图 14-2）。当物体表面具有比较丰富的纹理信息时，即可根据相应算法寻找两幅图像中的对应点；其难点和局限性在于当物体表面纹理稀疏时，寻找对应点算法复杂、耗时，这种方法便很难恢复出精细的深度信息。

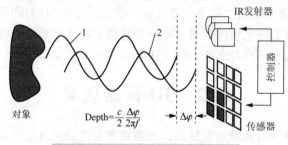

图 14-1　立体视觉三维形态测量方法

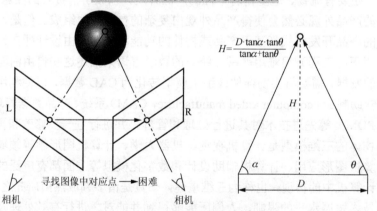

图 14-2　时间飞行三维形态测量方法

2. 时间飞行三维形态测量方法

Time of Flight（TOF）方法通常称为"时间飞行法"，其系统组成与测量原理如图 14-2 所示。外发射器向被测物体发出红外波，如图 14-1 中波形 1 所示；传感器检测到反射后的红外波，如图 14-1 中波形 2 所示，通过计算发射波与接收到的波相位差 $\Delta\varphi$ 即可计算出发射器到物体的距离。TOF 方法可以达到毫米级的测量精度，并且由于不需要借助图像处理技术，因此不存在测量盲区问题，但是其测量效率较低，需要逐点扫描，而且测量精度受到光源功率的影响较大。

3. 结构光投影三维形态测量方法

结构光投影三维形态测量方法通过将立体视觉中一个摄像机替换成光源发生器（如投影

仪）实现。光源向被测物体投影，按照一定规则和模式对图像进行编码，形成主动式三维形态测量。通过对拍摄到的投影图像进行解码可以建立相机平面和投影平面中点的对应关系，利用已标定好的相机和投影仪光学内、外部参数，即可求出图像中所有点的深度信息。因此，结构光投影三维形态测量方法很好地解决了立体视觉中对应点匹配难题。目前，线结构光投影三维形态测量技术发展最为成熟，但是其三维形态测量过程需要拍摄多张图像，测量效率较低。面结构光编码方法可以在二维方向上组织编码模式，编码更加灵活，单次测量可以获得测量场景中的全部三维数据。由于测量精度高、效率高以及测量范围广等优点，面结构光投影三维形态测量方法成为当前三维形态测量技术的研究热点。

14.3　3D 打印的建模

随着计算机的快速发展，工业设计的计算机化达到了相当的水平。通过计算机进行数据分析、建立模型、导入生产系统等，在人类生活和生产的重要环节中产生了越来越广泛的影响，并由此引发的新思想正逐渐渗透于工业设计学科领域中。

计算机辅助产品设计是指在以计算机软、硬件为依托，设计师在设计过程中凭借计算机参与新产品的开发研制的一种新型的现代化设计方式，它以提高效率、增强设计的科学性与可靠性，适应信息化社会的生产方式为目的。在产品设计的计算机表达中，主要倾向于对产品的形态、色彩、材料等设计要素的模拟，是当今社会起主导作用的设计方式。

随着计算机技术的进步及设计人员的参与，计算机已经成为当今设计领域发生变化的最为重要的标志，无论在设计观念上，还是在设计方法及程序上都为设计带来了全新的理念，全面地影响着设计领域内的各个方面。当然，作为高技术低智能的计算机，在设计思维的表达方面有着一定的局限性，在设计中只能作为"辅助"工具被设计师应用。

传统的设计方法是通过二维表达后，再制作成实体模型，然后根据模型的效果进行改进，再制作成工程图用于生产，这样在二维表达到制作模型的过程中，人为误差是相当大的，在绘制工程图纸时设计师对优化方面的考虑需要通过详尽的计算和分析才能做出正确的判别，有时往往因难而退。而计算机辅助设计的介入，使我们真正地实现了三维立体化设计，产品的任何细节在计算机面前都能详尽地展现在设计师的面前，并能在任意角度和位置进行调整，在形态、色彩、肌理、比例、尺度等方面都可以做适时的变动。在生产前的设计绘图中，计算机可以针对你所建立的三维模型进行优化结构设计，大大节省了设计的时间和精力，而且更具有准确性。

3D 打印是全新的领域，同样 3D 设计的领域也非常广泛，主要有建模、渲染、动画等多个方面。目前 3D 设计主要还是依靠传统的三维设计软件进行三维设计。随着 3D 打印技术的发展，人们认识到传统的 3D 设计软件不能完全满足 3D 打印的需要。针对 3D 打印的三维设计软件应运而生，主要有现在广泛推荐的开源或免费软件以及广泛应用的著名商业软件及新近推出的有关 3D 建模的软件，如 Autodesk 123D。很多人对欧特克公司并不陌生，该公司在计算机辅助设计领域开发了很多商业设计软件。欧特克公司最近针对 3D 打印发布了一套相当神奇的三维建模软件 Autodesk 123D，有了它，你只需要简单地为物体拍摄几张照片，它就能轻松自动地为其生成 3D 模型。不需要复杂的专业知识，任何人都能从身边的环境迅速、轻松地捕捉三维模型，制作成影片上传，甚至你还能将自己的 3D 模型制作成实物艺术品。更让人意外的是，Autodesk 123D 是完全免费的，我们能很容易地接触和使用它，其拥有 3 款工具，其中包含 Autodesk 123D、Autodesk 123D Catch 和 Autodesk 123D Make。

3DS MAX 大家比较熟悉，是最大众化的且广泛被应用的设计软件，它是当前世界上销售量最大的三维建模、动画及渲染解决方案，广泛应用于视觉效果、角色动画及游戏开发领域。它是 Autodesk 公司开发的三维建模、渲染及动画的软件，在众多的设计软件中，3DS MAX 是人们的首选，因为它对硬件的要求不太高，能稳定运行在 Windows 操作系统上，容易掌握，且国内外的参考书最多。

在产品设计中，3DS MAX 不但可以做出真实的效果，而且可以模拟出产品使用时的工作状态的动画，既直观又方便。3DS MAX 有三种建模方法：Mesh（网格）建模、Patch（面片）建模和 Nurbs 建模。最常使用的是 Mesh 建模，它可以生成各种形态，但对物体的倒角效果不理想。

3DS MAX 的渲染功能也很强大，而且可以连接外挂渲染器，能够渲染出很真实的效果和现实生活中看不到的效果，其动画功能，也是相当不错的。

Rhinoceros（Rhino）是全世界第一套将 Nurbs 曲面引进 Windows 操作系统的 3D 计算机辅助产品设计的软件。因其价格低廉、系统要求不高、建模能力强、易于操作等优异性，在 1998 年 8 月正式推出上市后让计算机辅助三维设计和计算机辅助工业设计的使用者有很大的震撼，并迅速应用于全世界。

Rhino 是以 Nurbs 为主要构架的三维模型软件，因此在曲面造型特别是自由双曲面造型上有异常强大的功能，几乎能做出我们在产品设计中所能碰到的任何曲面。3DS MAX 很难实现的"倒角"也能在 Rhino 中轻松完成。但 Rhino 本身在渲染（Render）方面的功能不够理想，一般情况下不用它的外挂渲染器 Flamingo，也可以把 Rhino 生成的模型导入 3DS MAX 进行渲染。

Rhino 大小才十几兆，硬件要求也很低。但它包含了所有的 NURBS 建模功能，用其建模非常流畅，所以大家经常用它来建模，然后导出高精度模型给其他三维软件使用。

从设计稿、手绘到实际产品，或只是一个简单的构思，Rhino 所提供的曲面工具可以精确地制造所有用来作为渲染表现、动画、工程图、分析评估以及生产用的模型。

Rhino 可以在 Windows 系统中建立、编辑、分析和转换 NURBS 曲线、曲面和实体。不受复杂度、阶数以及尺寸的限制，Rhino 也支持多边形网格和点云。

国产软件中望 3D 2015 Beta 版于 2015 年 2 月 3 日正式向全球发布。历经五年中美研发精英的潜心研制，结合全球企业用户的应用反馈，中望 3D 2015 持续打造更人性化的操作体验，让工程师从此摆脱烦琐的操作，将自己心中所想随心所欲地展示出来，其中让人最期待的中望 3D 2015 功能包括以下方面。

（1）重点加强数据交互效率：包括 CATIAV5 的兼容性优化，保证第三方软件图纸导入质量，并且支持中望 CAD 复制对象到中望 3D 的草图或工程图环境。

（2）草图模块重点新增画线剪裁、重叠检查功能，编辑效果更加直观、智能，缩减重复性工作。

（3）同时推出全新的焊件设计功能，能满足企业常用的结构构件设计需求。

（4）打造更直观的工程图"3D 测量标注"功能新体验，还可以一键轻松实现 3D 测量标注与 2D 标注的自由切换。

从制造的整个流程来看，如果前端设计已经非常高效，但如果与生产环节无法顺畅对接，那么仍然达不到未来的自动化需求。而中望 3D 作为三维 CAD/CAM 一体化的软件，不仅能够确保数据在设计和生产之间自由传输，2015 版更精准、便捷的 CAM 模块将满足企业期待的设计制造一步到位，包括以下方面。

（1）优化三轴粗加工的完整区域加工功能，智能检查边界上薄壁坯料；加强三轴三维偏移精加工性能，在尖角及小步距设置情况下，提升拐角处刀轨的精确度。

（2）通过更安全、合理的规则，优化进退刀设置，例如，优化螺旋进刀的位置，尽可能生成相切的螺旋圆弧，并分析残料确保安全等。

（3）车削精加工全面支持刀具补偿，提供五个选项来控制不同的补偿刀轨和输出。

任何 3D 设计软件都可以用来设计模型，重要的是输出或者转换成 STL 格式，尺寸设置好后一般不会改变。而 3D 打印机一般都有自己的软件，很多制图软件都可以导出 STL 文件，也就是说很多制图软件都可以用。如果导出的 STL 文件在打印机自己的软件里面有错误，可以使用软件修复。最近，中望软件又针对 3D 打印推出了面向中小学生的 3D 设计软件 3D One，因此设计 3D 建模更加方便。

14.4　FDM 打印技术

熔融沉积制造（FDM），又称熔丝沉积，是一种快速成形技术，也是最早商品化的 3D 打印设备。随着 FDM 技术专利的到期，网上开源的 FDM 以其低门槛、低价格迅速占领了 3D 打印的个人消费市场，而在国内工业级的 FDM 的 3D 打印市场中，国外产品仍是主流。FDM 是将低熔点材料熔化后，通过由计算机数控的精细喷头按 CAD 分层截面数据进行二维填充，喷出的丝材经冷却黏结固化生成一薄层截面，层层叠加成三维实体。

FDM 系统主要包括喷头、送丝机构、运动机构、加热工作室、工作台 5 个部分，如图 14-3 所示。

（1）喷头是最复杂的部分，材料在喷头中被加热熔化，喷头底部有一喷嘴供熔融的材料以一定的压力挤出，喷头沿零件截面轮廓和填充轨迹运动时挤出材料，与前一层黏结并在空气中迅速固化，如此反复进行即可得到实体零件。它的工艺过程决定了它在制造悬臂件时需要添加支撑，这点与 SLS 完全不同。支撑可以用同一种材料建造，只需要一个喷头，现在一般都采用双喷头独立加热，一个用来喷模型材料制造零件，另一个用来喷支撑材料，两种材料的特性不同，制作完毕后去除支撑相当容易。

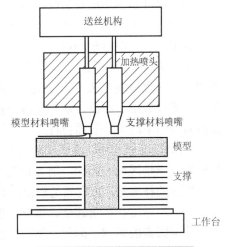

图 14-3　FDM 工艺原理示意图

（2）送丝机构为喷头输送原料，送丝要求平稳可靠。原料丝一般直径为 1~2m，喷嘴直径只有 0.2~0.3mm，这个差别保证了喷头内一定的压力和熔融后的原料能以一定的速度（必须与喷头扫描速度相匹配）被挤出成形。送丝机构和喷头采用推-拉相结合的方式，以保证送丝稳定可靠，避免断丝或积瘤。

（3）运动机构包括 X、Y、Z 三个轴的运动。快速成形技术的原理是把任意复杂的三维零件转化为平面图形的堆积，因此不再要求机床进行三轴及三轴以上的联动，大大简化了机床的运动控制，只要能完成二轴联动就可以了。X-Y 轴的联动扫描完成 FDM 工艺喷头对截面轮廓的平面扫描，Z 轴则带动工作台实现高度方向的进给。

（4）加热工作室用来给成形过程提供一个恒温环境。熔融状态的丝挤出成形后如果骤然受到冷却，容易造成翘曲和开裂，适当的环境温度可最大限度地减小这种造型缺陷，提高成形质量和精度。

（5）工作台主要由台面和泡沫垫板组成，每完成一层成形，工作台便下降一层高度。

在使用 FDM 快速成形系统进行成形加工之前，必须考虑相关工艺参数的控制，它们是分层厚度、喷嘴直径、喷嘴温度、环境温度、挤出速度、填充速度、理想轮廓线的补偿量以及延迟时间。

分层厚度是指将三维数据模型进行切片时层与层之间的高度，也是 FDM 系统在堆积填充实体时每层的厚度。分层厚度较大时，原型表面会有明显的"台阶"，影响原型的表面质量和精度；分层厚度较小时，原型精度会较高，但需要加工的层数增多，成形时间也就较长。

喷嘴直径直接影响喷丝的粗细，一般喷丝越细，原型精度越高，但每层的加工路径会更密更长，成形时间也就越长。工艺过程中为了保证上下两层能够牢固地黏结，一般分层厚度需要小于喷嘴直径，例如，喷嘴直径为 0.15mm，分层厚度取 0.1mm。

喷嘴温度是指系统工作时将喷嘴加热到的一定温度。环境温度是指系统工作时原型周围环境的温度，通常是指工作室的温度。喷嘴温度应在一定的范围内选择，使挤出的丝呈黏弹性流体状态，即保持材料黏性系数在一个适用的范围内。环境温度则会影响成形零件的热应力大小，以及原型的表面质量。研究表明，对改性聚丙烯这种材料，喷嘴温度应控制在 230℃。同时为了顺利成形，应该把工作室的温度设定为比挤出丝的熔点温度低 1～2℃。

挤出速度是指喷丝在送丝机构的作用下，从喷嘴中挤出时的速度。填充速度是指喷头在运动机构作用下，按轮廓路径和填充路径运动时的速度。在保证运动机构运行平稳的前提下，填充速度越快，成形时间越短，效率越高。另外，为了保证连续平稳地出丝，需要将挤出速度和填充速度进行合理匹配，使得喷丝从喷嘴挤出时的体积等于黏结时的体积（此时还需要考虑材料的收缩率）。如果填充速度与挤出速度匹配后出丝太慢，则材料填充不足，出现断丝现象，难以成形；相反，填充速度与挤出速度匹配后出丝太快，熔丝堆积在喷头上，使成形面材料分布不均匀，表面会有疙瘩，影响造型质量。

FDM 成形过程中，由于喷丝具有一定的宽度，造成填充轮廓路径时的实际轮廓线超出理想轮廓线一些区域，因此，需要在生成轮廓路径时对理想轮廓线进行补偿。该补偿值称为理想轮廓线的补偿量，它应当是挤出丝宽度的 1/2。而工艺过程中挤出丝的形状、尺寸受到喷嘴直径、分层厚度、挤出速度、填充速度、喷嘴温度、成形室温度、材料黏性系数及材料收缩率等诸多因素的影响，因此，挤出丝的宽度并不是一个固定值，从而理想轮廓线的补偿量需要根据实际情况进行设置调节，其补偿量设置正确与否，直接影响原型制件尺寸精度和几何精度。

延迟时间包括出丝延迟时间和断丝延迟时间。当送丝机构开始送丝时，喷嘴不会立即出丝，而有一定的滞后，把这段滞后时间称为出丝延迟时间。同样当送丝机构停止送丝时，喷嘴也不会立即断丝，把这段滞后时间称为断丝延迟时间。在工艺过程中，需要合理地设置延迟时间参数，否则会出现拉丝太细，黏结不牢或未能黏结，甚至断丝缺丝的现象；或者出现堆丝、积瘤等现象，严重影响原型的质量和精度。

与其他工艺相比，FDM 工艺具有以下优势。

（1）不采用激光系统，使用和维护简单，从而把维护成本降到最低水平。多用于概念设计的 FDM 成形机对原型精度和物理化学特性要求不高，低廉的价格是其推广开来的决定性因素。

（2）成形材料广泛，热塑性材料均可应用。一般采用低熔点丝状材料，大多为高分子材料，如 ABS、PLA、PC、PPSF 以及尼龙丝和蜡丝等。其 ABS 原型强度可以达到注塑零件的 1/3，PC、PC/ABS、PPSF 等材料，强度已经接近或超过普通注塑零件，可在某些特定场合（试用、维修、暂时替换等）下直接使用。虽然直接金属零件成形的材料性能更好，但在塑料零件领域，FDM 工艺是一种非常适宜的快速制造方式。随着材料性能和工艺水平的进一步提高，会有更多的 FDM 原型在各种场合直接使用。

（3）环境友好，制件过程中无化学变化，也不会产生颗粒状粉尘。与其他使用粉末和液态材料的工艺相比，FDM 使用的塑料丝材更加清洁，易于更换、保存，不会在设备中或附近形成粉末或液体污染。

（4）设备体积小巧，易于搬运，适用于办公环境。

（5）原材料利用率高，且废旧材料可进行回收再加工，并实现循环使用。

（6）后处理简单。仅需要几分钟到一刻钟的时间剥离支撑后，原型即可使用。而现在应用较多的 SL、SLS、3DP 等工艺均存在清理残余液体和粉末的步骤，并且需要进行后固化处理，需要额外的辅助设备。这些额外的后处理工序：一是容易造成粉末或液体污染，二是增加了几个小时的时间，不能在成形完成后立刻使用。

（7）成形速度较快。一般来讲，FDM 工艺相对于 SL、SLS、3DP 工艺来说，速度是比较慢的，但是也有一定的优势。当对原型强度要求不高时，可通过减小原型密实程度的方法提高 FDM 成形速度。通过试验，具有某些结构特点的模型，最高成形速度已经达到 $60cm^3/h$。通过软件优化及技术进步，预计可以达到 $200cm^3/h$ 的高速度。

同样其缺点也是显而易见，主要有以下几点。

（1）由于喷头的运动是机械运动，速度有一定限制，所以成形时间较长。

（2）与光固化成形工艺及三维打印工艺相比，成形精度较低，表面有明显的台阶效应。

（3）成形过程中需要加支撑结构，支撑结构手动剥除困难，同时影响制件表面质量。

图 14-4 是桌面 3D 打印机及其产品。

 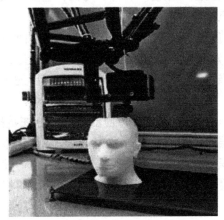

（a）3D 打印机　　　　　　　　　　　　（b）3D 打印产品

图 14-4　桌面 3D 打印机及其产品

作为一种全新的制造技术，快速成形能够迅速将设计思想转化成新产品，一经问世便得到了广泛的应用，涉及的行业包括建筑、汽车、教育科研、医疗、航空、消费品、工业等。近年来，FDM 工艺发展极为迅速，目前已占全球 RP 总份额的 30%左右。FDM 主要的应用可以归纳为以下两个方面。

1. 设计验证

现代产品的设计与制造大多是在基于 CAD/CAM 技术上的数控加工，显著提高了产品开发的效率与质量，但产品的 CAD 设计模型总是不能在 CAM 辅助制造之前尽善尽美。利用快速成形技术进行产品模型制造是三维立体模型实现的最直接方式，它提高了设计速度和信息反馈速度，使设计者能及时对产品的设计思路、产品结构以及产品外观进行修正。针对产品中重要的零部件，在进行量产前，为降低一定的生产风险，往往需要进行手板的验证，对于形状复杂、曲面众多的部件，传统手板加工方法往往很难加工，利用 RP 技术可以快速方便地制造出实体，缩短新产品设计周期，降低生产成本以及生产风险。

Mizuno 是世界上最大的综合性体育用品制造公司。1997 年 1 月，Mizuno 美国公司开发了一套新的高尔夫球杆，这通常需要 13 个月的时间。FDM 的应用大大缩短了这个过程，设计出的新高尔夫球头用 FDM 制作后，可以迅速地得到反馈意见并进行修改，大大加快了造型阶段的设计验证，一旦设计定型，FDM 最后制造出的 ABS 原型就可以作为加工基准在 CNC 机床上进行钢制母模的加工。新的高尔夫球杆整个开发周期在 7 个月内就全部完成，缩短了 40%的时间。现在，FDM 快速成形技术已成为 Mizuno 美国公司在产品开发过程中起决定性作用的组成部分。

2. 模具制造

快速成形（RP）技术在典型的铸造工艺（如失蜡铸造、直接模壳铸造）中为单件小批量铸造产品的制造带来了显著的经济效益。在失蜡铸造中，快速成形技术为精密消失型的制作提供了更快速、精度更高、结构更复杂的保障，并且降低成本，缩短周期。

FDM 在快速经济制模领域中可用间接法得到注塑模和铸造模。首先用 FDM 制造母模，然后浇注硅橡胶、环氧树脂、聚氨酯等材料或低熔点合金材料，固化后取出母模即可得到软性的注塑模或低熔点合金铸造模。这种模具的寿命通常只有数件至数百件。如果利用母模或这种模具浇注（涂覆）石膏、陶瓷、金属构成硬模具，其寿命可达数千件。用铸造石蜡为原料，可直接得到用于熔模铸造的母模。

目前快速成形技术领域存在以下主要问题。

（1）材料方面的问题。RP 方法的核心是材料的堆积过程，材料的成形性能一般不太理想，大多数堆积过程伴随有材料的相变和温度的不稳定，残余应力难于消除，致使成形件不能满足需求，要借助后处理才能达到产品要求。

（2）成形精度与速度方面的问题。RP 在数据处理和工艺过程中实际上是对材料的单元化，由于分层厚度不可能无限小，这就使成形件本身具有台阶效应。工艺要求对材料逐层处理，而在堆积过程中伴随有物理和化学的变化，使得实际成形效率偏低。就目前快速成形技术而言，精度和速度是一对矛盾体，往往难以调和。

（3）软件问题。快速成形技术的软件问题比较严重，软件系统不仅是离散/堆积的重要环节，也是影响成形速度、精度等方面的重要影响因素。如今的快速成形软件大多是随机安装，无法进行二次开发，各公司的成形软件没有统一标准的数据格式，且功能较少，数据转换模型 STL 文件缺陷较多，不能精确描述 CAD 模型，这都影响了快速成形的成形精度和质量。

因此，发展数据格式统一并使用曲面切片、不等厚分层等准确描述模型的方法的软件成为当务之急。

（4）价格和应用问题。快速成形技术是集材料学科、计算机技术、自动化及数控技术于一体的高科技技术，研究开发成本较高；工艺一旦成熟，必然有专利保护问题，这就给设备本身的生产和技术服务带来经济上的代价，并限制了技术交流，有碍快速成形技术的推广应用。虽然快速成形技术已在许多领域都已获得了广泛应用，但大多是作为原型件进行新产品开发及功能测试等，如何生产出能直接使用的零件是快速成形技术面临的一个重要问题。随着快速成形技术的进一步推广应用，直接零件制造是快速成形技术发展的必然趋势。

快速成形技术经过近 20 年的发展，正朝着实用化、工业化、产业化方向迈进。其未来发展趋势归纳如下。

（1）开发新型材料。材料是快速成形技术的关键，因此，开发全新的 RP 新材料，如复合材料、纳米材料、非均质材料、活性生物材料，是当前国内外 RP 成形材料研究的热点。

（2）开发功能强大标准化的成形软件和经济稳定的快速成形系统，提高快速成形的成形精度和表面质量。

（3）金属/模具直接成形，即直接制造金属/模具并应用于生产中。

（4）大型模具制造和微型制造，熔融沉积快速成形精度及工艺研究。

14.5　光固化 3D 打印技术

光固化成形（SLA）、立体光刻、立体平版印刷，有时也简称 SL。该工艺属于"液态树脂光固化成形"这一大类。SLA 用的是紫外光源，SLA 的耗材一般为液态光敏树脂。

世界上第一台 3D 打印机采用的是 SLA 工艺，这项技术由美国 Charles Hull 发明，他由此于 1986 年创办了 3D Systems 公司。该技术原理是：在树脂槽中盛满有黏性的液态光敏树脂，它在紫外光束的照射下会快速固化。成形过程开始时，可升降的工作台处于液面下一个截面层厚的高度。聚焦后的激光束，在计算机的控制下，按照截面轮廓的要求，沿液面进行扫描，使被扫描的区域树脂固化，从而得到该截面轮廓的塑料薄片。然后，工作台下降一层薄片的高度，再固化另一个层面。这样层层叠加构成一个三维实体，如图 14-5 所示。

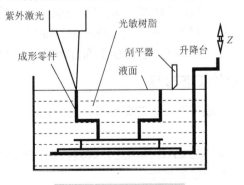

图 14-5　SLA 工作原理图

SLA 的材料是液态的，不存在颗粒的东西，因此可以做得很精细，但是它的材料比 SLS 贵得多，所以它目前用于打印薄壁的、精度较高的零件，且适用于制作中小型工件，能直接得到塑料产品。它能代替蜡模制作浇注磨具，以及金属喷涂模、环氧树脂模和其他软模的母模。

SLA 的优点：①光固化成形是最早出现的快速成形工艺，成熟度最高。②成形速度较快，系统工作相对稳定。③打印的尺寸比较可观，现在可以做到 2m 的大件，关于后期处理特别是上色都比较容易。④尺寸精度高，可以做到微米级，如 0.025mm。⑤表面质量较好，比较适合做小件及较精细件。

SLA 的缺点：SLA 设备造价高昂，使用和维护成本高。①SLA 系统是对液体进行操作的精密设备，对工作环境要求苛刻。②成形件多为树脂类，材料价格贵，强度、刚度、耐热性有限，不利于长时间保存。③这种成形产品对储藏环境有很高的要求，温度过高会熔化，工作温度不能超过 100℃光敏树脂固化后较脆，易断，可加工性不好；成形件易吸湿膨胀，抗腐蚀能力不强。④光敏树脂对环境有污染，会使人体皮肤过敏。⑤需设计工件的支撑结构，以便确保在成形过程中制作的每一个结构部位都能可靠地定位，支撑结构需在未完成固化时手动去除，容易破坏成形件。

14.5.1　数字光处理技术

数字光处理（DLP）技术，也属于"液态树脂光固化成形"这一大类，DLP 技术和 SLA 技术比较相似，不过它使用高分辨率的数字处理器（DLP）投影仪来固化液态聚合物，逐层进行光固化。由于每次成形一个面，因此在理论上也比同类的 SLA 快得多。该技术成形精度高，在材料属性、细节和表面光洁度方面可匹敌注塑成形的耐用塑料部件。DLP 利用投射原理成形，无论工件大小都不会改变成形速度。此外，DLP 不需要激光头去固化成形，取而代之是使用极为便宜的灯泡照射。整个系统并没有喷射部分，所以不会出现传统成形系统喷头堵塞的问题，大大降低了维护成本。DLP 技术最早由德州仪器开发，目前很多产品也是基于德州仪器提供的芯片组。

Z Corporation 公司使用 DLP 技术开发了 ZBuilder 产品系列，使得工程师能够在产品大规模生产前验证设计的形状、匹配和功能，从而避免成本高昂的生产磨具修改和缩短上市时间。国外名为 Tristram Budel 的创客发布了一款开源的高分辨率的 DLP 3D 桌面打印机（图 14-6）。

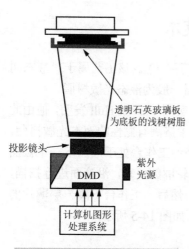

图 14-6　基于 DLP 的 3D 打印机

14.5.2　光固化快速成形的工艺过程

光固化快速原型的制作一般可以分为前期处理、光固化成形加工和后处理三个阶段。

1. 前期处理阶段

前期处理阶段主要是对原型的 CAD 模型进行数据转换、摆放方位确定、施加支撑和切片分层，实际上就是为原型的制作准备数据。

（1）CAD 三维造型：可以在 UG、Pro/E、CATIA 等大型 CAD 软件上实现。

（2）数据转换：对产品 CAD 模型的近似处理，主要是生成 STL 格式文件。

（3）确定摆放方位：摆放方位的处理是十分重要的，不但影响制作时间和效率，更影响后续支撑的施加以及原型的表面质量等，因此，摆放方位的确定需要综合考虑上述各种因素。

（4）施加支撑：摆放方位确定后，便可以进行支撑的施加。施加支撑是光固化快速原型制作前期处理阶段的重要工作。对于结构复杂的数据模型，支撑的施加是费时而精细的。支撑施加的好坏直接影响原型制作的成功及制作的质量。支撑施加可以手工进行，也可以软件自动实现。软件自动实现的支撑施加一般都要经过人工的核查，进行必要的修改和删减。为了便于在后处理中支撑的去除及获得优良的表面质量。

（5）分层切片处理：光固化快速成形工艺本身是基于分层制造原理进行成形加工的。这也是快速成形技术可以将 CAD 三维数据模型直接生产为原型实体的原因，所以成形加工前，必须对三维模型进行分层切片。需要注意的是，在进行切片处理之前，要选用 STL 文件格式，确定分层方向也是极其重要的，SLT 模型截面与分层定向的平行面达到垂直状态，对产品的精度要求越高，所需要的平行面就越多。平行面的增多，会使分层的层数同时增多，这样就成形制件的精度会随之增大。同时需要注意到，尽管层数的增大会提高制件的性能，但是产品的制作周期就会相应的增加，这样既会增加相应的成本，又会降低生产效率，增加废品的产出率。因此，要在试验的基础上，选择相对合理的分层层数，来达到最合理的工艺流程。

2. 光固化成形加工阶段

特定的成形机是进行光固化打印的基础设备。在成形前，需要先将成形机启动，并将光敏树脂加热到符合成形的温度，一般为 38℃。之后打开紫外光激光器，待设备运行稳定后，打开工控机，输入特定的数据信息，这个信息主要根据所需要的树脂模型的需求，当进行最后的数据处理时，就需要用到 RpData 软件。通过 RpData 软件来制定光固化成形的工艺参数，需要设定的主要工艺参数为填充距离与方式、扫描间距、填充扫描速度、边缘轮廓扫描速度、支撑扫描速度、层间等待时间、跳跨速度、刮板涂铺控制速度及光斑补偿参数等。根据试验要求，选择特定的工艺参数之后，计算机控制系统会在特定的物化反应下使光敏树脂材料有效固化。根据试验需求，固定工作台的角度与位置，使其处于材料液面以下特定的位置，根据零点位置调整扫描器，当一切按试验要求准备妥当时，固化试验就可以开始。紫外光按照系统指令，照射制定薄层，使被照射的光敏材料迅速固化。当紫外线固化一层树脂材料之后，升降台会下降，使另一层光敏材料重复上述试验过程，如此不断重复进行试验，根据计算机软件设定的参数达到试验要求的固化材料厚度，最终获得实体原型。

3. 后处理阶段

光固化成形完成后，还需要对成形制件进行辅助处理工艺，即后处理。目的是获得一个表面质量与力学性能更优的零件。

此处理阶段主要步骤如下。

（1）将成形件取下用酒精清洗。

（2）去除支撑。

（3）对于固化不完全的零件还需进行二次固化。

（4）固化完成后进行抛光、打磨和表面处理等工作。

14.6　SLM（SLS）打印技术

选区激光熔化（SLM）技术和选区激光烧结（SLS）技术是快速成形（RP）技术的重要组成部分。它是近年来发展起来的快速制造技术，相对其他快速成形技术而言 SLM 技术更高效、更便捷、开发前景更广阔，它可以利用单一金属或混合金属粉末直接制造出具有冶金结合、致密性接近 100%、具有较高尺寸精度和较好表面粗糙度的金属零件。SLM 技术综合运用了新材料、激光技术、计算机技术等前沿技术，受到国内外的高度重视，成为新时代极具发展潜力的高新技术。如果这一技术取得重大突破，将会带动制造业的跨越式发展。

14.6.1　SLM 原理与特点

选区激光熔化技术（SLM）的工作原理与选区激光烧结（SLS）类似。其主要的不同在于粉末的结合方式不同，不同于 SLS 通过低熔点金属或黏结剂的熔化把高熔点的金属粉末或非金属粉末黏结在一起的液相烧结方式，SLM 技术是将金属粉末完全熔化，因此其要求的激光功率密度要明显高于 SLS。

为了保证金属粉末材料的快速熔化，SLM 技术需要高功率密度激光器，光斑聚焦到几十微米。SLM 技术目前都选用光束模式优良的光纤激光器，激光功率为 50～400W，功率密度达 $5 \times 10^6 \mathrm{W/cm^2}$ 以上。图 14-7 为 SLM 技术成形过程获得三维金属零件效果图。

选区激光熔化的主要工作原理如图 14-8 所示。首先，通过专用的软件对零件的 CAD 三维模型进行切片分层，将模型离散成二维截面图形，并规划扫描路径，得到各截面的激光扫描信息。在扫描前，先通过刮板将送粉升降器中的粉末均匀地平铺到激光加工区，随后计算机将根据之前所得到的激光扫描信息，通过扫描振镜控制激光束选择性地熔化金属粉末，得到与当前二维切片图形一样的实体。然后成形区的升降器下降一个层厚，重复上述过程，逐层堆积成与模型相同的三维实体。

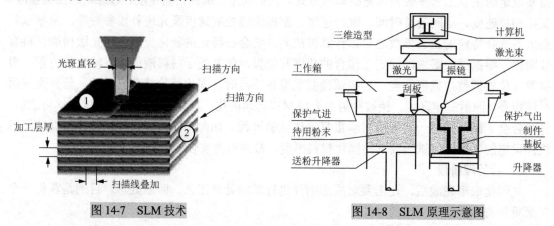

图 14-7　SLM 技术　　　　　　　　　图 14-8　SLM 原理示意图

SLM 的优势具有以下几个方面。

（1）直接由三维设计模型驱动制成终端金属产品，节省了中间过渡环节，节约了开模制模的时间。

（2）激光聚焦后具有细小的光斑，容易获得高功率密度，可加工出具有较高的尺寸精度（达 0.1mm）及良好的表面粗糙度（$Ra30 \sim 50\mu m$）的金属零件。

（3）成形零件具有冶金结合的组织特性，相对密度能达到近乎 100%，力学性能可与铸锻件相比。

（4）SLM 适合成形各种复杂形状的工件，如内部有复杂内腔结构、医学领域具有个性化需求的零件，这些零件采用传统方法无法制造。

14.6.2 影响 SLM 成形质量的因素

国外研究工作者总结发现，影响 SLM 成形效果的影响因素多达 130 个，而其中有 13 个因素具有决定作用。作者根据自身经验，将影响 SLM 成形质量的因素分为六大类，包括：材料（成分形貌、粒度分布、流动性、物性等），激光与光路系统（激光模式、波长、激光功率、光斑直径等），扫描特征（扫描速度、扫描方法、加工层厚、扫描线间距等），外界环境（氧含量、预热温度、湿度），几何特性（支撑添加方式、零件几何特征、空间摆放等），机械因素（粉末铺展平整性、成形缸运动精度、铺粉装置的稳定性等）。考察 SLM 成形件的指标，主要包括致密度、尺寸精度、表面粗糙度、零件内部残余应力、强度与硬度六个，其他特殊应用的零件需根据行业要求进行相关指标检测。图 14-9 中列出 SLM 成形过程的主要缺陷（球化、翘曲变形、裂纹）、微观组织特征和目前 SLM 技术所面临的最大挑战：成形效率、可重复性、可靠性（设备稳定性），这三个挑战也是 RM 行业其他快速直接制造方法所面临的最大挑战。在上述影响 SLM 成形质量的因素中，有些不需要再进行深入研究，因为它们在所有的快速成形工艺中具有同样的影响，如扫描间距和铺粉装置的稳定性。然而，另外一些变量需要根据材料不同而做出调整，在没有相关研究经验存在情况下，需要从试验方面推断这些影响因素对 SLM 方法直接成形金属质量的影响。本书根据前期的加工经验总结了试验过程中一些细节因素对成形质量的影响也非常大，具体包括如下几个方面：①铺粉装置的设计原理、铺粉速度、铺粉装置下沿与粉床上表面之间的距离、铺粉装置与基板的水平度；②粉末加工次数、粉末是否烘干及粉末氧化程度；③加工零件的尺寸（包括 x、y、z 三个方向）、立体摆放方式、最大的横截面积、成形零件与铺粉装置中压板或柔性齿的接触长度。在成形过程中，这些细节因素如果控制不好，成形的零件质量降低，甚至成形过程中需要停机，试验的稳定性、可重复性得不到保证。

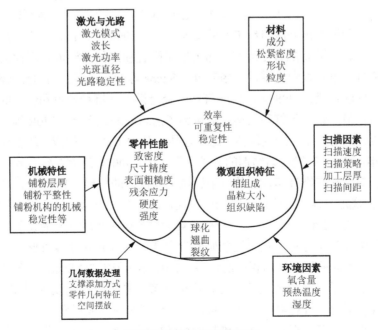

图 14-9 影响 SLM 的因素

14.7　3DP 打印技术

20 世纪 90 年代初，液滴喷射技术受到从事快速成形工作的国内外人员广泛关注，这种技术适用于三维打印快速成形，也就是现在所说的 3D Printing 法，又称三维印刷。在 1992 年，美国麻省理工学院 Emanual Sachs 等利用平面打印机喷墨的原理成功喷射出具有黏性的溶液，再根据三维打印的思想以粉末为打印材料，最终获得三维实体模型，这种工艺也就是三维印刷（three-dimensional printing，3DP）工艺。1995 年，即将离校的学生 Jim Bredt 和 Tim Anderson 在喷墨打印机的原理上做了改进，他们没有把墨水挤压在纸上，而是采用把约束溶剂喷射到粉末所在的加工床上，基于以上的工作和研究成果，美国麻省理工学院创造了"三维打印"一词。1989 年，Emanual Sachs 申请了 3DP 专利，该专利是非成形材料微滴喷射成形范畴的核心专利之一。从 1997 年至今，美国 Z Corporation 公司推出了一系列三维打印机。这些打印机主要以粉末材料为打印耗材，如淀粉、石膏还有一些复合材料等，在粉末上喷射黏结剂，层层叠加起来形成所需原型。随着三维技术的发展，三维成形零件的性能得到逐步改善。Crau 等研究打印出粉浆浇注的氧化铝陶瓷模具，与传统烧制而成的陶瓷模具相比，三维快速成形方法打印出来的强度更高，耗时短，而且可以控制液粉浆的浇淀速度。Yoo 等将松散的氧化铝陶瓷粉末打印成一个模型，得到模型后通过一些其他的加工工艺提高了模型的致密度，采用三维打印快速成形方法最后得到陶瓷制性能与传统加工方法相当，此模型的致密度为 50%～60%。Scosta 等研究打印出以覆膜 Ti3SiC2 陶瓷粉末为打印材料的模型，为了提高其致密度采用冷等静压工艺，再经烧结后制件致密度为 99%。上述的研究得到的结果大大地增强了三维模型的性能，与传统方法相比，在有些方面更好。在打印材料和黏结剂上也有很多不同的研究。Lam 等以淀粉基聚合物为原材料以水为黏结剂，打印出一个支架。Lee 等打印出三维石膏模具，其孔隙均匀，连通性好。Griffith 等以氯仿液为黏结剂以 PLLA 和 PLGA 粉末为原材料，打印成形出肝脏组织工程的支架实体。1990 年，Evans 等研究 ZrO、TiOL、氧化铝等陶瓷材料，最后将配置出均匀分布的纳米陶瓷粉末的悬浮液，用此为黏结剂，没有打印材料，最终打印出三维陶瓷零件。1992 年，Sachs 等专研了直接喷射金属液滴成形工艺，并获得可制造性的注塑模。1998 年，Teng 等在陶瓷悬浮液的沉积理论和黏度的影响上做了细致的试验和分析，最后设计了打印结构装置得到了清晰的陶瓷图案。Mott 等设计了一种按需落下的喷射装置，最终打印出陶瓷坯体，这个坯体一共由 1200 层构成，还设计了方洞和悬臂的结构。2002 年，Moon 等发现黏结剂的分子量需小于 15000，还有黏结剂和材料对最后成形的模型参数的影响。在三维打印模型的应用领域上有很大的扩展。1995 年，M Micro Fab 公司研究出 Jet Lab 成形系统，可应用于印刷电路板，但是有一个问题是所用的材料必须是低熔点金属或者是聚合物。2000 年，美国加利福尼亚大学 Orme 等所开发的设备样机可应用于电路板印制、电子封装等半导体工业。这些研究学者通过深入研究液滴成形的原理和液滴的微观结构，最后针对不同的领域做出相应的设备。2000 年，美国 3D Systems 公司研制出多个热喷头三维打印设备，该打印机的热塑性材料价格低廉，易于使用。以色列 Objet Geometries 公司推出了能够喷射第二种材料的 Objet Quadra 三维打印快速成形设备。

国内学者也很关注基于射流技术三维打印快速成形技术，并在一些研究方向上已经形成了自己的特色。中国科学技术大学自行研制八喷头组合液滴喷射装置，有望在光电器件、材料科学以及微制造中得到应用。西安交通大学卢秉恒等研制出一种基于压电喷射机理的三维打印快速成形机喷头。清华大学颜永年等提出一种以水作为成形材料、冰点较低的盐水作为支撑材料低温冰型快速成形技术。华中科技大学马如震等阐述了基于微小熔滴快速成形技术的加工工艺和成形方法。颜永年等还以纳米晶羟基磷灰石胶原复合材料和复合骨生长因子作为成形原料，采用液滴喷射成形的方式制造出多孔结构、非均质的细胞载体支架结构。天津大学陈松等将液滴喷射技术应用到化工造粒过程，对射流断裂形成均匀液滴的频率范围、流速及材料特性、振动方向、喷头形状等因素影响进行探讨。北京印刷学院 2010 年购入两台 Object Eden 260V 3D 打印系统，2011 年再次购入一台 Z Corporation Spertrum Z510。至此，北京印刷学院在 3D 打印研究领域已涉及三维打印制版技术研究、三维印刷电子研究和三维生物印刷研究。印刷包装材料与技术北京市重点试验室已开展"UV 体系 3D 打印制版材料"和"3D 打印的制版样机"研究等。

14.7.1　3DP 基本原理

3DP 成形技术是一种基于喷射技术，从喷嘴喷射出液态微滴或连续的熔融材料束，按一定路径逐层堆积成形的 RP 技术。三维打印也称粉末材料选择性黏结，与 SLS 类似，这个技术的原料也是粉末状，不同的是 3DP 不是将材料熔融，而是通过喷头喷出黏结剂将材料黏合在一起，其工艺原理如图 14-10 所示。喷头在计算机的控制下，按照截面轮廓的信息，在铺好的一层粉末材料上，有选择性地喷射黏结剂，使部分粉末黏结，形成截面层。一层完成后，工作台下降一个层厚，铺粉，喷黏结剂，再进行后一层的黏结，如此循环形成三维制件。黏结得到的制件要置于加热炉中，做进一步的固化或烧结，以提高黏结强度。

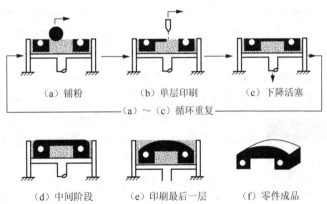

（a）铺粉　　　　（b）单层印刷　　　　（c）下降活塞

——（a）～（c）循环重复——

（d）中间阶段　　　（e）印刷最后一层　　　（f）零件成品

图 14-10　3DP 工艺过程示意图

14.7.2　3DP 成形流程

3DP 技术是一个多学科交叉的系统工程，涉及 CAD/CAM 技术、数据处理技术、材料技术、激光技术和计算机软件技术等，在快速成形技术中，首先要做的就是数据处理，从三维信息到二维信息的处理，这是非常重要的一个环节。成形件的质量高低与这一环节的方法及其精度有着非常紧密的关系。在数据处理的系统软件中，可以将分层软件看成 3D 打印机的核心。分层软件是 CAD 到 RP 的桥梁。其成形工艺过程包括模型设计、分层切片、数据准备、打印模型及后处理等步骤。在采用 3DP 设备制件前，必须对 CAD 模型进行数据处理。由 UG、Pro/E 等 CAD 软件生成 CAD 模型，并输出 STL 文件，必要时需采用专用软件对 STL

文件进行检查并修正错误。但此时生成的 STL 文件还不能直接用于三维打印，必须采用分层软件对其进行分层。层厚大，精度低，但成形时间快；相反，层厚小，精度高，但成形时间慢。分层后得到的只是原型一定高度的外形轮廓，此时还必须对其内部进行填充，最终得到三维打印数据文件。

3DP 的具体工作过程如下。

（1）采集粉末原料。

（2）将粉末铺平到打印区域。

（3）打印机喷头在模型横截面定位，喷黏结剂。

（4）送粉活塞上升一层，实体模型下降一层以继续打印。

（5）重复上述过程直至模型打印完毕。

（6）去除多余粉末，固化模型，进行后处理操作。

14.7.3　3D 打印应用

随着 3D 打印技术的不断发展，3D 打印技术已在各个领域得到广泛应用。尤其是针对个性化、小批量的制品，特别适合用 3D 打印技术完成。下面对近年来 3D 打印的最新应用做简单介绍。

1. 3D 打印在医学上的应用

3D 打印在医学上的应用较多，从打印医学教学模型到打印人工组织器官等。一般而言，远离人体的医学模型较容易实现，而植入人体内部的骨骼、器官打印难度很大。

2012 年 2 月 5 日，比利时 Hasselt 大学 BIOMED 研究所宣布，已成功为 1 例 83 岁患者实施世界首例人工下颌骨置换术，手术耗时 4h，术后第 1 天患者便恢复部分说话、吞咽功能。该例患者的人工下颌骨是基于 MRI 数据、由高能激光烧结的纯钛超细粉末（33 层薄片/1mm）熔融成形（SLM 技术），3D 打印机一层一层地打印钛粉，而计算机控制的激光可以确保粒子准确地融合在一起。与传统的制作方法相比，3D 打印技术材料更少，生产时间更短。为防止排斥反应，制造完成的下颌骨最后还要涂上生物陶瓷涂层（来自莱顿 BioCeramics）。不仅具有髁状突、下颌神经管，甚至还有种植窝等结构，净重 107g，仅比患者自体下颌骨重 30g。该例手术的成功表明，3D 打印技术可用于人体骨骼和器官移植。图 14-11 为 3D 打印的下颌骨。

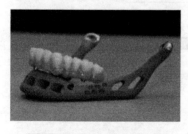

图 14-11　3D 打印钛下颌骨

2013 年，美国麦凯派恩利用 3D 打印技术制作出了一个"生物电子"仿生耳（图 14-12）。这个仿生耳用活细胞制成，内有黏稠凝胶制作的支持性基层；此外，他们还用导电墨水——这种墨水由含有悬浮的银纳米粒子制成——打印了一个可接收无线电信号的通电线圈。其后，麦凯派恩的研究团队一直在努力将 3D 打印技术扩展到半导体材料，这种材料可以让打印出的器械能处理传入的声音。半导体是信息处理电路的一种重要构成，同时也可用于探测光和发光。为了扩展 3D 打印的范围，麦凯派恩的研究团队开发出一款打印机，当今市场上的大部分 3D 打印机都只能打印塑料。"如果你把其他物质放进墨盒，打印机就会堵塞。"麦凯派恩说。另外，他们还要让打印机能进行高分辨率打印。举例来说，仿生耳的某些功能是在毫米级的组件上实现的，所以他们要打印出微米级的 LED。

2014 年 9 月 26 日人民网报道，由北京工业大学开发的数字化医疗 3D 打印模板导向技术在内蒙古自治区肿瘤医院微创介入中心成功地为一名上颌窦癌患者实施了放射性粒子植入术即组织间放疗。在国内外已有将 3D 打印技术用在骨科临床领域，而此次将 3D 打印技术用在放射性粒子植入术中尚为首次，是临床治疗的一次新的突破。数字化医疗 3D 打印模板导向技术首先是利用 CT 扫描后三维立体重建数据（图 14-13），在计算机软件中模拟进行对病变组织穿刺。然后利用 3D 打印技术根据病变组织体表形状打印出 3D 适型模具，通过计算机提供的模板上的每一个穿刺通道，将穿刺针送入病变组织。患者手术前，北京工业大学根据医院提供的患者病灶数据，利用 3D 打印获得了 3D 适型模具。在手术中，医生将 3D 适型模具放置在患者面部，利用数字化设备和 3D 适型模具对患者进行穿刺。相比以前单纯利用数字化设备进行 CT 或超声引导下穿刺植入，准确性大大提高。据介绍，同样的手术单纯利用数字化设备往往需要近 2h，而引入 3D 打印后手术只需 30min。不仅如此，该技术还简化了手术程序，使放射性粒子植入治疗肿瘤的手术更利于在基层医院普及推广。

图 14-12　仿生电子耳

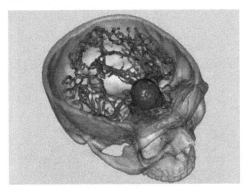

图 14-13　三维重建模型

2. 3D 打印在汽车制造上的应用

2013 年 10 月 8 日，比利时的 16 名工程师利用 3D 打印机制造了一辆全尺寸赛车，名为"阿里翁"（图 14-14），时速从零提升至 60 英里（约合 96km）只需要短短 4s，最高时速可达到 141km。在德国的霍根海姆赛道，这辆 3D 打印赛车成功完成测试。这 16 名工程师来自比利时的鲁汶工程联合大学，他们用了 3 周时间设计和打印"阿里翁"。其使用的 3D 打印机由比利时的 3D 打印公司 Materialise 制造，能够打印尺寸达 210cm×68cm×80cm 的零部件。制造"阿里翁"过程中，工程师将设计图输入"猛犸"（图 14-15），之后一个完整的车身就出现在眼前。"阿里翁"的内部结构包含在设计图中，整个打印过程非常复杂。打印结束后，工程师为"阿里翁"安装了车轮和发动机，成为一辆真正的赛车。

图 14-14　世界首辆 3D 打印赛车

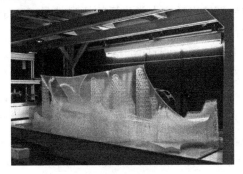

图 14-15　大型 3D 打印机——猛犸

3. 3D 打印在其他工业中应用

2013 年 5 月初，全球首款利用 3D 打印技术制造的名为"解放者"（Liberator）的手枪，引起轰动。由美国得克萨斯州奥斯汀市非营利组织分布式防御（Defense Distributed）创始人 25 岁的得克萨斯大学学生科迪·威尔森研发出来，其制造设计图和组装过程也被发布到互联网。除手枪的金属撞针外，"解放者"原型产品其余 15 个部件都采用 Stratasys 公司的"Dimension SST" 3D 打印机打印完成，构材是 ABS 塑料。这款手枪可使用标准的手枪弹匣，并支持不同口径的子弹，如图 14-16 所示。

据美国 CNET 网 2013 年 11 月 8 日报道，美国一家公司制造的全球首款 3D 金属手枪已试射成功。手枪的设计出自经典的 1922 式手枪，制作中使用了现成的弹簧和弹匣，还使用了包括激光烧结和研磨金属等多种技术，由 33 种不锈钢和合金制成。据悉，制作这支手枪的 3D 打印机价格在 50 万美元以上。这是全球首支利用 3D 技术打印出来的金属枪，如图 14-17 所示。

图 14-16　3D 打印塑料手枪

图 14-17　3D 打印的金属手枪

2015 年 1 月 10 日，SpaceX 公司的龙飞船（Dragon）带着补给进入太空，并与国际空间站（ISS）对接。经过 29 天的运行，它终于返回地球，并于 2015 年 2 月 10 日着陆，降落在太平洋上，从而完成了对空间站的第五次补给飞行任务。它从国际空间站上带回了接近 3700lb（1lb≈0.45kg）的货物。据了解，这数千磅来自太空的好东西，除了一些生物研究标本、穿坏的宇航服以及其他研究资料以外，还包括 3D 打印爱好者最为关注的在空间站上 3D 打印出来的几十件物品。这些物品在 3D 打印机被送入太空之前都在地球上打印过一次。因此，研究人员可以将此次龙飞船带回来的在太空中 3D 打印出来的对象与在地球上打印出来的进行对比研究。在 NASA 看来，3D 打印技术将成为支持人类向宇宙扩张最重要的工具之一。而在外太空运行的 3D 打印机如何就地取材，使用外星材料创造出适宜人类生活的栖息地是 3D 打印行业面临的重要课题。目前正在国际空间站上使用的 3D 打印机是一个巨大的进步，我们已经看到这台 3D 打印机在空间站上多次进行打印作业，无一失败。而把这些 3D 打印出来的成品送回地球是整个计划关键的一环。它们能够帮助科学家了解太空环境对于 3D 打印对象的影响究竟有多大（图 14-18）。

2015 年，澳大利亚莫纳什大学、联邦科

图 14-18　载有在太空中 3D 打印物品的卫星返回地面

学与工业研究组织以及迪肯大学的研究人员使用德国 Concept Laser 公司的金属 3D 打印技术制造出一个喷气式发动机，该项目由莫纳什大学（Monash University）的吴鑫华教授负责带领，团队将会继续研发引擎部件，并扫描所有的组成零件。通过这些扫描成功建设计算机模型，随后使用激光烧结工艺打造出各种部件（图 14-19），目前相关的工作还在继续进展，这些引擎有望被用于类似 Falcon 20 商务

图 14-19　3D 打印喷气发动机（左一为吴鑫华教授）

喷气机的辅助动力上。这项发明引发了空中客车公司（Airbus）、波音公司（Boeing）和美国国防合约商雷神公司（Raytheon）的关注。

4. 3D 打印在建筑领域的应用

2013 年 1 月，荷兰建筑师 Janjaap Ruijssenaars 与意大利发明家 Enrico Dini（D-Shape 3D 打印机发明人）合作，计划打印出一些包含砂子和无机黏合剂的 6m×9m 的建筑框架，然后用纤维强化混凝土进行填充。最终的成品建筑会采用单流设计，由上下两层构成。名为"Landscape House"的建筑如图 14-20 所示。

图 14-20　3D 打印建筑设计图

2014 年 3 月 29 日，我国苏州建筑材料公司盈创使用一台巨大的 3D 打印机，采用特殊的墨水——混凝土进行打印，在一天内主要利用可回收材料，建造了 10 栋 200m² 的毛坯房。

2014 年 8 月 21 日，盈创科技在上海推出了 10 间 3D 打印的房子，成为全球第一家实现真正建筑 3D 打印的公司；时隔不到 10 个月，它再次向世界宣布打印出了全球最高 3D 打印建筑"6 层楼居住房"和全球首个带内装、外装一体化 3D 打印建筑"1100m² 精装别墅"，如图 14-21 所示。

图 14-21　3D 打印的别墅

5. 3D 打印的其他应用

2013 年 11 月 7 日，在伦敦 3D 展览上，法国数字艺术家 Gilles Azzaro 展出 3D 声纹"新的工业革命"。在整个 39s 的录音中，一个同步的激光束扫描要打印声音的浮雕原模，为每一

个声音和细微差别标记准确的位置，通过合作设计师 Patrick SARRAN 的桌面 3D 打印机打印雕塑，如图 14-22 所示。

2014 年，美国艺术家约书亚·哈克就曾在纽约 3D 打印展上展出过自己的 3D 打印镂空雕刻系列作品。此外，3D 打印机还可以用来复制世界名品。位于荷兰首都阿姆斯特丹的凡·高艺术馆就与富士胶片公司合作复制了一大批凡·高的画作（图 14-23）。

图 14-22 3D 打印的声波

图 14-23 3D 打印的艺术品

以上列举的仅仅是 3D 打印应用的很小方面，我们相信随着 3D 打印技术的不断深入，各类应用还将不断涌现。

14.8 熔融沉积制造（FDM）工艺举例

14.8.1 系统组成

将 CAD 模型分为一层层极薄的截面，生成控制 FDM 喷嘴移动轨迹的二维几何信息。FDM 加热头把热熔性材料（ABS 树脂、尼龙、蜡等）加热到临界状态，呈现半流体性质，在计算机控制下，沿 CAD 确定的二维几何信息运动轨迹，喷头将半流动状态的材料挤压出来，凝固形成轮廓形状的薄层。当一层完毕后，通过垂直升降系统降下新形成层，进行固化。这样层层堆积黏结，自下而上形成一个零件的三维实体（图 14-24）。

1. FDM 材料

主要有 ABS 树脂和聚碳酸酯。

2. FDM 工艺特点及应用案例

FDM 工艺的关键是保持材料的半流动性。这些材料并没有固定的熔点，需要精确控制其温度。

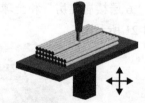

图 14-24 零件的 3D 打印过程示意图

14.8.2 FDM 工艺过程

尽管快速成形有多种不同工艺技术，但基本原理都和三维打印相同，即将一定厚度的材料反复打印在平台上，循环往复，直到生成整个成形件。按照不同的实现工艺，材料可以是纸张、塑料、金属、陶瓷等各种材料。一个浅显的事例：尽管纸张看似是二维的，但是由于具有一定厚度，将纸张一层层叠加起来，就能组成三维实体。

首先利用三维造型软件创建三维实体造型，再将设计出的实体造型通过快速成形设备的处理软件进行离散与分层，然后将处理过的数据输入设备进行制造，最后还需要进行一定的后处理以得到最终的成品。

1. 实体造型的构建

使用快速成形技术的前提是拥有相应模型的 CAD 数据，这可以利用计算机辅助设计软件如 Pro/E、SolidWorks、Unigraphics、AutoCAD 等创建，或者通过其他方式如激光扫描、计算机断层扫描，得到点云数据后，也得到创建相应的三维实体造型。

2. 实体造型的离散处理

由于实体造型往往有一些不规则的自由曲面，加工前要对模型进行近似处理，例如，曲线是无法完全实现的，实际制造时需要近似为极细小的直线段来模拟，以方便后续的数据处理工作。由于 STL 格式的文件格式简单实用，目前已经成为快速成形领域最常用的文件标准，用以和设备进行对接。它将复杂的模型用一系列微小三角形平面来近似模拟，每个小三角形用 3 个顶点坐标和一个法矢量来描述，三角形大小的选择决定了这种模拟的精度。

3. 实体造型的分层处理

需要根据被加工模型的特征选择合适的加工方向，如应当将较大面积的部分放在下方。随后成形高度方向上用一系列固定间隔的平面切割被离散过的模型，以便提取截面的轮廓信息。间隔可以小至亚毫米级，间隔越小，成形精度越高，但成形时间也越长。

4. 成形加工

根据切片处理的截面轮廓，在计算机控制下，相应的成形头（根据设备的不同，分别为激光头或喷头等）进行扫描，在工作台上一层一层地堆积材料，然后将各层黏结（根据工艺不同，有各自的物理或者化学过程），最终得到原型产品。

3D 打印举例：采用型号为太尔时代 inspire250 机器进行 FDM 工艺加工。

（1）单击左上角"载入模型"，如图 14-25 所示。

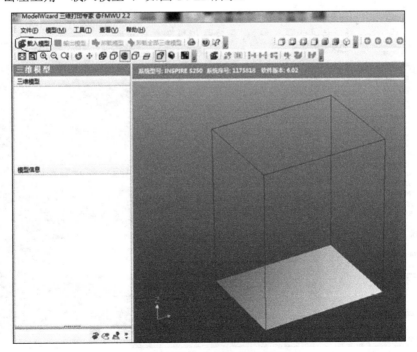

图 14-25　3D 打印零件的几何模型

（2）选择要打印的文件，然后单击"打开"按钮，如图 14-26 所示。

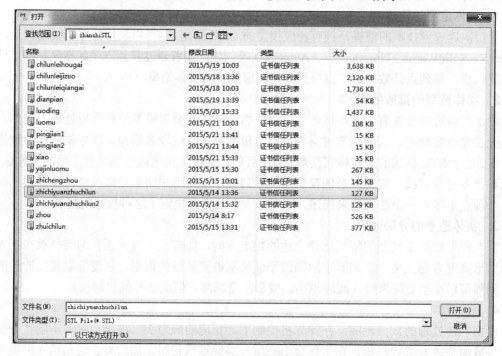

图 14-26　载入模型

（3）单击"模型"下拉菜单，单击"自动布局"命令，如图 14-27 所示。

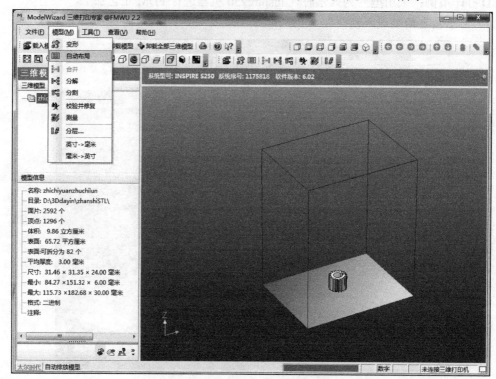

图 14-27　打开要打印的文件

（4）单击"模型"下拉菜单，单击"分层"命令，如图 14-28 所示。

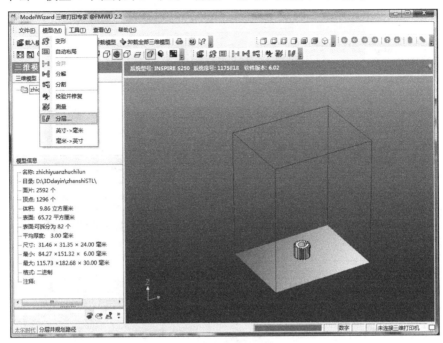

图 14-28　自动布局

（5）在弹出的"分层参数"对话框中，单击"确定"按钮，如图 14-29 所示。

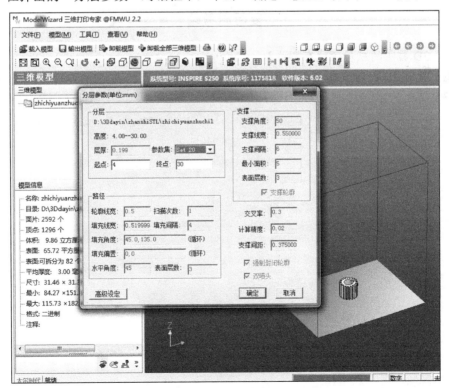

图 14-29　分层

（6）分层结束后，单击"文件"→"三维打印"→"打印模型"命令，如图 14-30 所示。接下来在弹出的菜单中，单击"确定"按钮。1min 后，机器开始打印。

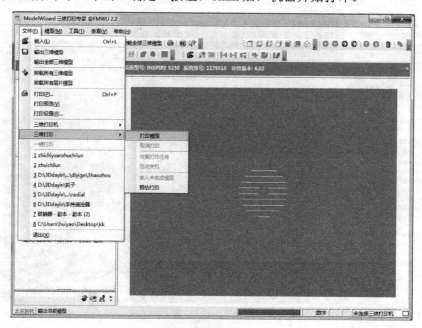

图 14-30　确定分层

复习思考题

14-1 3D 打印的应用领域有哪些？

14-2 目前 3D 打印设备主要的热源有哪几种？

14-3 简述 FDM 的工艺过程。

第15章 自动生产线

★本章基本要求★

（1）要求学生认知 PLC 的工作原理及应用。
（2）理解课程所涉及的机器设备应用和工作原理。
（3）气压传动作为清洁能源在设备上的运用体现了能源利用多元化，要求学生分析掌握它的优缺点和未来应用前景。
（4）在实践实习中分析此设备的设计优缺点，进而启发学生自身建立起工程思维，为将来学习工作做好实践铺垫。

15.1 概　　述

20 世纪 20 年代，随着汽车、滚动轴承、小型电动机的发展，机械制造中开始出现自动线。最早出现的是组合机床自动线，首先在汽车工业中出现了流水生产线和半自动生产线，随后发展成为自动线。第二次世界大战后，在工业发达国家的机械制造业中，自动线的数目急剧增加。

自动生产线是由工件传送系统和控制系统，将一组自动机床和辅助设备按照工艺顺序连接起来，自动完成产品全部或部分制造过程的生产系统，简称自动线。

自动生产线（图 15-1）就是产品生产过程所经过的路线，即从原料进入生产现场开始，经过加工、运送、装配、检验等一系列生产活动所构成的路线。生产线是按对象原则组织起来的，完成产品工艺过程的一种生产组织形式，即按产品专业化原则，配备生产某种产品（零、部件）所需要的各种设备和各工种的工人，负责完成某种产品（零、部件）的全部制造工作，对相同的劳动对象进行不同工艺的加工。

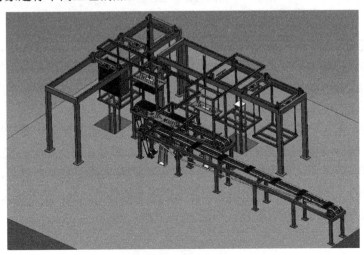

图 15-1　自动生产线示意图

15.2　自动线的特点、分类及构成

15.2.1　自动线的应用和特点

1. 应用

机械制造业中有铸造、锻造、冲压、热处理、焊接、切削加工和机械装配等自动线，也有包括不同性质的工序，如毛坯制造、加工、装配、检验和包装等的综合自动线。切削加工自动线在机械制造业中发展最快、应用最广。主要有：用于加工箱体、壳体、杂类等零件的组合机床自动线；用于加工轴类、盘环类等零件的，由通用、专门化或专用自动机床组成的自动线；旋转体加工自动线；用于加工工序简单小型零件的转子自动线等。图 15-2 为自动线在物流行业中的应用。

图 15-2　自动线在物流行业中的应用

2. 特点

采用自动线进行生产的产品应有足够大的产量；产品设计和工艺应先进、稳定、可靠，并在较长时间内保持基本不变。在大批、大量生产中采用自动线能提高劳动生产率，稳定和提高产品质量，改善劳动条件，缩减生产占地面积，降低生产成本，缩短生产周期，保证生产均衡性，有显著的经济效益。

自动生产线在无人干预的情况下按规定的程序或指令自动进行操作或控制的过程，其目标是"稳，准，快"。自动化技术广泛用于工业、农业、军事、科学研究、交通运输、商业、医疗、服务和家庭等方面。采用自动生产线不仅可以把人从繁重的体力劳动、部分脑力劳动以及恶劣、危险的工作环境中解放出来，而且能扩展人的器官功能，极大地提高劳动生产率，增强人类认识世界和改造世界的能力，如图 15-3 所示。

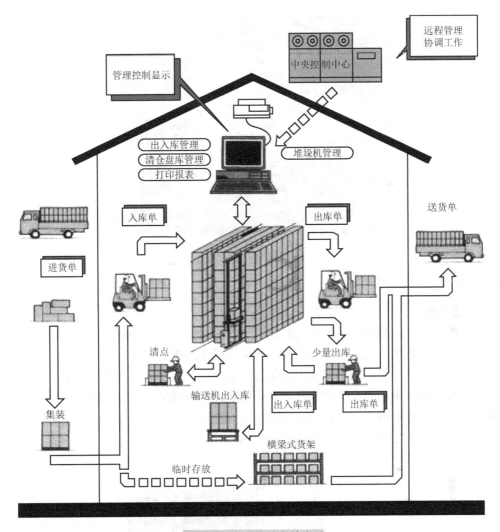

图 15-3　自动线的高效应用

15.2.2　自动线的分类

自动线设备的连接方式有刚性连接和柔性连接两种。

1. 刚性连接

在刚性连接自动线中，工序之间没有储料装置，工件的加工和传送过程有严格的节奏性。当某一台设备发生故障而停歇时，会引起全线停工。因此，对刚性连接自动线中各种设备的工作可靠性要求高。

2. 柔性连接

在柔性连接自动线中，各工序（或工段）之间设有储料装置，各工序节拍不必严格一致，某一台设备短暂停歇时，可以由储料装置在一定时间内起调剂平衡的作用，因而不会影响其他设备正常工作。综合自动线、装配自动线和较长的组合机床自动线常采用柔性连接。图 15-4 为柔性自动线。

图 15-4　柔性自动线

15.2.3　自动线的构成

1. 传送系统

自动线的工件传送系统一般包括机床上下料装置、传送装置和储料装置，如图 15-5 所示。在旋转体加工自动线中，传送装置包括重力输送式或强制输送式的料槽或料道，提升、转位和分配装置等。有时采用机械手完成传送装置的某些功能。在组合机床自动线中，当工件有合适的输送基面时，采用直接输送方式，其传送装置有各种步进式输送装置、转位装置和翻转装置等；对于外形不规则、无合适的输送基面的工件，通常装在随行夹具上定位和输送，这种情况下要增设随行夹具的返回装置。

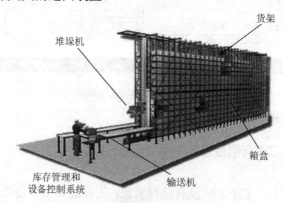

图 15-5　自动线组成结构

2. 控制系统

自动线的控制系统主要用于保证线内的机床、工件传送系统，以及辅助设备按照规定的工作循环和联锁要求正常工作，并设有故障寻检装置和信号装置。为满足自动线的调试和正常运行的要求，控制系统有三种工作状态：调整、半自动和自动。在调整状态时可手动操作和调整，实现单台设备的各个动作；在半自动状态时可实现单台设备的单循环工作；在自动状态时自动线能全线连续工作。

控制系统有"预停"控制机能，自动线在正常工作情况下需要停车时，能在完成一个工作循环、各机床的有关运动部件都回到原始位置后才停车。自动线的其他辅助设备是根据工艺需要和自动化程度设置的，如有清洗机工件自动检验装置、自动换刀装置、自动棒屑系统和集中冷却系统等。为提高自动线的生产率，必须保证自动线的工作可靠性。影响自动线工作可靠性的主要因素是加工质量的稳定性和设备工作可靠性。自动线的发展方向主要是提高生产率和增大多用性、灵活性。为适应多品种生产的需要，将发展能快速调整的可调自动线。

15.3　自动化立体仓库

自动化仓库系统（automated storage and retrieval system，AS/RS）也称立库，是在不直接进行人工参与的情况下自动地存储和取出物料的系统，如图 15-6 所示。它是在计算机控制和管理下，能按设定方案自动存取物料的仓库，由高层货架、巷道式堆垛机、出入库台、监控系统等部分组成，是现代物流工程的重要组成部分，并广泛用于其他行业，已成为企业生产和管理信息自动化的重要标志之一。

由于它的物料堆放形式由平面扩展到立体空间，又称为立体仓库。自动化立体仓库的出现是物流产业的一次革命，它不仅改变了传统仓储行业劳动密集、生产效率低的状况，还极大地拓展了仓库的功能，使之从单纯的保管型向综合流通型的方向发展。现代工业生产和流通领域促进了物流技术的发展，也对自动化立体仓库提出了更高的要求。随着自动化立体仓库规模的扩大和存取速度的加快，更需随时掌握库内仓储信息、温度变化、输送设备的运行状况及故障的确定。

图 15-6　自动化立体仓库

现在市场中应用的立体仓库已成为物流系统的集散地，它是以高层立体货仓为主体，以自动化搬运工具为基础，以计算机技术为主要手段的高效大容量现代化储运设备，而且自动化立体仓库广泛应用于大型仓库，能按照编制的入库单/出库单自动地把物件从入口处搬运到目的货位或从指定货位把物件搬运到出口处。完成这一搬运任务的堆垛机是该系统的关键部件，它在高层固定货架巷道中运行。另外，堆垛机还采用了 PLC 控制、变频调速、光电检测定位、步进驱动控制及计算机管理等一系列自动控制技术。

PLC 的结构与工作原理如下所述。

1. PLC 的结构

由输入部件、中央处理单元、存储器单元、输出部件、电源部件等组成。输入部件是 PLC 与外部连接的输入通道；中央处理单元包括微处理器（CPU）系统存储器 ROM 和用户程序存储器 RAM，像计算机一样是控制器的核心；存储器单元用来存储大型控制系统的大容量程序；输出部件是 PLC 与外部连接的输出通道；电源部件将交流电源转换成各单元所需的直流电源。其结构如图 15-7 所示。

2. PLC 的工作原理

与继电-接触器控制系统相比，PLC 也可以认为是由输入、控制、输出三部分组成，且对

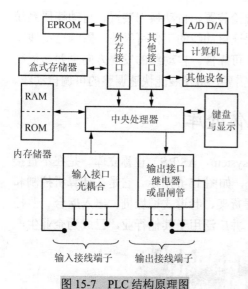

图 15-7　PLC 结构原理图

应的"器件"是内部"软继电器",对应的"导线"是"程序"。因此,PLC 可看成通过"程序"控制内部"软继电器"的"软件程序"控制系统,其"软继电器"与继电-接触器控制系统中的物理继电器具有相似的功能。

一般 PLC 工作过程包括信号输入、程序执行和结果输出三个批处理阶段,这一过程也称为一个循环扫描周期。输入采样结束后,即使输入端子上的输入信号变化,输入状态寄存器中的内容也不会改变。执行程序阶段,PLC 对用户以梯形图方式编写的程序按从左到右、从上到下的顺序逐一扫描各条指令,即顺序扫描刷新。在执行完所有用户程序后,PLC 将输出影像区中的内容同时送到输出锁存器中(输出刷新),然后由输出锁存器驱动输出继电器的线圈,使输出端

子上的信号变为被控设备所能接收的电压或电流信号,以驱动被控设备,从而完成本周期运行结果的实际输出。用户程序按这三个阶段逐步执行。

3. PLC 的执行部分

执行部分由步进电机、步进电机驱动器、直流电机、直流电机驱动板、电源等组成。托盘叉车包括步进电机水平(X 轴)拖动系统、步进电机垂直(Y 轴)拖动系统、直流电机进出(Z 轴)拖动系统。步进电机驱动器和直流电机驱动板进行功率放大以驱动步进电机、直流电机。

4. PLC 的控制部分

控制部分主要包括键盘、传感器和 PLC。键盘用于手动控制/自动控制的模式选择,完成货物存取的手动控制,还可以通过键盘发出指令从而完成货物的自动存取。传感器分为定位传感器和检测传感器两种。定位传感器用于感受叉车的位置,确保叉车准确地找到货物和极限位置的定位保护;检测传感器位于每个库位的底部,用于检测货物的有无。PLC 是整个控制系统的指挥中枢。本系统采用西门子 S7-300 型 PLC 主机及一些相关模块。

5. PLC 控制程序设计思路

为了使堆垛机在不同的情况下都能够正常运行,堆垛机的控制方式可以实现联机自动控制(接上位机)、自动控制(单机自动)、半自动控制和手动控制四种。控制系统的软件设计根据堆垛机运行特点,采用模块化设计方案。过载保护、限位保护、联锁及互锁等系统的基本功能由主程序完成。设计有如下子程序:轴运行控制子程序、高速计数器中断程序、取货子程序、卸货子程序、通信子程序等。由于堆垛机本身及货物的惯性较大,为保证精确度及走行的平稳,采用多级速度的控制。行走速度曲线如图 15-8 所示。堆垛机由启动加速到高速状态运行(AB 段),快接近粗定位终点时,降至低速运行(BC 段)。进入精确定位以后由增量式编码器作为位置反馈,控制堆垛机的减速运行。这时可以根据不同的应用建立不同的速度控制模型。堆垛机运动到 D 点(输入位置)

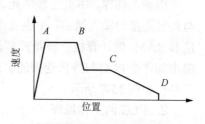

图 15-8　行走速度曲线

高速计数器发生中断，并使电机输入为零。

本系统的 PLC 控制程序采用步进指令编写。由于本系统基本上属于顺序控制，因此用步进指令编写程序的概念更清楚，思路更清晰，从而使编程更简便。步进指令还可以使动作顺序有条不紊，一环紧扣一环，表现出步进指令的优点。这样，即使有误操作也不会造成动作混乱，因为上一步动作未完成下一步动作不可能开始，便于程序修改与调试。流程图的确定以先移动后出叉为原则，并严格遵守动作连锁保护与信号关联逻辑关系，所有流程的最终都使叉车回到初始位。

6. STEP7 编程软件介绍

（1）SIMATIC Manager 编程软件：STEP7 是西门子 SIMATIC 工业软件中的一员，是用于对 SIMATIC 进行组态和编程的软件包。STEP7 提供了几种不同的版本以适应不同的应用和需要。SIMATIC Manager 是 STEP7 中的主要工具，SIMATIC Manager 窗口可以看成 STEP7 主画面。SIMATIC Manager 是典型的 Windows 窗口，从上到下分别是标题栏、菜单栏、工具栏、工作区间、状态栏和任务栏。在 SIMATIC Manager 窗口下，可以显示离线（offline）窗口和在线（online）窗口，两窗口标题栏可以用不同颜色来区分，同时显示两窗口的情况。可以在建立的项目中插入 S7 程序：Insert-Program-S7 Program。在 STEP7 安装完成后，应当设置 PG/PC 接口。这对于使用笔记本电脑来代替编程器的用户尤为重要。像 Windows 操作一样，本软件同时设有 STEP7 在线帮助，其中有很详尽的文档。

（2）仿真软件 S7-PLCSIM：想要较好地掌握 S7-300 的使用并非易事，编号的程序要在 PLC 中运行验证，但不可能每位学习者都拥有一套 S7-300 的设备。为此，西门子公司推出一套专门用于验证程序等的仿真软件包 SIMATIC S7-PLCSIM，可以在 PC/PG 上仿真一台 S7-300/400 PLC。用户把程序下载到这台仿真 PLC 中运行，以后的监控/测试均与在一台真正的 S7 PLC 中的监控/测试完全一样。

（3）建立一个项目的基本操作：打开 SIMATIC Manager 窗口，在 SIMATIC Manager 窗口中单击"新建"图标，再出现的"New Project"对话框中起名并确定，双击此工程图标，在新的窗口中双击"MPI 1"，再选择工作站，双击"SIMATIC 300"，双击 CPU 方框图后在右边的模块选择区内分别选择所需的各模块，例如，先要选择 RACK 导轨，然后在导轨上的 1 号位置处添加电源模块"PS"，导轨 4 号处添加输入模块和输出模块；退到上一窗口中，把"DP"端口与"MPI"连接上，返回到主窗口，继而就可以编写各种控制程序了，时时要注意保存；待程序编好后保存，打开 SIMATIC Manager 窗口，双击仿真图标，打开仿真器，根据程序需要确定输入输出点（字节），打开梯形图编辑器下载程序，启动监控，再打开仿真器，光标移到"RUN"单击后，此时程序处于运行状态，实现了此项工作，如图 15-9 所示。

7. 维修和保养

（1）维修：自动生产线节省了大量的时间和成本，在工业发达的城市，自动生产线的维修成为热点。自动生产线维修主要靠操作工与维修工来共同完成。

（2）保养：自动线由机械机构、电气控制和动力机构组成，所以保养项目也需从这几方面展开。

机械机构的保养：定期目测和使用工具检查是否有松动或变形破损等状况，中期保养需要用工具紧固零件和添加润滑油。

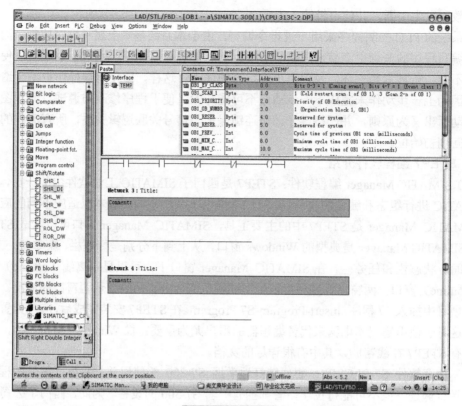

图 15-9　软件操作

电气控制部分的保养：软件和硬件两方面，空载或轻载运行，细心地观察加工步骤是否完整正常，硬件方面检查电气线路连接是否牢固有无破损。

动力机构的保养：电动机、气缸、液压装置定期检查有无跑漏滴冒现象，使用期限过久的需要更换相关易损件。

8. 发展前景

数字控制机床、工业机器人和电子计算机等技术的发展，以及成组技术的应用，将使自动线的灵活性更大，可实现多品种、中小批量生产的自动化。多品种可调自动线，降低了自动线生产的经济批量，因此在机械制造业中的应用越来越广泛，并向更高度自动化的柔性制造系统发展。

15.4　自动线设备教学过程

这里以北京工业大学机电系统教学试验台为例（图 15-10），简单介绍设备操作步骤。

（1）分层讲解（电、气压传动、机械构成）。

（2）动力源为何选两类，多元化设计。

（3）PLC 的构造、原理、操作注意事项等。

（4）流水线工作过程。

图 15-10　北京工业大学机电系统教学试验台

自动线操作

复习思考题

15-1　自动生产线实训考核由安装在铝合金导轨式实训台上的（　　　）单元、（　　　）单元、（　　　）单元、（　　　）单元和（　　　）单元 5 个单元组成。

15-2　本系统有几种传感器？

15-3　PLC 的基本组成包括（　　　）和（　　　）两部分。

15-4　气动执行元件将空气的（　　　）和（　　　）的能量转换装置。

第 16 章 CAM 自动编程

16.1 概 述

16.1.1 CAM 自动编程的基础知识

CAM 自动编程是利用计算机和相应的编程软件编制数控加工程序的过程。随着现代加工业的发展，实际生产过程中，比较复杂的二维零件、具有曲线轮廓和三维复杂零件越来越多，手工编程已满足不了实际生产的要求。如何在较短的时间内编制出高效、快速、合格的加工程序，在这种需求推动下，数控自动编程得到了很大的发展。数控自动编程的初期是利用通用微机或专用的编程器，在专用编程软件（如 APT 系统）的支持下，以人机对话的方式来确定加工对象和加工条件，然后编程器自动进行运算和生成加工指令，这种自动编程方式，对于形状简单（轮廓由直线和圆弧组成）的零件，可以快速完成编程工作。目前在安装有高版本数控系统的机床上，这种自动编程方式，已经完全集成在机床的内部（如西门子 810 系统）。但是，如果零件的轮廓是曲线样条或是三维曲面组成，这种自动编程是无法生成加工程序的，解决的办法是利用 CAD/CAM 软件来进行数控自动编程。随着微电子技术和 CAD 技术的发展，自动编程系统已逐渐过渡到以图形交互为基础，与 CAD 相集成的 CAD/CAM 一体化的编程方法。与以前的 APT 等语言型的自动编程系统相比，CAD/CAM 集成系统可以提供单一准确的产品几何模型，几何模型的产生和处理手段灵活、多样、方便，可以实现设计、制造一体化。采用 CAD/CAM 数控编程系统进行自动编程已经成为数控编程的主要方式。

CAM 自动编程原理：利用 CAD 模块生成的几何图形，采用人机交互的实时对话方式，在计算机屏幕上指定被加工部位，输入相应的加工参数，计算机便可自动进行必要的数学处理并编制出数控加工程序，同时在计算机屏幕上动态地显示出刀具的加工轨迹。

CAM 系统自动编程特点：将零件加工的几何造型、刀位计算、图形显示和后置处理等作业过程式结合在一起，有效地解决了编程的数据来源、图形显示、走刀模拟和交互修改等问题，弥补了数控语言编程的不足；编程过程是在计算机上直接面向零件的几何图形交互进行，不需要用户编制零件加工源程序，用户界面友好，使用简便，直观，准确，便于检查；有利于实现系统的集成，不仅能够实现产品设计（CAD）与数控加工编程（NCP）的集成，还便于与工艺过程设计（CAPP）、刀具量具设计等其他生产过程的集成。

CAM 系统自动编程步骤：几何造型，加工工艺分析，刀具轨迹生成，刀位验证及刀具轨迹的编辑，后置处理，数控程序的输出。

目前，商品化的 CAM 自动编程软件比较多，应用情况也各有不同，表 16-1 列出了国内应用比较广泛的 CAM 软件的基本情况。

表 16-1　CAM 软件基本情况

软件名称	基本情况
UG	UG 是美国 EDS 公司出品的 CAD/CAM/CAE 一体化的大型软件，功能强大，在大型软件中，加工能力最强，支持三轴到五轴的加工，由于相关模块比较多，需要较多的时间来学习掌握
Pro/Engineer	Pro/Engineer 是美国 PTC 公司出品的 CAD/CAM/CAE 一体化的大型软件，功能强大，支持三轴到五轴的加工，同样由于相关模块比较多，学习掌握需要较多的时间
CATIA	CATIA IBM 下属的 Dassault 公司出品的 CAD/CAM/CAE 一体化的大型软件，功能强大，支持三轴到五轴的加工，支持高速加工，由于相关模块比较多，学习掌握的时间也较长
Ideas	Ideas 也是美国 EDS 公司出品的 CAD/CAM/CAE 一体化的大型软件，由于目前与 UG 软件在功能方面有较多重复，EDS 公司准备将 Ideas 的优点融合到 UG 中，让两个软件合并成为一个功能更强的软件
Cimatron	Cimatron 是以色列的 Cimatron 公司出品的 CAD/CAM 集成软件，相对于前面的大型软件来说，是一个中端的专业加工软件，支持三轴到五轴的加工，支持高速加工，在模具行业应用广泛
PowerMILL	PowerMILL 是英国的 Delcam Plc 出品的专业 CAM 软件，是目前唯一一个与 CAD 系统相分离的 CAM 软件，其功能强大，加工策略非常丰富的数控加工编程软件，目前支持三轴到五轴的铣削加工，支持高速加工
MasterCAM	MasterCAM 是美国 CNC Software, INC 开发的 CAD/CAM 系统，是最早在微机上开发应用的 CAD/CAM 软件，用户数量最多，许多学校都广泛使用此软件来作为机械制造及 NC 程序编制的范例软件
EdgeCAM	EdgeCAM 是英国 Pathtrace 公司开发的一个中端的 CAD/CAM 系统
CAXA	CAXA 是国内北航海尔软件有限公司出品的数控加工软件，其功能与前面介绍的软件相比较，在功能上稍差一些，但价格便宜

当然，还有一些 CAM 软件，因为目前国内用户数量比较少，所以没有出现在表 16-1 内，如 Cam-tool、WorkNC 等。上述的 CAM 软件在功能、价格、服务等方面各有侧重，功能越强大，价格越贵，对使用者来说，应根据自己的实际情况，在充分调研的基础上，来选择购买合适的 CAM 软件。掌握并充分利用 CAM 软件，可以帮助我们将微型计算机与 CNC 机床组成面向加工的系统，大大提高设计效率和质量，减少编程时间，充分发挥数控机床的优越性，提高整体生产制造水平。由于目前 CAM 系统在 CAD / CAM 中仍处于相对独立状态，因此无论表 16-1 中的哪一个 CAM 软件都需要在引入零件 CAD 模型中几何信息的基础上，由人工交互方式，添加被加工的具体对象、约束条件、刀具与切削用量、工艺参数等信息，因而这些 CAM 软件的编程过程基本相同。其操作步骤可归纳如下。

（1）理解零件图纸或其他的模型数据，确定加工内容。

（2）确定加工工艺（装卡、刀具、毛坯情况等），根据工艺确定刀具原点位置（即用户坐标系）。

（3）利用 CAD 功能建立加工模型或通过数据接口读入已有的 CAD 模型数据文件，并根据编程需要，进行适当的删减与增补。

（4）选择合适的加工策略，CAM 软件根据前面提供的信息，自动生成刀具轨迹。

（5）进行加工仿真或刀具路径模拟，以确认加工结果和刀具路径与我们设想的一致。

（6）通过与加工机床相对应的后置处理文件，CAM 软件将刀具路径转换成加工代码。

（7）将加工代码（G 代码）传输到加工机床上，完成零件加工。

16.1.2　CAM 自动编程在教学中的应用

1. 对零件工艺参数及工艺过程进行设计

通过实际训练使学生掌握 CAM 在数控编程中的设计应用。这一过程将"数控编程""制造工艺""刀具""数控机床""数控加工"等课程有机地结合起来，使学生觉得以前所学的知识不再孤立、枯燥，在"数控技术"课程中达到了融会贯通，并在计算机上变得生动、形象起来，巩固了学生在加工工艺方面的知识，使得"数控应用技术"课程取得更好的效果。

2. 实现对走刀轨迹的检验及仿真模拟

数控 CAM 软件大都具有走刀轨迹检验及仿真模拟的功能，可以进行三维立体动态的仿真加工，每个学生都有模拟加工的机会，省时间、省材料、省设备投入。在仿真过程中，刀具沿着所定义的加工轨迹进行动态加工，学生可以直观地观察刀具的运动及数控加工的过程，判断刀具轨迹的连续性、合理性，是否存在刀具干涉、空走刀、撞刀干涉等情况，刀位计算是否正确，加深了学生对加工工艺的理解和对刀具轨迹的认识。通过对照加工后的结果，学生明白了不同的刀位轨迹，其加工结果有很大的差异，加工刀具轨迹定义的合理与否，与学生对零件加工工艺知识掌握的熟练程度有密切的关系。学生可以发挥自己的创造性和综合能力，对不满意的加工结果重新进行零件建模或重新建立刀位轨迹，实现虚拟设计与虚拟加工。

3. 提高学生的绘图及手工编程能力

CAD/CAM 软件对零件模型的建立，都是先建立起零件的二维平面图，然后对零件二维图形通过拉伸、旋转、剪裁、扫描的操作形成的三维模型。通过使用可以增强学生对立体零件的认识，还可以加强学生的绘图能力及识图能力，并将"机械制图""公差与配合""机械设计基础"等理论基础课程有机地结合起来，达到学以致用的目的。

4. 实现数据传输及在线加工

现代大量的数控系统都带有计算机接口，学生可以通过数据接口将 CAM 后台所生成的 NC 程序传送到数控机床中，并控制数控机床进行实际加工 NC 程序，即在数控机床上进行图形仿真和实际加工，将理论教学和实际生产联系起来并进一步加强理论教学。在数控教学和数控实训中通过 CAM 软件，可使教学更贴近生产实际，提高学生和教师的专业素养。让 CAM 软件通过应用于数控车床加工、数控电火花、线切割加工、数控铣床加工、数控加工中心加工和特种加工等相应教学和实训后，使每一个学生都能实际动手，学生得到动手能力和基本工程技能的训练，在实际加工或模拟过程中掌握所学知识并培训相应技能。实践表明，以操作技能为核心的 CAM 软件教学，既有利于全面提高学生素质和综合职业能力，又有利于激发学生独立思考的兴趣和创新意识，对培养学生自主学习精神和勇于实践的能力可收到良好的效果。

16.2　UG NX 8.5 软件加工工艺简介

本书以 UG NX 8.5 软件为例，讲述 CAM 自动编程在数控加工中的应用。

1. UG 加工工艺模块的选择

如何才能正确地选择加工工艺模块？首先要分析清楚工艺模块的使用与对实体模型上何种几何体类型（如"切削区底面""壁几何体"等几何体）进行粗加工或精加工。UG 数控加工过程中常用的工艺模块内容如表 16-2 所示。

表 16-2　工艺模块内容

设置	初始设置的内容	可以创建的内容
mill_plannar	包括 MCS、工件、程序及用于钻、粗铣、铣半精加工和精铣的方法	进行钻和平面铣的操作、刀具和组
mill_contour	包括 MCS、工件、程序钻方法、粗铣、铣半精加工和精铣的方法	进行钻、平面铣和固定轴轮廓铣的操作、刀具和组
mill_multi-axis	包括 MCS、工件、程序钻方法、粗铣、铣半精加工和精铣的方法	进行钻、平面铣、固定轴轮廓铣和可变轴轮廓铣的操作、刀具和组
drill	包括 MCS、工件、程序及用于钻、粗铣、铣半精加工和精铣的方法	进行钻的操作、刀具和组
machining-knowledge	包括一个可使用基于特征的加工创建的操作子类型、操作子类型的默认程序父项以及默认加工方法的列表	进行钻孔、铰、埋头孔加工、沉头孔加工、镗孔、型腔铣、面铣削和攻螺纹的操作、刀具和组
hole_making	包括 MCS、工件、若干进行钻孔操作的程序以及用于钻孔的方法	钻的操作、刀具和组，包括优化的程序组及特征切削方法几何体组
turning	包括 MCS、工件、程序和 6 种车削方法	进行车削的操作、刀具和组
wire_edm	包括 MCS、工件、程序和线切割方法	进行线切割的操作、刀具和组，包括用于内部和外部修剪序列的几何体组
probing	包括 MCS、工件、程序和铣削方法	使用此设置来创建探测和一般运动操作、实体工具与探测工具

2. 加工刀具的选择方法

选择数控切削刀具通常要考虑数控机床的加工能力、工序内容及工件材料等因素。与普通机床相比，数控机床对刀具的要求更高，不仅要求精度高、刚度高、耐用度高、耐热性好，而且要求尺寸稳定、安装调整方便。

数控刀具材料有高速钢、钨钢、硬质合金、涂层硬质合金、陶瓷、立方氮化硼和金刚石等，其中应用最多的是硬质合金刀片和涂层硬质合金刀片。选择刀片材质主要依据被加工工件的材料、被加工表面的精度、表面质量要求、切削载荷的大小以及切削过程有无冲击和振动等。

3. UG 数控编程的加工流程举例

UG 数控编程加工流程如图 16-1 所示。

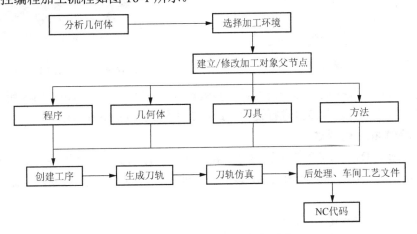

图 16-1　UG 数控编程加工流程

下面通过一个典型案例的分析、编程、加工，使读者对 UG 数控编程加工流程有一个系统的了解。

图 16-2 为要加工的零件三维视图，首先采用 D25、R0.8 的牛鼻刀对外表面进行粗加工，以便分层去除大量材料。再用 D16、R0.8 的牛鼻刀进行半精加工，从而保证预留的余量均匀便于精加工切削。最后用 D5、R5 的球刀进行精加工。

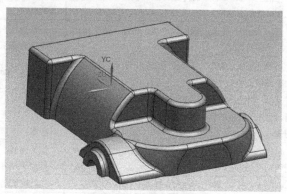

图 16-2　零件三维视图

1）粗加工操作的创建

首先利用型腔铣的方式对模型表面进行粗加工。具体步骤如下。

（1）单击"创建程序"按钮，类型选择 mill_contour 型腔铣，具体参数设置如图 16-3 所示。

（2）设置加工坐标系，选定 z 轴为垂直轴，具体坐标系设置如图 16-4 所示。

图 16-3　具体参数设置

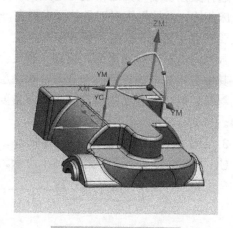

图 16-4　具体坐标系设置

（3）创建刀具，选择默认第一把刀具，参数设置为 R25、D0.8，如图 16-5 所示。

（4）创建加工工序，对参数进行设置，最终加工结果如图 16-6 所示。

2）半精加工操作的创建

半精加工选用 D16、R0.8 的牛鼻刀对上表面继续进行加工，以保证零件的余量均匀便于精加工平稳切削。加工方式选择剩余铣，其余加工过程与粗加工相同。最终加工结果如图 16-7 所示。

3）精加工操作的创建

零件的曲面精加工采用 D5、R5 的球刀进行切削。

选择区域铣削式固定轴轮廓铣加工方式进行曲面精加工，加工结果如图 16-8 所示。

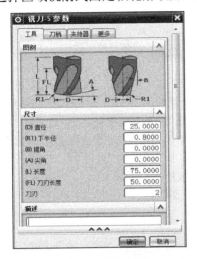

图 16-5 刀具设置

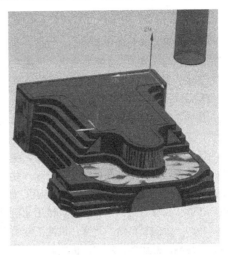

图 16-6 粗加工结果展示

图 16-7 半精加工结果展示

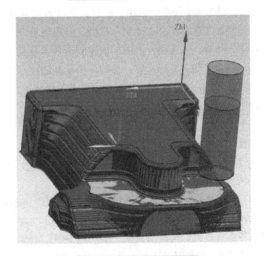

图 16-8 精加工结果展示

参 考 文 献

技工学校机械类通用教材编审委员会，2006．焊工工艺学．4 版．北京：机械工业出版社

柳秉毅，2013．金工实习．2 版．北京：机械工业出版社

罗晋，叶春生，黄树槐，2005．FDM 系统的重要工艺参数及其控制技术研究[J]．锻压装备与制造技术，40（6）：77-80

乔慧娟，焦向东，周灿丰，等，2009．焊接电弧高速图像采集．北京石油化工学院学报，17（4）：44-47

清华大学，西安交通大学，华南理工大学，哈尔滨工业大学，1991．钢铁火花鉴别法[视频]．音像教材出版社（全国工科高校电教协作组《金属工学》学科组审定）

司卫华，王学武，2009．金属材料与热处理．北京：化学工业出版社

谭永生，2000．FDM 快速成形技术及其应用．航空制造技术，1：26-28

王晓敏，1999．工程材料学．北京：机械工业出版社

王笑天，1987．金属材料学．北京：机械工业出版社

王志海，罗继相，舒敬萍，2010．机械制造工程实训．北京：清华大学出版社

吴承建，陈国良，强文江，2000．金属材料学．北京：冶金工业出版社

颜永年，陈立峰，王笠，2001．快速成形技术的发展趋势和未来．2001 年中国机械工程学会年会暨第九届全国特种加工学术年会．北京：机械工业出版社

颜永年，林峰，张人佶，2008．快速制造技术及其应用发展之路．航空制造技术，（11）：26-31

颜永年，张人佶，林峰，等，2007．快速制造技术的发展道路与发展趋势．电加工与模具，（s1）：25-29

杨恩源，2012．基于 FDM 快速成型工艺的优化．北京服装学院学报（自然科学版），1：70-76

曾艳明，刘会霞，2014．机械制造基础工程实训．镇江：江苏大学出版社

张立平，2016．焊工．北京：中国农业科学技术出版社

张木青，宋小春，2002．制造技术基础实践．北京：机械工业出版社

Dally J W, 2011. Introduction to Engineering Design, Book 9. 5th ed. Hovercraft Missions and Engineering Skills, College House Enterprises, LLC

1200℃程控高温炉，井式坩锅炉，真空实验电炉．[2018-03-03]. http://www.qjy168.com/shop/p26952847

低压铸造工艺．[2018-03-04]　http://www.feijiu.net/toutiao/article/3373.html

鸿雁各类铸造消失模商品大图．[2018-03-04]. https://b2b.hc360.com/viewPics/supplyself_pics/226995805.html

离心铸造．[2018-03-04]. http://www.jdzj.com/gongyi/article/2013-3-8/30289-1.html

手工造型和机器造型简介．[2018-03-03]. http://www.liuti.cn/news/33516.html

压力铸造．[2018-03-04]. http://www.c-cnc.com/mj/news/news.asp?id=10595

铸造冲天炉的工作原理及耐火砖使用尺寸．[2018-03-03]. http://www.zzjdnc.com/show-1227.html

铸造的方法简介．[2018-03-04]. http://www.idnovo.com.cn/zhizao/show.php?itemid=23258

铸造工艺流程．[2018-03-03]. https://zhidao.baidu.com/question/391262294986697325.html